本书由大连市人民政府资助出版

地铁站情景空间塑造

Scenario Space of Metro Station

陈 岩 唐 建 胡沈健 邓 威 著

中国建筑工业出版社

图书在版编目(CIP)数据

地铁站情景空间塑造/陈岩，唐建，胡沈健，邓威著. —北京：中国建筑工业出版社，2018.12
ISBN 978-7-112-23040-2

Ⅰ.①地… Ⅱ.①陈… ②唐… ③胡… ④邓… Ⅲ.①地下铁道车站-室内装饰设计 Ⅳ.①TU921

中国版本图书馆CIP数据核字(2018)第277529号

“情景空间”是一个复杂的多维度概念。作为地铁站室内环境设计范畴中的内容，“情景空间”的最终目的是为乘客创造特定的空间环境，将乘坐地铁变成一种舒适的享受。在本书中“情景空间”既涉及心理学和行为学的“人景”维度——“情境”；也包含建筑学和类型学的“物景”维度——“样态”；还包含社会学、文化学和环境美学的“场景”维度——“景域”。对于地铁站而言，“情景空间”既是一种物质空间（指“物景”维度：“样态”）；也是一种精神空间（指“人景”维度：“情境”）；还是一种空间的“特性”（指“场景”维度：“景域”）。“情景空间”理论因为自身所带有的文化色彩，决定了其关注点既囊括了客观的物质世界和主观的精神世界，又提供了理解民族和地域的方式，它帮助设计师将平淡的地下空间环境转化为具有人文关怀的地铁站室内场所。

本书主体框架分为“情境—样态—景域”三个部分，分别对应“情景空间”理论中的“人景”、“物景”和“场景”三个维度。全书运用学科交叉的方法，以社会学的视角解读“情景空间”，并尝试着在开放的理论系统下审视和澄清当代地铁站室内环境设计中出现的“去精神化”问题；通过对情景空间理论的全面解析，从观念、认知和技术层面展开对地铁站室内空间环境的案例分析与验证，阐述了表象繁荣背后隐潜的困境与悖论；进而从情境、样态、景域三个层面，对以“情景空间”方法论为主导的多途径探索进行归纳，总结出了地铁站情景空间的构建模式，并以此为依据提出了地铁站情景空间的建构策略，为当前我国地铁站室内空间环境的设计实践提供一种相对可操控的具有实践意义的参考。

责任编辑：滕云飞
责任校对：王宇枢

地铁站情景空间塑造
陈 岩 唐 建 胡沈健 邓 威 著
*
中国建筑工业出版社出版、发行（北京海淀三里河路9号）
各地新华书店、建筑书店经销
北京科地亚盟排版公司制版
北京建筑工业印刷厂印刷
*
开本：787×1092毫米 1/16 印张：14¼ 字数：353千字
2019年10月第一版 2019年10月第一次印刷
定价：**58.00**元
ISBN 978-7-112-23040-2
(33128)

序

有人曾说：19 世纪是桥的世纪，20 世纪是高层建筑的世纪，而 21 世纪则是地下洞室开发利用的世纪。诚然此种说法有些绝对，但是合理地利用地下空间资源，特别是开发高效的地下交通空间，已经成为促进城市发展的必然选择。中国进入 21 世纪以来由于工业化的飞速发展和城市人口的过度集中，“城市综合症”问题已经凸显，人口规模的激增与城市基础设施相对落后的矛盾已经日益突出。因此，将城市向三维空间发展，在充分利用地下空间的基础上进行立体化再开发，将是未来城市可持续发展的必经之路。

要从根本上缓解人口增长对城市环境的威胁，发展城市中心区的地下交通不失为一个绝佳的选择。1863 年世界上第一条地铁线路在英国伦敦开通运行，开启了人类利用地下轨道交通的新篇章。此后许多国际化都市先后建造了各自的地铁系统。地铁网络的建立不仅能够在一定程度上缓解地上交通的压力，还可以摆脱城市土地资源日益短缺的困境，并且能够有效带动当地经济发展，缓解就业压力。

“情景空间”是一个复杂的多维度的概念。作为地铁站室内环境设计范畴的内容，地铁站的情景空间在近几年越来越受到全社会的重视。陈岩副教授从 2008 年开始专注于此方面的研究，长达十年的执着工作，使本书成为一部扎实而有深度的研究著作。书中提出以情景空间为主导的地铁站建设新思路，采用多学科交叉的方法研究地铁站空间环境，分析使用者的行为特征，阐明乘客与空间环境的互动关系，探索了情景空间构建的内外部条件，揭示了地铁站情景空间的模式和典型特征。研究结果将为未来我国地铁站建设提供新的设计方法和思路。相信，随着我国经济的快速发展以及各大城市地铁项目的相继开工建设，地铁站情景空间的探索会更有意义，本书也将更加凸显其价值。

城市地下空间的开发与利用任重而道远，在更多的政府支持、更深刻的专业研究和更广泛的市民参与下，未来我们的城市将更加美好，城市的地下空间环境将更加宜人。

目录

第1章　绪论 …………………………………………………… 1

1.1　地铁站中的“去精神化”现象 ……………………………… 2

1.2　地铁建设的高速发展 ……………………………………… 5

1.2.1　国外地铁建设的发展 ……………………………… 5

1.2.2　国内地铁建设的发展 ……………………………… 7

第2章　情景空间的基础理论 ………………………………… 9

2.1　地铁站情景空间的相关学科及理论………………………… 10

2.1.1　现象学（Phenomenology）……………………………… 10

2.1.2　环境行为学（Environment-Behavior Studies）…… 11

2.1.3　环境心理学（Environmental Psychology）…… 12

2.1.4　文化社会学（Cultural Sociology）…………… 14

2.1.5　地下建筑学（Underground Architecture）…… 15

2.1.6　环境美学（Environmental Aesthetics）……… 16

2.2　情景空间的概念……………………………………………… 18

2.2.1　情景的模糊性与情景空间的复杂性 …………… 18

2.2.2　情景空间概念的定义 …………………………… 19

2.2.3　情景空间概念的辩证观 ………………………… 19

2.3　情景空间的理论构架………………………………………… 21

2.3.1　情景空间的理论基础 …………………………… 21

2.3.2　情景空间的理论核心 …………………………… 23

2.3.3　情景空间理论的人景因素——“情境” ……… 23

2.3.4　情景空间理论的物景因素——“样态” ……… 24

2.3.5　情景空间理论的场景因素——“景域” ……… 25

2.4　情景空间理论的整体评价…………………………………… 25

2.4.1　情景空间的理论逻辑 …………………………… 25

2.4.2　情景空间理论的价值取向 ……………………… 26

2.4.3　情景空间与场所精神的联系和区别 …………… 28

2.4.4　情景空间理论的现实困境 ……………………… 28

2.4.5 情景空间理论在当代地铁站设计研究中的定位 …… 29
2.5 情景空间理论的方法论意蕴 …… 30

第3章 情景空间的人景因素 …… 34

3.1 人景与“情境”感知 …… 35
3.1.1 “情境”的概念 …… 35
3.1.2 感知、感觉与知觉 …… 35
3.1.3 情境与个体感知 …… 37
3.1.4 情境与人景空间 …… 37
3.2 “情境”感知的表达机制 …… 37
3.2.1 情境感知的过程 …… 37
3.2.2 情境感知的途径 …… 38
3.2.3 情境感知的艺术维度 …… 42
3.2.4 情境感知的叠加效应 …… 43
3.3 地铁站人景空间的特性 …… 44
3.3.1 地铁站情境感知的相对性 …… 44
3.3.2 地铁站情境体验的“定势性” …… 46
3.3.3 地铁站情境体验的“联觉性” …… 47
3.4 “情境”创设——地铁站人景空间的构建模式 …… 49
3.4.1 知觉体验模式 …… 49
3.4.2 意义解读模式 …… 50
3.4.3 情感互动模式 …… 51
3.5 地铁站人景空间的建构策略 …… 52
3.5.1 “情”—“境”关联策略 …… 52
3.5.2 事件参与策略 …… 55
3.5.3 多维感知调动策略 …… 57

第4章 情景空间的物景因素 …… 59

4.1 物景与“样态” …… 60
4.1.1 “样态”的概念 …… 60
4.1.2 室内空间样态 …… 61
4.1.3 空间样态的“理性”与“感性” …… 62
4.1.4 物景空间的构成元素——形、光、色 …… 64
4.2 地铁站的“理性”空间样态特性 …… 66
4.2.1 理性空间中的“形”样态 …… 67

4.2.2 理性空间中的“光”样态 …… 73
4.2.3 理性空间中的“色”样态 …… 80
4.3 地铁站的“感性”空间样态特性 …… 87
4.3.1 感性空间中的“形”样态 …… 87
4.3.2 感性空间中的“光”样态 …… 93
4.3.3 感性空间中的“色”样态 …… 99
4.4 “样态”创设——地铁站物景空间的构建模式 …… 107
4.4.1 空间感知模式 …… 108
4.4.2 节奏均衡模式 …… 108
4.4.3 主题发掘模式 …… 108
4.5 地铁站物景空间的建构策略 …… 109
4.5.1 空间引导策略 …… 109
4.5.2 艺术转换策略 …… 112
4.5.3 主题塑造策略 …… 120

第5章 情景空间的场景因素 …… 122

5.1 场景与“景域” …… 123
5.1.1 “景域”的概念 …… 123
5.1.2 群体认同的概念 …… 123
5.1.3 景域与场景空间 …… 124
5.2 “景域”的认同特征 …… 125
5.2.1 时代性与多元化 …… 126
5.2.2 地域性与差异化 …… 127
5.2.3 文化性与有机化 …… 127
5.2.4 文脉性与延续化 …… 128
5.3 地铁站场景空间的功能作用 …… 130
5.3.1 定位功能 …… 131
5.3.2 叙事功能 …… 135
5.3.3 识别功能 …… 136
5.3.4 演进功能 …… 137
5.4 “景域”创设——地铁站场景空间的构建模式 …… 139
5.4.1 情感认同模式 …… 139
5.4.2 环境认同模式 …… 141
5.4.3 文化认同模式 …… 142
5.5 地铁站场景空间的建构策略 …… 142

5.5.1 精神认知归一策略 …………………………………………………………………… 143
5.5.2 空间印象塑造策略 …………………………………………………………………… 147
5.5.3 多元文化融合策略 …………………………………………………………………… 151
5.6 技术进步的两面性：当代地铁站室内环境面临的新问题 ………………………… 161
5.7 面向未来的哲学思考：开放系统的延续 ……………………………………………… 162

附录 A 世界各城市地铁信息汇总表 ……………………………………………………… 164
附录 B 人名索引（中外文对照） ………………………………………………………… 202
参考文献 …………………………………………………………………………………… 208
致谢 ………………………………………………………………………………………… 218

第1章 绪 论

Introduction

“道路，思之道路，自行不息且消隐。何时重返，何所期望？道路，自行不息，一度敞开，又突兀锁闭的道路。更晚近的道路，显示着更早先者：那从未通达者，命定弃绝者——放开脚步，回应那稳靠的命运。复又是踌躇之黑暗的困顿，在期待之光芒中。”[1]

——马丁·海德格尔（Martin Heidegger）

《道路》，1970 年

1.1 地铁站中的“去精神化”现象

城市化是社会生产力发展的必然产物，是“人类生产和生活方式由乡村型向城市型转化的历史过程，表现为乡村人口向城市人口转化以及城市不断发展和完善的过程。[2]又称城镇化、都市化”。随着城市化的快速推进，人们的生活方式也会随之发生翻天覆地的变化，[3]这种变化过程会导致各种资源逐渐向城市聚集，城市化的发展也就成为一种必然。自20世纪改革开放以来，我国城市在经济、社会、文化等各方面都取得了飞速发展，城市化进程也随之加快。据国家统计局发布的报告显示，我国城市数量已从1949年的132个增加到2009年的654个，[4]城市化水平由10.64%提高到46.59%。[5]截止到2009年，我国城镇人口数已经达到6.2186亿人，全国有200万以上人口的城市23个，100万～200万人口的城市33个，50万～100万人口的城市86个，20万～50万人口的城市239个。1949—2014年中国的城镇化率统计见表1.1。据统计，GDP每增长1%，城市化水平即增长0.208%[6]，假设我国GDP按年均7%的速度递增，那么到2020年，我国的城市化水平大约为63.56%。城市化进程导致农村人口迅速向城市集中[7]，改革开放初期，我国百万人口以上的大城市只有28个，到2010年这个数字已经达到51个[8]，而且发展趋势正在加快，预计到2020年，我国百万人口以上的城市将会突破80个[9]。

中国城镇化率（1949—2014）❶ **表1.1**

年份	城镇化率（%）	年份	城镇化率（%）	年份	城镇化率（%）
1949	10.64	1974	17.16	1999	30.89
1954	13.69	1979	19.99	2004	41.76
1959	18.41	1984	23.01	2009	46.59
1964	18.37	1989	26.21	2014	54.77
1969	17.5	1994	28.62		

随着城市化的快速推进，人口规模的激增与城市基础设施相对落后的矛盾日益突出[10]。在城市化快速发展的同时，各种弊端也随之而来，如环境污染、资源匮乏、贫富分化等现象越来越严重，城市化给全人类带来了日益严峻的挑战，城市人居环境已经受到了极大的威胁。城市的发展历史表明，无论是渐进式发展模式还是跳跃式发展模式，其最终都将导致在城市中心区出现诸如人口密度高、绿化面积少、交通阻塞、环境污染严重等现象，即所谓的“城市综合症”。特别是最近几十年，许多发达国家已经先后出现逆城市化现象，其主要表现为人们厌倦了在城市中心居住和生活，开始向郊区和城市边缘地带迁移。市中心的人口开始明显减少，而城市周边的郊区和乡村地区的人口则不断增加，城市化的区域进一步扩大。这在一定程度上反映了城市空间设计落后于社会和经济高速发展的现象[11]。

因此，仅仅靠通过扩大城市规模增加城市容量的方式并不是拓展城市空间的最优选项，将城市向三维空间发展，在充分利用地下空间的基础上进行立体化再开发，将是解决城市发展矛盾，并最终实现城市可持续发展的不二选择[12]。事实上，在城市空间资源短

---

❶ 表格为作者自制，数据来源：国家统计局；中国城镇化率统计（1949—2014年）。

缺[13]、土地价格飞涨、城市中心区域过度集中等多种压力的作用下，某些国家已经在其原有的城市之中，以不同的程度和方式使用地下空间[14]。加快地下空间的开发和利用已经成为城市发展的必然趋势[15]。

有人曾说：19 世纪是桥的世纪，20 世纪是高层建筑的世纪，而 21 世纪则是地下洞室开发利用的世纪[16]。诚然此种说法有些绝对，但是合理地利用地下空间资源，特别是开发高效的地下交通空间，已经成为促进城市发展的必然选择，对于我国这种人口大国而言就显得尤为重要。中国的 21 世纪将是一个“新的城市世纪”[17]。由于工业化的飞速发展和城市人口的过度集中，“城市综合症”问题已经凸显。要从根本上缓解人口增长对城市环境的威胁，发展城市中心区的地下交通不失为一个绝佳的选择。地下交通网络的建立不仅能够在一定程度上缓解地上交通的压力，还可以解决城市土地资源日益短缺的现象，同时能够有效带动当地经济发展，缓解就业压力[18]。

现象 1：“城市综合症”

随着我国经济的飞速发展和城市化的快速推进，一些大城市、特大城市的中心城区出现了诸如交通拥挤、生活质量下降、环境品质恶化等一系列“城市综合症”，而地铁具有运能大、速度快、时间准、全天候、污染少、节约能源和土地等特点，能够改善此类城市问题。

与重视地上空间的开发相比，我国对地下空间的开发与利用远远赶不上欧美等发达国家。由于我国的现代城市地铁交通起步较晚，因此与之相配套的地铁站情景空间的相关研究并不多，也没有形成系统的理论体系。但是随着现代社会物质生活环境的改善，人们对地铁站空间各层面需求也逐步提高，原有的仅仅满足基本使用功能的地铁站空间环境已经不能适应当代人的需求，越来越多的人开始关注地铁站情景空间。如何系统地建构地铁站情景空间理论，使之有效地指导相关的工程开发与实践，创造出更加富有文化内涵和可持续发展的地铁站空间环境，也就成为我国当前亟待解决的问题。

现象 2：“百站一面”

地铁站作为整个地铁系统的重要节点，本应该成为展示城市文化魅力的特色窗口[19]。但是，目前我国大部分地铁站内部环境设计缺乏相应的地域特点和文化特征，存在着“百站一面”的现象。各地铁站空间被简化为一种标准模式和范式，成为能够被复制的样本和模型。

现象 3：“去精神化”

现代人的紧张生活需要城市公共设施提供多维度的精神关怀，但是地铁站冰冷的面孔和有限的形式元素所营造的空间，只是简单地满足“疏散”、“缓解”、“分流”、“通过”等最基础的交通需求，成为人们从一个目的地到达下一个目的地的无奈选择，致使情感元素离场和人文关怀缺失（参见图 1.1）。

以上三种现象的产生原因，归根结底都来源于一个共同问题：忽视了对地铁站内部“情景空间”的塑造。它既是我国当前地铁站环境设计的不足之处，也是未来地铁站改良设计的切入点。

如同在科学领域研究人脑的认知所面临的种种困惑一样，在室内环境设计领域对情景空间的研究也同样面临着各种挑战。究其原因，最根本是因为在建筑学中“情景”一词，至今仍缺乏一个相对明晰、统一的定义。基于对“情景”理解不同，分析同样一个空间环境，不同的人常常会得出不同的结论，这无疑会进一步加深人们对“情景”这一概念的曲解。情景与空间二者密不可分，因为地铁站属于公共交通空间，其本身具有一定的开放性特征，同样一个地铁站空间，可以随着不同的时间段和不同的使用人群，而改变“情景”。因此本书尝试使用了“情景空间”这样一种特殊称谓，希望尽可能详实地从多个立场和角度来阐述情景空间的理论观点。

图 1.1 大连某地铁站的“去精神化”现象
（图片来源：作者自摄）

此外，尽管创设“情景空间”是未来地铁站室内环境设计的发展趋势，一些设计方法和手段也在行业内引起了足够的关注，但客观地说，并不是所有的地铁站都一定要将情景空间作为最重要的空间塑造手段。情景空间的特性决定了它更适合于应用在空间尺度较大、人流量较多、相对停留时间较长的综合型地铁换乘站和终点站。况且追求极致的情景空间在当前仍是一种较为前卫的设计思想，并未成为地铁站室内环境设计的主流，对其特别感兴趣的人多集中在学术机构以及少数国际知名的设计大师当中。因此，建构情景空间仅是当代室内环境设计中众多探索途径的一种，在研究它的同时，也应当对其他建筑室内环境设计现象给予足够的重视。

“城市综合症”问题的产生，严重暴露出我国城市地下公共空间设计实践和相关理论研究的不足。我国在新中国成立初期，由于受限于当时比较严峻的国际政治形势和相对落后的物质条件基础，地下公共空间大多是地下仓库、防空洞等人防工程，设计仅以满足实用性为前提。如今，伴随着现代社会生活的丰富和环境的改善，人们对地下公共空间环境的需求也水涨船高。原有的仅仅满足基本使用功能的空间环境已经不能适应当代人的需求，越来越多的人开始关注地下公共空间视觉样态的审美需要和使用者的行为需求。如何进一步健全地铁站空间的视觉样态、审美结构，如何系统地建构地铁站情景空间理论，使之有效地指导相关工程的开发与实践，创造出更加适宜于人类生存和可持续发展的地铁站空间环境，也就成为大众所关心的问题。

据不完全统计，我国目前运营地铁的城市包括北京、天津、香港、上海、广州、武汉、重庆、深圳、南京、沈阳、成都、佛山、西安、苏州、昆明、杭州、哈尔滨、昆山、郑州、长沙、宁波、无锡、大连、长春等 24 座城市，而新建和计划改扩建的地铁站建设项目则更多。与此形成鲜明对比的是，由于历史的原因，我国早期的地铁站空间多是在 20 世纪 50、60 年代中国与苏联的关系恶化后，作为一种平战结合的战备防御手段规划开发的，如北京地铁的 1 号线就规划于 1953 年，始建于 1965 年，运营于 1969 年，这使得我国早期的城市地铁站空间，更多地考虑军事性和实用性，对相关的情景空间塑造和舒适性、人性化等因素不够重视。这种先天的不足也限制了地铁站空间设计理论研究的进展，与欧美等发达国家相比，无论是完善使用功能方面，还是设计内容和人性化等方面都存在着一定的差距，还没有形成比较完整的系统性设计理论和策略，急需在价值观念、判断标准、实践范畴、专业背景、理论方法等方面的创新性研究成果。但最近几年，随着我国经济的快速发展以及许多城市地下建筑项目的相继开工建设，相关的地下空间情景建构理论越来越受到重视。尽管起步较晚，但我国的地下公共空间特别是地铁站的发展前景非常广阔，有一定的后发优势，具有在短期内赶上和超越国际先进水平的条件。因此，构建一套地铁站“情景空间”理论，满足其使用者的价值观和生理、心理、文化等多方面的真实需求，进一步提出符合我国国情的地铁站情景空间的设计策略，为未来中国城市地铁站的规划和设计提供借鉴，无疑具有深刻的理论和现实意义。

1.2 地铁建设的高速发展

1.2.1 国外地铁建设的发展

1863 年世界上第一条地铁线路在英国伦敦开通运行，开启了人类利用地下轨道交通的新篇章[20]。从此以后，许多著名的国际化大都市都先后建造地铁系统，到 1899 年世界上已经有包括巴黎、纽约在内的 7 座城市拥有地铁。目前世界上地铁较为发达的城市是纽约、巴黎、伦敦、东京、莫斯科、首尔以及中国的上海和北京。纽约共有地铁线路 31 条，其运营里程达到 373km，车站数量 504 座，是全球唯一的全年 24 小时运转的大众交通运输系统[21]；而近年来随着中国的城市发展和地铁建设[22]，北京和上海的地铁运营里程和客流量已经超过纽约等城市。截至 2014 年底，上海轨道交通全网运营线路总长度达到 567km（含磁浮在内），其运营规模世界居首[23]；而北京地铁的工作日平均客流达 1000 万人次，峰值日客运量达到 1155.92 万人次[24]，2013 年地铁总客运量更是突破了 36 亿人次，也跃居全球第一位（详见附录 A 世界各城市地铁信息汇总表）。

在 20 世纪前 25 年（1900—1924 年），欧洲和美洲又先后有 9 座城市相继开通了地铁。从 1925—1949 的 25 年，由于正处在第二次世界大战期间，为了安全的考虑，各国都选择谨慎行事，因此地铁建设也进入了低谷。尽管如此，仍有苏联的莫斯科以及日本的东京、大阪等个别城市在此期间修建了地铁。莫斯科地铁一向以恢弘的建筑风格和运行效率而举世闻名，车站内部有许多知名大师的雕塑作品，令乘客流连忘返，如置身于宫殿之中。莫斯科地铁发展至今已拥有线路 12 条，车站总数 171 座，总里程超过 277km。亚洲最早开通地铁的城市是东京[25]，作为曾经的全世界客流量最大的地铁系统，东京地铁现有 13 条运营线路，设车站 224 座，日均客流量为 900 多万人次。

第二次世界大战后的 25 年间（1950—1974 年），是地铁建设蓬勃发展的时期。在此期间先后有瑞典的斯德哥尔摩，加拿大的多伦多、蒙特利尔，意大利的罗马、米兰，韩国的首尔，中国的北京以及朝鲜的平壤等 30 余座城市的地铁建成通车。其中韩国首尔的地铁网络发展至今，已经成为载客量达世界第五大的地铁系统[26]，包含运营线路 13 条，车站 260 多座，总里程 314km。加拿大蒙特利尔的首条地铁线于 1966 年 10 月建成通车，现如今已有线路 4 条，运行里程 66km。瑞典的斯德哥尔摩地铁始建于 1945 年，1950 年开通运行[27]，是世界上最著名的地铁网络之一。斯德哥尔摩地铁的名声不仅仅因为其工程本身，更是源于它被称为世界上最长的艺术博物馆。斯德哥尔摩地铁的 100 个车站分别由 100 位艺术家按照个人的艺术构思和风格进行装饰，号称“最有艺术氛围的地铁”（参见图 1.2）。1973 年正式通车的朝鲜平壤地铁，因为最大埋深超过 100m，被称为“世界上最深的地铁”[28]。

图 1.2　瑞典首都斯德哥尔摩的地铁站❶

随后的 40 年（1975—2014 年），既是地铁建设飞速发展时期，也是其迈向多元化的时期。这个时期的地铁建设发展迅猛，在这 40 年内新开通的地铁线路和运营里程，就超过了前 100 年的总和。这时的地铁已经不再是发达国家的专利，许多发展中国家由于人口激增和城市建设的需要，也纷纷开始建设自己的地铁系统。如南美洲巴西的里约热内卢、巴西利亚、圣保罗的大部分地铁线路，非洲的开罗和阿尔及利亚的地铁线路，以及亚洲的新加坡，印度的加尔各答、新德里，泰国的曼谷，伊朗的德黑兰，阿拉伯联合酋长国的迪拜，中国台湾地区的台北、高雄和台中，以及中国大陆绝大部分城市的地铁系统都是在这一时期建成通车的。这使得地铁呈现出多元化发展的趋势，走入许多发展中国家，惠及更多的当地百姓。当然，在此期间发达国家的地铁建设也没有停止脚步，如 1976 年建成地铁的比利时的布鲁塞尔、美国的华盛顿、奥地利的维也纳，随后建成地铁的城市，如意大利的热那亚、那不勒斯、卡塔尼亚、都灵，希腊的雅典，丹麦的哥本哈根，芬兰的赫尔辛基，土耳其的安卡拉等；以及部分东欧国家的城市，如捷克的布拉格、罗马尼亚的布加勒斯特、波兰的华沙、白俄罗斯的明斯克等均在这一时期建成了自己的地铁系统。

到 2010 年世界上已有 43 个国家的 118 座城市建有地铁，线路总长度超过了 7000km[29]，其中超过一半的运营线路是在 1975 年之后建成通车的（见表 1.2）。

第二次世界大战后中等发达国家和发展中国家的地铁建设进程❷　　**表 1.2**

年代	城市数目（个）	建成里程（km）
1950—1960	10	455.65
1961—1970	10	799.0
1971—1980	29	1634.8
1981—1990	29	976.2
1991—2000	95	415.3
2001—2010	118	1308.5
总计	118	5589.45

❶　图片来源：http://www.shijuew.com/content-45-2911-1.html；http://m.house365.com/hz/news/020188301.html。

❷　作者根据网络上搜集到的信息整理自制，数据来源：维基百科、百度百科、谷歌学术。

从上述世界各国的地铁建设概况可以看出，除了在战争期间发展稍微缓慢以外，世界各国城市的地铁建设都在加速进行，而且呈现出越来越多元化的发展趋势。如今很多发展中国家也相继加入到这股地铁建设的热潮之中。数据显示，截止到2015年末，全世界已有59个国家和地区的170多座城市建造了地铁系统（详见附录A世界各城市地铁信息汇总表）。

1.2.2 国内地铁建设的发展

改革开放以来，我国经济发展举世瞩目，伴随着城市人口的迅速增加，中心城区的人口密度不断增加，城市建设规模越来越大。截至2010年底，我国人口超过100万人的大城市有51个，其中有6个城市人口超过500万人（分别是：上海、北京、天津、香港、重庆、广州）；有17个城市人口超过200万人。大城市的辐射效应越来越强，致使城市流动人口飞速增加，导致城市交通拥堵现象频发，居民出行变得非常困难。与此同时，随着大城市生活节奏的加快，人们的时间观念也越发强烈，更加需要快速安全的地铁系统来满足人们的日常出行需求。

我国的首条地铁于1969年10月1日在北京建成通车[30]，发展至今，已经相继有北京、天津、香港、上海、广州、武汉、重庆、深圳、南京、沈阳、成都、佛山、西安、苏州、昆明、杭州、哈尔滨、昆山、郑州、长沙、宁波、无锡、大连、青岛等24座城市建设了各自的地铁系统[31]。

进入新世纪以来，我国地铁建设呈现出飞速发展的扩张态势，为此国务院曾于2002年10月提出“缓建”地铁项目，但是由于城市建设和投资拉动经济的需要，大量的地铁建设项目于2005年底又开始重新启动。中国交通运输协会城市轨道交通专业委员会的报告指出：“目前我国正处于轨道交通建设的繁荣时期，并且中国已经成为世界上最大的城市轨道交通市场。”[33]目前国内17座200万人口以上的特大城市，均已经开通了地铁[34]，或是有地铁线路正在建设施工。根据“十二五”交通规划，国家在“十二五”期间（2011—2015年）“将建设北京、上海、广州、深圳等城市轨道交通网络化系统，建造天津、重庆等22个城市的轨道交通主骨架，规划建设合肥、贵阳、石家庄、太原、厦门、兰州、济南、乌鲁木齐、佛山、常州、温州等城市轨道交通骨干线路。”[31]随着2014年许多城市地铁项目的提前获批，2015年将会有大量的项目开工建设。整个“十二五”规划已经确定实现3000km的全国城市轨道交通运营里程，并且预计这个数据很有可能会突破到4000km左右[35]。而我国各大城市的远期地铁建设规划则更加宏伟，其规划的总里程数居世界首位（参见表1.3）。

中国城市远期地铁规划里程表（台湾地区数据未统计）❶ **表1.3**

序号	城市	规划总里程	备注	序号	城市	规划总里程	备注
1	天津	1380km	含轻轨城轨	3	广州	1164km	含20条城市线（超811km）和11条城际线（超350km）
2	武汉	1200km	含轻轨城轨	4	成都	1070km	含轻轨城轨

❶ 作者根据网络上搜集到的信息整理自制，数据来源：http://tieba.baidu.com/p/3110648993。

续表

序号	城市	规划总里程	备注	序号	城市	规划总里程	备注
5	北京	1053km	含轻轨城轨	26	大连	255km	含轻轨城轨
6	上海	1000km	含磁浮线	27	南宁	252km	不含轻轨城轨
7	深圳	866km	含 20 条城市线（超 720km）和 11 条城际线（超 146km）	28	宁波	247.5km	不含轻轨城轨
8	重庆	820km	含轻轨城轨	29	太原	235.7km	含轻轨城轨
9	青岛	814.5km	含 10 条城市线（353.7km）和 9 条城际线（460.8km）	30	乌鲁木齐	211.9km	不含轻轨城轨
10	南京	785km	含轻轨城轨	31	兰州	207km	含轻轨城轨
11	西安	600km	含轻轨城轨	32	东莞	194km	不含轻轨城轨
12	昆明	600km	含轻轨城轨	33	唐山	165km	不含轻轨城轨
13	佛山	550km	含轻轨城轨/不含有轨电车	34	徐州	160km	不含轻轨城轨
14	长沙	456km	含轻轨城轨	35	南通	160km	不含轻轨城轨
15	沈阳	400km	含轻轨城轨	36	中山	153km	不含轻轨城轨
16	芜湖	369.4km	含轻轨城轨	37	无锡	150km	不含轻轨城轨
17	惠州	360km	含地铁 6 条线（196.7km）和城轨 4 条线（163.4km）	38	温州	147.9km	不含轻轨城轨
18	哈尔滨	340km	含轻轨城轨	39	南昌	141km	不含轻轨城轨
19	合肥	322km	含轻轨城轨	40	贵阳	140km	不含轻轨城轨
20	苏州	318km	含轻轨城轨	41	常州	129km	不含轻轨城轨
21	珠海	300km	含轻轨城轨	42	银川	126km	不含轻轨城轨
22	嘉兴	290km	含轻轨城轨	43	湛江	100km	不含轻轨城轨
23	杭州	278km	不含轻轨城轨	44	绍兴	83.9km	不含轻轨城轨
24	石家庄	260km	含轻轨城轨	45	西宁	70km	不含轻轨城轨
25	长春	256km	含轻轨城轨				

当前，阻碍我国地铁建设发展的最大瓶颈是建设资金问题。由于地铁建设的成本高、难度大，许多关键技术和成套设备都依赖于进口，所以在我国地铁建设的成本中，设备费用所占的比例很大，因此提高地铁设备的国产化率，也就自然成为我国今后发展地铁的努力方向之一。可喜的是，近些年来随着我国企业对国外先进技术的消化吸收与创新，国内已经在地铁建设的关键技术方面打破了外企的垄断。如南京地铁、深圳地铁、广州地铁 2 号线以及上海的明珠线等，项目设备的国产化率已经接近和超过 70%，使地铁每公里的造价由原来的 8 亿元人民币降低到 4.5 亿元人民币左右，特别是南京地铁的综合造价已经降低到每公里 4 亿元以下[36]，达到创纪录的 3.92 亿元，成为目前国内地铁建设中综合造价最低的地铁[32]。相信未来我国的地铁设备国产化率仍将不断提高，地铁建设的单位造价也会进一步降低，这必然会促进我国地铁系统的跳跃式发展。在 20 世纪的 70 年代，发达国家的地铁建设曾经形成了一个高峰，从而有力地带动了全世界地铁建设的飞速发展，而中国作为世界上最大的发展中国家[37]，目前的城市交通建设还不够完善，特别是在地铁建设方面还有非常大的发展空间。相信随着未来中国地铁建设的高速推进，也必将带动全世界地铁建设的新一轮发展。

第2章 情景空间的基础理论

The Theoretical Framework of Scenario Space

只要我保持一种绝对观察者的理想，没有任何观点和知识的理想，我就只能把我的状态看成是一个错误的源泉。可是一旦我确认通过它使我适合所有活动和所有对我有意义的知识，确认它逐渐被可能是对我有关的每一事物所充满，那么在我这个状态的有限范围内，我与社会的接触就向我显示成像是所有真理（包括科学）的起点。我们所能做的事不外就是在这个状态内部定义一条真理，因为我们已经有了一些关于真理的思想，也因为我们是在真理内部而不能到它外面去。[38]

——莫里斯·梅洛-庞蒂（Maurice Merleau-Ponty）

《主旋律》（Themes），1949—1952

2.1 地铁站情景空间的相关学科及理论

由于“情景空间”概念的模糊性和复杂性，国内外的学者大部分将其归纳到不同的范畴进行研究。其主要的研究范畴包括：现象学、环境行为学、环境心理学、行为建筑学、文化社会学和环境美学六个方面。

2.1.1 现象学（Phenomenology）

“现象学”一词最早出现在18世纪，由法国哲学家兰伯尔和德国古典哲学家黑格尔（G. W. F. Hegel）首先使用。现代意义上的现象学是20世纪初，由德国犹太人哲学家胡塞尔（E. Edmund Husserl）所创立[39]。胡塞尔认为“现象”不是事物对人类理性的作用，而是人类理性本身[40]。他把康德的哲学进一步发展，更加关注“精神（Geist）”和“意识（Bewusstsein）”二者之间的关系，而现象正是在研究精神、意识时真正与唯一的对象[41]。因此在20世纪30、40年代后，现象学作为一把哲学的万能钥匙最终发展成为西方最重要的哲学思潮之一。实质上，按照罗杰·克劳利（Roger Crowley）和奥尔森的观点：“现象学并不是一种哲学体系，而是一种研究哲学的方式，一种分析意识对象——内在的或外在的、事实或过程的——方式[42]，以便确定它们基本的必要的特征，它们是如何呈现于意识的，以及我们可以得到关于它们的什么知识。”[43]所以说现象学的意义在于它是一种哲学方法论，它的现象学还原的原则为研究哲学与其他领域提供了一种新的方法和思想体系[44]。胡塞尔的学生海德格尔又进一步发展了现象学思想，他强调着眼于存在本身，让人们进入生活的思考本身中去。基于这一思想，海德格尔提出了“诗意的居住”概念[45]，这也是他思想的核心内容——即诗的存在化与存在的诗化。海德格尔常借用诗来解读存在主义。

对于现象学的研究，诸多学者的关注点虽然各不相同，但是其思想派系主要分为两种：存在现象学和知觉现象学。存在现象学是以海德格尔的存在主义哲学为基础，其代表人物是挪威建筑理论学家克里斯蒂安·诺伯舒兹（Christian Norberg-Schulz），主要是进行以“场所精神”为核心的学术理论研究，虽然这一派系的实践作品不多，但是因为“场所理论”广为人知，导致其影响非常巨大。而知觉现象学是以莫里斯·梅洛-庞蒂（Maurice Merleau-Ponty）的知觉理论为基础，其主要代表人物包括斯蒂文·霍尔（Steven Holl）、帕拉斯玛（J. Pallasmaa）等，他们多是在场所理论的基础上进行实践性的建筑设计。无论是海德格尔的存在主义哲学还是梅洛-庞蒂的知觉现象学，在本质上都以胡塞尔的现象学“还原”为基石——即人们可以根据事物的本来面貌去观察、感受它们。

早期的建筑现象学研究更多是被人文地理学家所涉猎。人文地理学（Humanistic Geography）又称人生地理学，是20世纪70年代将现象学方法引入地理学以后，以人地关系的理论为基础，探讨各种人文现象的地理分布、扩散和变化，以及人类社会活动的地域结构的形成和发展规律的一门学科[46]。早期的人文地理学研究常常延伸至区域规划、城市景观和建筑领域。雷尔夫（Edward Relph）、段义孚等人的论著就曾用现象学的方法分析人对环境的主观体验问题。美国堪萨斯州州立大学的大卫·西蒙（David Seamon）将人文地理学的现象学方法引入了建筑研究[47]。挪威建筑理论家诺伯舒兹在20世纪80年代出版的《场所精神：迈向建筑现象学》（Genius Loci：Toward a Phenomenology of Architecture)、《栖居的概念》(The Concept of Dwelling) 等著作是最早而且系统讨论建筑现象学的论著。诺伯舒兹从海德格尔的“存在”、“栖居”的角度来讨论“建筑”,强调“环境对人的影响,意味着建筑的目的超越了早期机能主义所给予的定义”。他同时还探讨对自然的理解[79],主张艺术作品是生活“情境”的具现[49]。“栖居”意味着人在环境中能够保持“方向感”和“认同感”,从而体验到环境的意义。诺伯舒兹认为空间和特性并不应该单纯地用哲学方法进行解释,而是要将其落实到建筑上。场所则是一种充满意义的环境,它是由具体现象组成的,并且与人们的存在息息相关。诺伯舒兹所追求的“场所精神”实际上就是具体现象特征的总和或者说是“气氛”[50]。他认为建筑应是“富有意义的形式”,而人造场所的存在意义就在于它怎样与自然场所达到和谐共生的关系。当然诺伯舒兹主要是从事建筑现象学的学术理论研究,在建筑设计领域,受梅洛-庞蒂的知觉现象学影响,斯蒂文·霍尔、帕拉斯玛等人先后进行了大量的建筑设计实践,并在实践过程中深入研究了建筑知觉、体验和设计之间的关系。因此在建筑现象学的研究中,存在现象学和知觉现象学这两种思想最终转化成为对两个建筑领域的探讨:其一是场所与场所精神;其二是建筑与空间知觉。

近年来,国内学者对建筑领域的现象学研究也越来越关注。沈克宁在《建筑现象学》一书中,探讨了存在现象学和知觉现象学两个研究领域[51],既研究了海德格尔的场所论,又论述了梅洛-庞蒂的知觉论与生活体验的关系,并从视觉、听觉、触觉等方面论述了建筑中的综合体验——建筑知觉[52]。金峰梅在她的《模糊的拱门:建筑性的现象学考察》一书中,用女性学者特有的视角,创造性地提出“建筑性”的概念,并通过理论构建、现代性思考、中国语境和现代性认同等话题,详细论述了建筑与哲学和美学的内在联系[53]。在彭怒等人的《现象学与建筑的对话》一书中,作者也曾对建筑领域的现象学进行了思考,其中“建筑中的现象学思考”部分,论及了体验、记忆、空间、场所之间的关系[54]。

现象学的理论应用在建筑领域,就是要把研究的重点从关注客观的物质空间转向关注人的主观感受,从对关注集体的抽象概念转向关注个体的具象的人。这对本书所研究的“情景空间”理论无疑具有非常大的参考价值。

2.1.2 环境行为学(Environment-Behavior Studies)

环境行为学也被称为环境设计研究(Environmental Design Research),创建于20世纪70年代,是研究人类行为与周围物质环境之间相互关系的科学。它以物质环境系统与人的系统之间相互依存关系为关注点,引入心理学的理论与方法,研究人的行为活动以及人对空间环境的反应,追求环境和行为的辩证统一。环境行为学的最终目的是寻找客观物质环境中各个要素之间的相互关系,弄清其对人类生活的影响,通过环境政策和环境规划等设计手段,改善人类的生活品质。盖瑞·摩尔(Gary T. Moore)最先建立起环境行为学的研究框架,并从场所(Places)、使用人群(User Groups)、社会行为现象(Sociobehavioral Phenomena)三个方面出发[55],研究环境行为学的三位一体的属性关系:即空间状况属性、使用群体属性以及社会行为现象属性。同时盖瑞还研究了环境行为学的发展状况、政策制定、设计结果以及评价过程等相关因素[56]。

美国的约翰·杰斯尔在1981年出版了《设计探究:环境行为的研究工具》一书,他在书中通过案例研究,介绍了设计师和研究人员如何利用环境行为理论进行设计创作的过程，提出了在建筑物和公共场所的工作环境中，通过观察行为和物理环境的研究方法来修正设计[57]。卡伦·柯斯特-阿什曼（Karen K. Kirst-Ashman）在他 2010 年出版的《宏观社会环境中的人类行为》一书中，定义了宏观社会环境，并且探讨了群体行为与宏观社会环境之间的动态关系。[58]黛安·安德森和伊尔·卡特在 1999 年出版《社会环境中的人类行为》一书，对社会系统理论进行研究，探讨了人类群体行为在社会环境中的文化属性。[59]正如摩尔所言："环境行为研究能够帮助环境设计者发掘出一个对象和经验的基础，以使行为、意义和环境的线索联系起来。"[60]

20 世纪 80 年代后期，环境行为学逐渐传入我国。作为一门建筑学与心理学的交叉学科，其主要研究对象是人与环境之间的关系[62]。1996 年中国成立了本领域的研究团体——环境行为学会（Environment Behavior Research Association，英文简称 EBRA），发展至今已超过 20 年。学会每两年召开一次国际学术研讨会，在我国具有较大影响。如今环境行为学的影响力正日益扩大，其研究领域已经与建筑学、城乡规划学、环境设计、工业设计等相关学科形成交叉，并且作为主要课程在许多高校相继开设。

我国的建筑和规划领域近年来也开始关注和探讨环境行为学的问题[63]。清华大学的李道增在 1999 年曾出版《环境行为学概论》一书，从微观、中观和宏观三个层面对人的行为进行研究，内容涉及现象环境、个人环境与文脉环境三个方面的对比分析[64]。2007 年同济大学陆邵明博士出版了《建筑体验——空间中的情节》，该书从行为建筑学的空间体验角度探讨了人在场所环境中的体验和感受[65]，同时将建筑空间与戏剧的叙事情节进行类比，从个体感知的角度论述了建筑的空间特性[66]，论著重点探讨了"空间情节"对空间体验的作用，认为空间情节的内涵和结构均源于对生活的体验，并面向生活体验的参与[67]。北京大学的王一川教授也在他的《审美体验论》和《意义的瞬间生成》两本书中，对这种体验进行过论述。他认为体验即是对于人的存在方式的高度自觉[68]，也是一种生活感受，更是读者设身处地推己及人的内心感受[69]。

一般认为，环境行为学的基本理论可概括为三种主要观点：环境决定论、相互作用论、相互渗透论[56]。"环境决定论"（Environmental Determinism）认为，环境是决定人一切行为的先决条件，外在因素决定了人的反应形式和行动方式[47]。这种观点的片面性在于把个体当成一种完全被动的存在，忽视了人的主观能动性。"相互作用论"（Internationalism）认为，环境和人都是独立客观存在的，行为是人的内因和外因共同作用所产生的结果。人除了能够被动地适应环境之外，还可以主动地改变客观环境[70]，使其更加适合主观上的期望。"相互渗透论"（Transactionalism）认为，人们对客观环境的影响不仅表现于对客观环境的修正，还表现在它能够改变环境的性质和意义。人们一方面通过不断升级物质环境来改变社会环境；与此同时，也通过重新定义场所的目标和意义而影响并改变物质环境。环境行为学的研究目标是寻找和建立理想的设计理论系统[44]，通过设计来建构人与环境的共生关系[71]。

2.1.3 环境心理学（Environmental Psychology）

环境心理学是一门研究人的心理行为同环境之间关系的学科。它既有心理科学的特征，也有环境科学的特点，其研究范畴属于二者的交叉。尽管早在 19 世纪初，已经有学者开始探究人的心理和物理环境间的关系，但是直到 20 世纪 70 年代，环境心理学才真正作为一门独立的学科出现。1970年，美国心理学家普柔森斯基（H. M. Proshansky）、伊太莱逊（W. Ittelson）和瑞威林（Riylin）首先提出环境心理学这一概念[72]，他们认为“环境心理学是一门研究人和他们所处环境之间的相互作用和关系的学科”[73]。

20世纪70年代中后期，以纽约市立大学心理学系为首的少数几个心理学系开始提出环境心理学的课程大纲，并开设了环境心理学课程。1978年，科罗拉多州立大学以比尔（A. Bell）为首的三人合著的《环境心理学》中，把环境心理学定义为“研究人的行为和物理环境相互关系的学科”[74]。此后，环境心理学发展成为独立的研究领域。它反对传统心理学中“刺激—反应”的简单因果论[75]，提出用生态的观点研究人与环境的交互关系。这种观点既强调人类并非像动物一样，只是单纯被动地接受环境的刺激，而是具有主动处理以及塑造环境的能力；同时又校正了过去心理学研究中过于忽视环境对人类反作用的观点。苏联学者瓦西留克（Ф. Е. Василюк）在《体验心理学》一书中首次提出了完整的体验心理学理论，他认为体验是人在适应威胁性生活情境下的一种特殊活动[76]。1993年，具有多年美国高校心理学教学经验的保罗·查儒林（Paul D. Cherulnik）博士出版了他的著作《环境行为研究中的应用：案例研究与分析》一书，他在书中对建筑室内设计领域中的个人外在表象与社会行为进行了深入研究，并对环境心理学中所涉及的建筑室内设计、社区规划以及环境管理等方面进行了探讨[77]。

我国的有关环境行为学的研究最早可追溯到1935年。当时心理学家陈立出版了《工业心理学概观》一书，被认为是我国最早介绍工业心理学与人机工程学的专著。陈立和周先庚等也曾在当时的中央研究院和清华大学，研究过环境心理学相关的疲劳度与劳动环境的关系问题。1951年我国在中央研究院心理研究所的基础上成立了中国科学院心理研究所，在心理健康与发展、组织行为、认知、脑与行为等学科领域取得了一大批科研成果，涌现出了像潘菽、曹日昌、丁瓒等多位在国内外享有盛誉的心理学家。1984年潘菽出版了他的代表作《心理学简札》[78]。在书中，潘菽对古今中外比较有影响的心理学流派和思想进行了梳理和剖析，同时阐述了他对于心理学中一些基本理论问题的见解，对辩证唯物论心理学的理论体系提出了个人的设想[79]。这部著作在当时引起了很大的反响，被认为“是以马克思主义（Marxism）为指导，改造旧心理学，建立具有中国特色的心理学体系的重大尝试，是促使中国心理学实现现代化的战略性思考”[80]。常怀生于1990年出版了《建筑环境心理学》，书中部分内容取材于日文的有关著作，特别是以日本的新建筑学大系《环境心理》中的主要内容为核心[81]，结合我国当时的具体现状，分7个章节论述了国内外有关行为建筑学的相关知识，内容涵盖建筑学、城市规划学、环境科学、生理学和环境心理学等多个学科[82]。1991年刘学华的著作《当代环境与心理行为》出版，书中利用丰富的案例论述了人类与环境的相互作用关系，为科学合理地保护利用环境指明了方向[83]。

一般认为，环境心理学是心理学下的子学科，它通过使用心理学的基本原理，研究人在不同社会文化和环境下的心理活动规律，探求人与环境相互适应的可持续发展模式[44]。环境心理学一般是把客观物理环境、人类行为和心理经验看作一个有机的整体进行研究，借以找出三者之间的联系。当然，环境心理学的基础理论也包括三个主要观点：即互动论、有机论和交互论。互动论（Interactional approach）认为主观的心理现象与客观的物理环境是相互独立的，需要把原本复杂的现象拆分成多个相对独立的元素后，再通过研究每个元素的特点和它们之间的关系探究整体现象。有机论（Organismic approach）则认为人类与环境之间存在着复杂的相互作用关系，其研究的关注点是整体系统，强调元素间的相互作用“大于元素总和”。交互论（Transactional approach）与有机论同样体现整体主义特征[84]，认为单独观察人、心理过程与环境并没有意义，只有将人的活动放在特定的时间和情境中理解才有意义[85]。与传统心理学通常在受控制的环境中进行试验不同[47]，环境心理学主张在日常生活的环境中进行研究。特别是在建筑学和城市规划领域，研究者更应该牢记社会与历史文脉要素的重要性。

2.1.4 文化社会学（Cultural Sociology）

“社会学”概念的出现最早可追溯到19世纪30年代，当时法国著名的实证主义哲学家奥古斯特·孔德（Auguste Comte）在他的著作《实证哲学教程》的第四卷中首次提出“社会学”概念[86]，被认为代表了社会学的诞生。社会学是将整个人类社会看作一个有机的整体，通过研究社会关系和社会行为，探索社会的组织结构和发展规律的一门学科[87]。在诞生的初期，社会学以研究人类的社会行为，特别是研究人类社会的起源、组织结构和风俗习惯为主，随后逐渐转变为以研究社会发展和社会中的团体行为为主[88]。

在社会文化影响研究方面，国外最具代表性的学者当属英国的爱德华·伯内特·泰勒（Edward Burnett Tylor），他既是一位著名的人类学家，也是文化学的研究先驱。泰勒是在近代科学史上，第一个给“文化”下了相对较为完整和科学的定义的人。他早在1865年出版的《关于人类早期历史和文明发展的研究》一书中，就对“文化”的概念进行了初步的解说[89]。但是其影响最为深远的集思想之大成的著作还是于1871年发表的《原始文化》（Primitive Culture），这部著作深受达尔文生物进化论的影响，被公认为是进化学派的经典著作。泰勒在书中描述了人类各个时期从野蛮到文明的漫长演化过程，揭示了原始人如何运用理性去解释当时并不能够完全理解的自然现象[90]。泰勒的社会进化理论可分为蒙昧、野蛮和文明三个阶段，每一个阶段既是前一阶段的发展结果，又是下一个阶段的形成基础。泰勒通过对数百个不同社会的对比和分析，总结出了人类社会的进化规律，即与人类体质的进化非常相似，都是一个由简单到复杂的过程[91]。同时在这本书中，泰勒也将自己对文化的理解作了进一步的完善和补充，提出了完整的定义：“文化或文明是这样一个复合的整体，其中包括了知识、信仰、艺术、道德、法律以及人作为社会成员所获得的能力和习惯。”[92]至今泰勒的文化定义仍保持着很大的影响力和权威性，后世许多学者对文化的探索，都是从泰勒的研究基础上发展起来的[93]。

近年来，随着文化社会学的发展，其研究领域与环境行为学出现了重叠和交叉。美国学者查尔斯·扎斯特罗（Charles H. Zastrow）和卡伦·柯斯特-阿什曼就对此交叉领域进行过深入的研究。在他们两人合著的《人类行为与社会环境》中，就从社会工作理论和实践的角度透视了人类发展的过程[94]。他们将生命周期作为论述方式，把每个生命阶段中个体的生理、心理和社会特征分别加以阐述，同时将个体选择放在系统论的框架中，研究它们对行为的影响，借以探讨人类行为与社会环境的关系[95]。

在文化社会学领域，与本书联系最为密切的学科是其分支——城市社会学。城市社会学起源于19世纪末至20世纪初期，是运用社会学的理念、理论以及方法和观点分析、研究城市和城市社会的社会学分支学科。城市社会学的主要研究对象包含城市的区位、社会结构、社会组织、生活方式、社会心理、社会问题和社会发展规律等[47]。早期的城市社会学就已经开始研究城市活动的重要载体——空间。20世纪70年代，在亨利·列斐伏尔（Henri Lefevbvre）的带动下，社会空间的相关问题开始成为城市社会学的研究热点。其后，列斐伏尔思想的追随者如曼纽尔·卡斯特（Manuel Castells）、大卫·哈维（David Harvey）、爱德华·索亚（Edward W. Soja）等一大批社会学家[44]，也分别从不同角度阐述了社会空间转向理论，对资本主义城市和社会问题进行了深入研究[96]。虽然当时的论述有些零碎分散，并没有形成较为系统的研究脉络，但城市社会学的研究内容依然转向了对空间的探讨，将以往单纯地关注城市现象问题逐渐过渡到综合研究社会生活的地理脉络和空间差异，使城市社会学研究对象变为一种更加客观的、空间化的社会过程和事实。正如梅西（Massey）所言："城市是空间现象……在社会科学之中，一个事件正在经历巨大的变化，即空间是如何被概念化的。空间——我们在里面生活，世界在里面被形构——越来越被理解为社会产物，这些产物是由存在于人、机构和制度之间的关系所构成的。"[97]

2.1.5　地下建筑学（Underground Architecture）

地下建筑是指建造在岩层或土层中的建筑[98]。它具有良好的防护性能，较好的热稳定性和密闭性，以及综合的经济、社会和环境效益。地下建筑处于岩层或土层中的特点，决定了它既可以避免或减少多种类型的武器破坏，还可以较为有效地抵御地震、飓风等自然灾害的威胁[99]。地下建筑的环境相对比较密闭，周围温度变化小，易于创造恒温环境或超净环境，对特殊物品的存储、防污染和节能非常有利[100]。地下建筑的合理开发，对于保护城市用地资源、降低污染、改善环境以及提高城市居民的生活质量具有重要意义。当然地下建筑也并非十全十美，也有其自身的不足[101]，如施工复杂程度高、成本高、工期长、一次性投入资金较大等，而且地下建筑在使用时对通风干燥的要求也比较高。

随着地下建筑的大规模开发，地下建筑学也应运而生。地下建筑学的研究内容包含地下建筑的发展历史和方向，地下空间的开发和利用，城市地下空间的综合规划，各类地下建筑的规划与设计，以及与地下建筑有关的环境、生理、心理和技术等问题[102]。而地下公共空间主要是指存在于地平面之下的"公共空间"，或是地下建筑的"公共空间"部分，它包括下沉式的广场、街道、公园、体育场以及完全建在地面以下的地铁站、图书馆、地下商业街等。

就国际范围而言，地下空间设计学科的发展是以欧、美、日等国家为先导。美国宾夕法尼亚州立大学城市设计专业著名教授吉迪恩·S·格兰尼（Gideon S. Golany）和日本东京早稻田大学建筑学教授尾岛俊雄都曾对地下空间设计进行过专门的研究。吉迪恩·S·格兰尼认为：城市设计与建筑规划既有区别又有联系，相对于规划而言，城市设计的关注点更加集中，主要是研究城市和社区周边公共空间的设计[70]。格兰尼针对这些公共空间所表现出来的经济、社会、环境等种种问题，提出了相应的解决措施，并进一步建立城市垂直扩展设计概念，将城市的未来发展引向地下空间[14]。而尾岛俊雄在他的《城市地下空间设计》一书中，着重论述了地下空间的利用方法。他把地下空间看作地上建筑的有益补充，建议在规划、设计、物流、通讯等多个方面整合设计理念，全面考虑城市地下空间的综合发展。

同国外许多院校相比，我国至今仍然没有全面完整的地下空间设计教育体系，这也阻碍了我国地铁站情景空间设计理论的发展。中国勘察设计协会地下空间分会常务理事童林旭教授，长期以来一直从事地下空间的开发利用研究和相关的教学工作。他在《地下空间与城市现代化发展》一书中，就以城市规划的视角对我国城市地下空间的利用状况进行了较为全面的论述[117]。他在20世纪80年代对我国地下空间设计的研究取得了丰硕成果，陆续出版了《地下建筑规划与设计》（1981年）、《地下建筑学》（1994年）、《地下汽车库建筑设计》（1996年）、《地下商业街规划与设计》（1998年）、《地下空间与城市现代化发展》（2005年）等多部专著，并发表了大量学术论文。尤其是他的《地下建筑学》一书曾经多次再版，对我国的地下空间开发利用与地下建筑规划设计有一定的指导意义和参考作用。

国内其他学者，如俞泳、卢济威的《地下公共空间与城市活动指标相关性的研究》认为城市地下公共空间发展受许多因素影响，应该选择易于量化的因素和指标进行研究，可以从国家、城市、地区三个层次，分析地下公共空间的各种发展指标与人均国民生产总值、社会零售总额、交通量、容积率、气候等城市活动指标的相关性[104]。重庆大学西南资源开发及环境灾害控制工程教育部重点实验室的李晓红、王宏图和中国科学院武汉岩土力学研究所的杨春和在《城市地下空间开发利用问题的探讨》一文中，以重庆市为例，探讨了城市地下空间开发利用的技术问题，指出了利用人防工程、废弃矿井等现有条件进行城市地下空间改造的优势和成功经验，并对重庆地区地下空间的开发和利用提出了建议。

2.1.6 环境美学（Environmental Aesthetics）

环境美学是一门关注人类生存环境的审美追求、美感法则、生理健康、心理作用等要素，以及它们对于工作效率的影响程度的学科。伴随着科学技术的发展和改造自然能力的提高，人类的活动给自身生存环境造成了巨大的压力。20世纪60年代，生态危机的愈演愈烈加速了全球环境质量的恶化，使“环境转向”变成关注焦点，迅速蔓延至人文科学和自然科学的各个领域。美学研究领域也不例外，环境美学在这种要求变革的呼声中应运而生，并迅速发展成为全球美学的主要形态之一。赫伯恩（Ronald W. Hepbum）在1966年发表了论文《当代美学及其对自然美的忽视》，开启了当代西方环境美学的研究序幕。在文章中赫伯恩指出了分析美学的不足之处，并针对其忽视自然美的做法进行了批判，同时指出自然鉴赏和艺术鉴赏是两种完全不同的审美鉴赏。随后卡尔松（Anen Carlson）在20世纪80年代发表了多篇论文，对当时景观设计和管理中过于重视视觉品质和价值的做法进行了批评。卡尔松认为这些做法在本质上还是继承了传统的如画性（Picturesque）美学观，是以人类中心主义的视角看待自然美，是一种狭隘和肤浅的观点，他呼吁建立一种新的可以与伦理协调起来的环境美学。随后，阿诺德·伯林特（Arnold Berleant）、卡罗尔（Noël Carroll）、萨格夫（Mark Sagoff）、伊顿（Marcia Muelder Eaton）、瑟帕玛（Yrjo Sepanmaa）等人也纷纷加入到对环境美学的研究之中，他们认为“人与环境是贯通的”，环境通过人类活动构成了“生活的真正内容”。此后，环境美学逐渐渗透到诸多学科共同关注的交叉研究领域，其研究内容逐步涉及哲学、化学、文化人类学、色彩学、生理学、心理学、生态学、风景园林、建筑学及城乡规划等学科[105]。环境美学家阿诺德·伯林特在他的《环境美学》（The Aesthetics of Environment）一书的序言中曾对于这种多学科性进行了论述：“近年来，随着各个学科领域学者们的共同关注，一个新的研究方向——环境美学——逐渐展现在人们面前。这种关注首先从美学、环境设计、哲学和人类科学等交叉学科开始。”[106-107]

如今环境美学的研究，不仅扩大了美学研究的范围；更超出了单纯的美学层面，为人类的生活环境创造了新的审美模式和审美体验。伯林特将其称之为“介入模式”，用以区别传统美学一直倡导的审美模式——分离模式。他认为“分离模式”是典型的无利害关系的注视（disinterested contemplation），用伊曼努尔·康德（Immanuel Kant）的描述就是，这种审美模式仅仅关注于纯粹的形式，不涉及对象的任何功利、概念和目的，是纯粹形式所引起的想象力和知解力之间的和谐合作。环境美学家卡尔松（Allen Carlson）的主张与伯林特的许多观点不谋而合[108]，但比较而言，卡尔松的论证要更加具体和细致。卡尔松明确反对形式主义，认为对自然的审美欣赏主要是欣赏自然物的表现形式，因而应该将其放在生态系统整体中进行鉴赏和评判，而非像对待艺术品一样孤立地进行鉴赏。“当我们栖居其内抑或活动于其中，我们对它目有凝视、耳有聆听、肤有所感、鼻有所嗅，甚至也许还舌有所尝。简而言之，对于鉴赏环境对象的体验一开始就是亲密、整体而包容的。”[109]

在中国，关于环境美学的思想最早可追溯到秦汉时期的“天人合一”观念。古人认为人类历史的发展、“治乱存亡”都与自然界中的环境存在着密切联系，如果人类背时而行，就会造成气象反常，灾祸降临人世。《吕氏春秋》❶ 中就有“孟春之月……天子居青阳左个，乘莺格，驾苍龙，载青旂，衣青衣，服青玉，食麦与羊，其器疏与达”[110]的描述。“立春之日，天子亲率三公、九卿、诸侯、大夫，以迎春於东郊……孟春行夏令，则风雨不时，草木早槁，国乃有恐……”孟春就是春天的第一个月[110]，这个时候天子必须穿着青色的衣服，带领群臣在东郊迎接春天的到来。人类只有举行了这个季节的仪式，春天才能够顺利到来，否则就会造成风雨不调、植物枯萎的灾祸。可见吕不韦等古人具有浓厚的“天人感应”思想。

现代环境美学被引入我国起源于1992年由之翻译的俄国学者 H. Б. 曼科夫斯卡娅的《国外生态美学》一文（《国外社会科学》1992年第11、12期）。文章实际上描述的是西方环境美学思想[111]，对我国的生态美学发展产生了一定的影响。环境美学真正在我国快速传播是在2004年以后，当年武汉大学和中国美学学会合作主办了“美与当代生活方式研讨会”，来自美国、荷兰等国的数十位环境美学专家参加了会议。会上著名环境美学家伯林特和瑟帕玛分别做了《美和现代生活方式》、《如何言说自然》的主题发言，开启了中西方环境美学的首次对话。2006年杨平翻译了卡尔松的专著《环境美学——自然、艺术与建筑的鉴赏》，由四川人民出版社出版；陈望衡也在当年组织翻译了“环境美学译丛”系列的第一辑，由湖南科学技术出版社出版，丛书包括：卡尔松的《自然与景观》、瑟帕玛的《环境之美》、米歇尔·柯南（Michel Conan）的《穿越岩石景观——贝尔纳·拉絮斯的景观言说方式》以及伯林特的《环境美学》和《生活在景观中——走向一种环境美学》。2008年“环境美学译丛”又新增了加拿大著名艺术家卡菲·凯丽（Caffyn Kelley）的著作《艺术与生存：帕特丽夏·约翰松的环境工程》，对社会与环境的同一性和差异性进行了深入思考。同年北京大学出版社出版了彭锋翻译的史蒂文·布拉萨（Steven C. Bourassa）的专著《景观美学》。这一系列著作的出版推动了环境美学在我国的快速传播，也使得环境美学专业领域的国际交流更加广泛。2009年10月山东大学主办了“全球视野下的生态美学与环境美学”国际学术研讨会，邀请卡尔松、伯林特、瑟帕玛、戈比斯特（Paul H. Gobster）、斯洛维克（Seott Slovie）、曾繁仁等国内外著名的环境美学家参会并作主题报告，就西方环境美学的理论进展等方面进行了深入的交流。

---

❶ 《吕氏春秋》是在秦国丞相吕不韦主持下，集合门客们编撰的一部黄老道家名著，成书于秦始皇统一中国前夕。此书以道家思想为主干贯穿全书始终，分为十二纪、八览、六论，注重博采众家学说，以道家思想为主体兼采阴阳、儒墨、名法、兵农诸家学说而贯通完成的一部著作。

目前我国环境美学研究的广度和深度正在不断扩展。在西方环境美学研究方面，杨平的专著《环境美学的谱系》曾对环境美学的各个领域进行过较为详细的介绍；彭锋的《完美的自然》也对环境美学中的“自然全美论”进行了评述，并将其与中国古典哲学和美学相对照。陈望衡的专著《环境美学》从学科定位、本体论、方法论、应用论等诸多方面对环境美学进行了深入论述，有力地推动了中国环境美学的发展。当前，国内很多学者开始将环境美学的关注点从纯粹的理论问题逐渐转向对人类社会生活实践问题的探索。环境美学的研究者已经从环境美学家群体，拓展到建筑师、规划师、景观设计师、室内设计师等众多从事环境实践的人员。这种将理论和实践相互结合的研究方法，将是未来中国环境美学的一个发展方向。

2.2 情景空间的概念

2.2.1 情景的模糊性与情景空间的复杂性

1）情景的模糊性

长期以来，人们对“情景”一词的使用并不规范，这就造成情景在不同的时间、地点和场合被赋予了各种不同的解释，形成其概念本身的“模糊性”。在词典中对于“情景”一词的解释大致可分成三类：

第一类为“feeling and scenery”，即中文的感情与景色。如：宋朝的范晞文在《对床夜语》第二卷中写道：“老杜诗……‘感时花溅泪，恨别鸟惊心’[112]情景相触而莫分也。”[113]清朝的李渔在《闲情偶寄·词曲上·词采》中也有“文章头绪之最繁者，莫填词若矣。予谓总其大纲，则不出情景二字[112]。景书所睹，情发欲言”的描述。这里的“情景”说的就是诗文中的感情与景色[114]。

第二类为“condition；circumstances”，即中文的情形与情况。如：《红楼梦》❶ 第十八回中有“母女姊妹，不免叙些久别的情景，及家务私情”的描写[115]。现代作家魏巍在其《东方》第六部第一章中有“虽然事情过去了几年，那幅情景仍然历历在目”[116]的表述。这里的“情景”说的就是特定的情形与情况。

第三类为“circumstance；Environment”，即中文的环境，假设是在某个特定的环境之中。如：人们常说的“情景喜剧”和“情景教学法”等。这里的“情景”说的就是特定的环境。

2）情景空间的复杂性

同样，由于长期以来业界并没有给“情景”下一个统一的、严格的、准确而且合理的定义，再加上“情景空间”又是本书作者提出的新概念，所以“情景空间”一词也具有一定的模糊性。究其原因，主要是由于情景空间的研究范畴比较广泛，涉及多个学科的交叉，其研究范畴包括：现象学、环境行为学、环境心理学、文化社会学、建筑学和环境美学六个方面（详见本书 2.1 部分）。所以情景空间的概念本身也具有了一定的复杂性。造

❶ 《红楼梦》，中国古典四大名著之首，清代作家曹雪芹创作的章回体长篇小说，又名《石头记》《金玉缘》。以“大旨谈情，实录其事”自勉，只按自己的事体情理，按迹循踪，摆脱旧套，新鲜别致，取得了非凡的艺术成就。

成这种局面的原因从目前来看主要有两种：其一是因为上文提到的情景空间研究覆盖面非常广泛，并非某一学科的一个专项课题；其二是因为情景空间的研究对于地下建筑学，特别是地铁站设计领域仍然是新兴事物，各种理论都还处于研究过程之中，没有形成最终的能够被广泛认可的结论。

2.2.2　情景空间概念的定义

情景的模糊性与复杂性决定了情景空间概念的多重对立统一关系，很难用简单的一句话将其准确地表述清楚。那么，什么是情景空间呢？在本书中，“情景空间”对应英文的“Scenario Space”词组，是本书作者提出的概念，也是一个复杂的多维度的概念。它既涉及认知层面，同时也涉及观念和技术层面，它既包含人景的属性，也有物景的属性，同时还囊括了场景的属性。因此，在本书中，情景空间概念主要包含三个部分的内容（参见图 2.1），分别是：

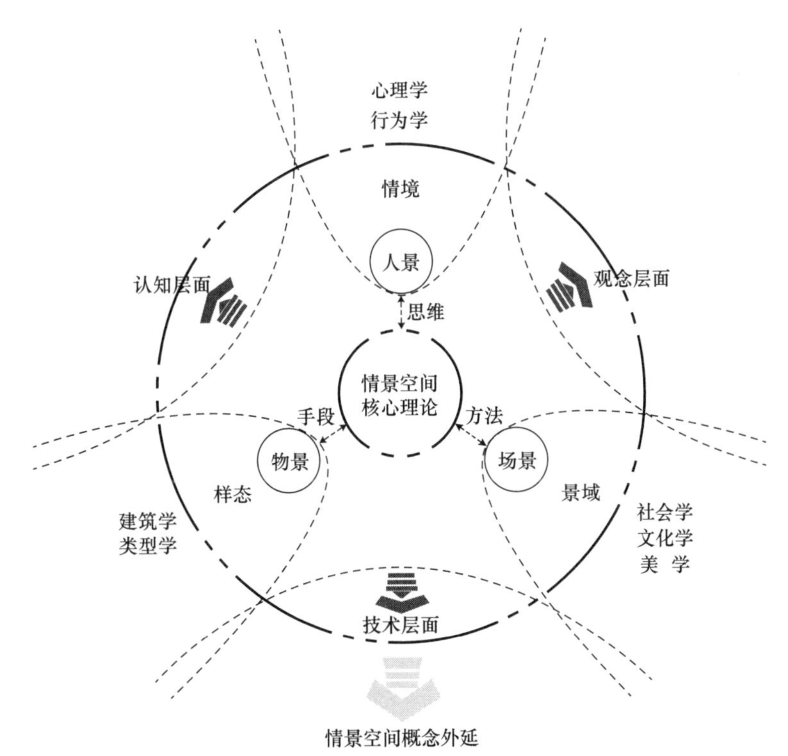

图 2.1　情景空间概念示意图

（图片来源：作者自绘）

（1）情景空间的“人景”因素——“情境”，主要涉及心理学和行为学的研究范畴。

（2）情景空间的“物景”因素——“样态”，主要涉及建筑学和类型学的研究范畴。

（3）情景空间的“场景”因素——“景域”，主要涉及社会学、文化学和环境美学的研究范畴。

2.2.3　情景空间概念的辩证观

情景空间既涉及哲学范畴，同时也涉及技术和科学的范畴，它既包含空间的属性，也有时间的属性，同时还囊括了部分社会学的内容。因此，在认识情景空间时应注意理解社会学的时空概念。在社会学对时空特性的分析中，吉登斯（Anthony Giddens）系统性地将时空概念引入社会学视野中，把时空看做社会现实的建构性因素[117]。吉登斯在哲学层次上继承了康德（Immanuel Kant）的观点，康德认为时空是“一种观念，一种秩序”，根据该观点，时间和空间都是虚空的范畴。在摆脱哲学局限之后，吉登斯认为时空概念至少需要考虑 4 个要素：“时间并不是容纳的环境，时间其实就是社会中的活动构成；生活在不同环境的人们看待时间的方式也不同；时钟所呈现的时间给我们的感觉就是向后，日常生活就是时间规则支配的事件和活动的往返或重复；针对时间的不同分析，会使我们获得不同方位的意义”。[118]可见，吉登斯的时空概念是一种社会性时空观，它带有明显的社会性[119]。

情景空间的理论本身也包含着强烈的辩证法色彩。情景空间是本体观、客体观与群体观的对立统一，是将认知层面、观念层面和技术层面相结合的复杂“多重性逻辑”（dia-logique）。对于这种复杂性，法国著名的犹太裔哲学家、思想家、社会学家及人类学家，埃德加·莫兰（Edgar Morin）在他的书中曾有过生动的描述：“复杂性不是一个解释一切的起主导作用的词。这是一个起警醒作用的词，促使我们去探索一切。复杂思维是用有序性的原则、规律、算法、确定性、明确的概念武装起来在迷雾、不确定性、模糊性、不可表达性、不可判定性中进行探索的思维。”[120]莫兰认为这种“多重性逻辑”既有统一性，同时又具有一定的二元性，既是统一性与多样性的统一，又是有序性和无序性的统一[121]，也是偶然性与必然性的统一。因此，这种带有辩证思维的情景空间，可以理解为既带有同一化性质但又彼此区分的范式[122]（参见图 2.2 情景空间辩证关系图）。

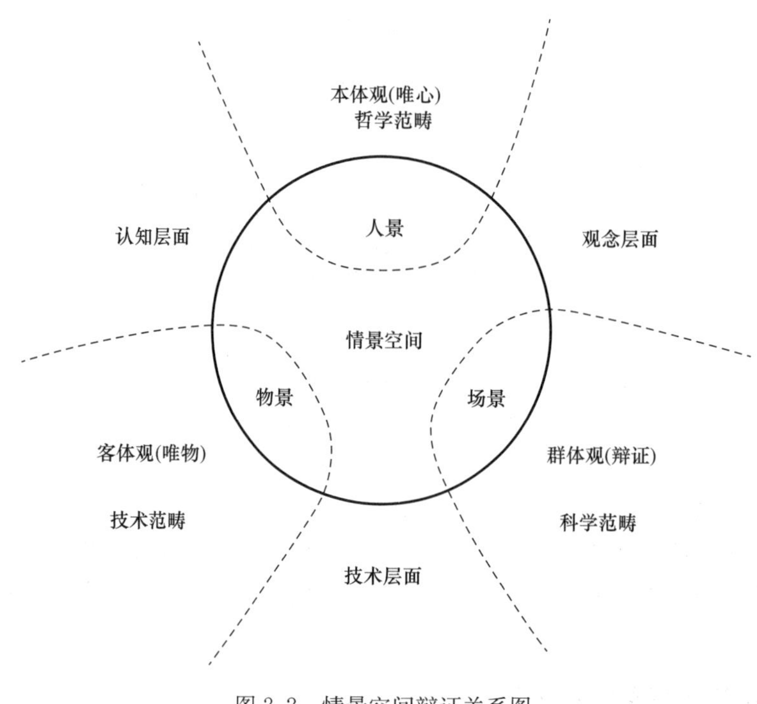

图 2.2　情景空间辩证关系图
（图片来源：作者自绘）

2.3 情景空间的理论构架

2.3.1 情景空间的理论基础

由于“情景空间”属于较新的概念，所以能够体现“情景空间”的研究多见于其他相关的领域。早在20世纪50年代，国际现代建筑协会（CIAM）❶就在其第九次会议后，由凡·艾克（AldoVan Eyck）等发表了为现代建筑重新定向的宣言（Team Ten Premier），其中就涉及情景空间中的核心概念——“景域”。在随后的20世纪70年代，关注建筑“自明性”的理论开始广泛涌现[301]。查尔斯·摩尔（Charles Moore）在情景空间营造方面的研究独树一帜，他强调建筑的营造应同时呈现地域和历史的双重特点，以满足使用者的潜在需求。摩尔还指出情景空间的深层次先在属性（pre-existing character）是创造具有意义的个人环境以及这种个人环境在公共环境中的协调关系[302]。此后，关于“情景空间”的探索逐渐扩展到人景因素——“情境”的研究。大量的学者开始对人与环境的认知和响应产生兴趣，其研究开始涉及到哲学、社会学以及心理学等多个范畴。此时情景空间的研究范围也逐渐扩大，由原来的建筑单体逐步扩展至城市规划和历史研究，“将真正的建筑同日常的建造活动区分开，必须首先理解建筑对个人和社区产生的情感上的影响，以及它们如何提供愉悦感（a sense of joy）、身份（identity）和场所（place）。”[303]早期的“情景空间”研究与建筑业的后现代主义设计关系密切，曾被看作是“以历史意象矫正流于平庸的现代城市肌理的一种尝试”。[304]人类地理学者段义孚曾经对原始的“情境”体验做过系统的描述，讨论了“人”与“景”在情感上的联结，即一种“共鸣”式体验[305]。

20世纪80年代，现象学理论开始进入“情景空间”学者的视野，使相关的研究达到了哲学的高度。现象学将建成环境看作有意义的世界，为情景空间提供了一个全新的视角。从现象学的角度来看，情景空间理论摆脱了追求简约的现代主义束缚，使研究的关注点重新回到现实世界的体验之中，为建筑的自明性提供了一个新的体系。

一般认为，建筑现象学研究有两个取向：一个是以海德格尔为代表的存在主义现象学；另一个是以梅洛-庞蒂为代表的知觉现象学[54]。由于本书的“情景空间”理论深受存在主义现象学的影响，特别是“情景空间”的理论核心更是在诺伯舒兹的理论基础上发展而成，所以本书将在下一节单独论述“情景空间”理论与诺伯舒兹理论之间的联系。而知觉现象学梅洛-庞蒂的理论更注重“体验感”，非常强调人与世界的互动。他反对将意识和身体分离对待，认为“身体是所有物体的共通结构”[123]，并且首次提出了“身体主体”（body-subject）的概念。庞蒂对空间的研究更多的是从心理学实验角度出发，强调人对世界的感知过程。而知觉现象学在建筑学领域的主要代表当属建筑师斯蒂文·霍尔（Steven Holl），他在梅洛-庞蒂知觉现象学思想的启发下，对基于建筑知觉的设计进行了有意的尝试。霍尔认为建筑是场地特征的反映，建筑设计应该与“情境”——即场地中的知觉体验

❶ 国际现代建筑协会的英文缩写，原文为法文：Congrès International d'Architecture Moderne，英文名称 International Congresses of Modern Architecture。缩写为CIAM。1928年在瑞士成立，发起人包括勒·柯布西耶、沃尔特·格罗皮乌斯、阿尔瓦·阿尔托和历史评论家西格弗里德·基甸（Sigfried Giedion）等，在瑞士拉萨拉兹（La Sarraz）建立了由8个国家24人组成的国际现代建筑协会。

相结合，这样才能让使用者找到真正的意义感。赫尔辛基当代艺术博物馆（参见图 2.3）、圣伊纳爵教堂等设计作品就是他对这种创作思想的实验。此后，霍尔又提出了“现象区”的概念，将知觉体验分为光、影、透明度、色彩、肌理、声、材料、细节、时间等多个要素。[124]同样受庞蒂知觉现象学影响的学者还有“艾塞克斯学派”（Essex School）的部分成员，他们主张在学院派的建筑教育中重新关注“伦理”和“诗学”，并且认为“现象学已经表明普遍的‘所指’蕴含于人类的语言之中，我们能够为作为社会事业的建筑和艺术找到一个可以共享的基础”[125]。

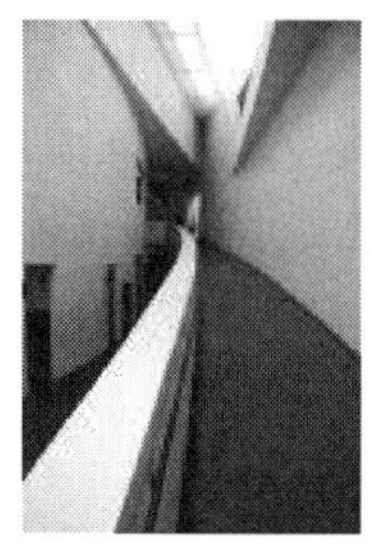

图 2.3　赫尔辛基当代艺术馆
（图片来源：http://www.quanjing.com/share/yj6-1271207.html）

目前，基于“情境”体验的设计思潮已经影响到了当代艺术领域，美国艺术家罗伯特·厄温（Robert Irwin）就认为“人的存在及其存在的环境影响着人的知觉”，[126]并且将这种“个体的存在体验”实体化在他的一系列装置设计中。（参见图 2.4）

图 2.4　罗伯特·厄温的作品《2x2x2x2》
（图片来源：http://www.wtoutiao.com/p/IfaYh3.html）

综上所述，作为“情景空间”理论的基础，建筑领域中的现象学研究最早发端于 20 世纪中期，繁荣于 20 世纪 70、80 年代，直到 20 个世纪末仍然是学术界的热门话题。作为对现代主义国际式设计模式的一种挑战，建筑现象学研究者以追求建筑的自明性为宗旨，以探讨建筑的本质问题为指导思想，曾经一度风靡整个设计界，但随着新科技的不断涌现和全球化浪潮的席卷，建筑现象学的研究也逐渐归于平静。尽管它曾经有效缓解了现代主义建筑的技术冷漠，但在当今更加复杂的建筑理论语境中显得过于温和，因此逐渐退出了建筑历史的舞台。

2.3.2　情景空间的理论核心

情景空间理论的核心是“人景”、“物景”和“场景”的三位一体，即“情境”、“样态”和“景域”的相互影响与作用（参见图2.1情景空间概念示意图），此理论核心来源于存在主义现象学的杰出代表——诺伯舒兹的研究成果，即“存在空间”（existential space）理论。“所谓‘存在空间’，就是比较稳定的知觉图示体系，亦即环境的‘形象’。存在空间是从大量现象的类似性中抽象出来，具有‘作为对象的性质’。”[127]

建筑理论界在20世纪中期开始关注情景空间中的“景域”（View-Domain）概念，早期曾将其作为空间的特殊属性看待，主要是为了研究不同环境要素之间的关系，“通过对有意义的特殊性的保有，可以产生一种新的城市组织形式”[128]。受建构主义心理学的影响，诺伯舒兹将存在空间细分为中心与场所、方向与路线、区域与领域三个要素，与地理、景观、城市、住房、用具五个阶段[127]。在他的眼里“场景”“不只是抽象的地点(location)，而是由具有材料、形状、肌理和颜色等具体的物所组成的整体。这些物一起决定了‘环境的特性’（environmental character)。……由此，场景是一个定性的、‘整体’的现象，不能降低为它的某种属性如空间关系，这样会丧失其实在的本质。”[129]诺伯舒兹将场景分成自然场景和人工场景两类，并且分别对这两类场景中的现象、结构、精神三个要素进行阐述，借以证明在一个“情景”中会存在意象、空间、特性、场所精神四个方面的“特征”。希斯艾文森（Thomas Thiis-Evensen）又进一步拓展了诺伯舒兹的理论，更加生动地解释了建筑现象学中的概念。他用模式语言的方法给建筑原型（archetype）“一套可以超越个人和文化的界限而理解的形式语言”[130]。

诚然，诺伯舒兹的理论在其产生的年代具有一定的先进性，但是随着全球化的深入和科技的日新月异，如今的建筑现象学理论显得过于温和，并不能对根深蒂固的现代主义思潮产生颠覆性的影响。在理论上诺伯舒兹的建筑现象太依靠解释学的方法，即在建成环境和特定的文脉中搜寻建筑的意义，具有“论题上的随机性和论据上的特殊性”。“所有的哲学中，只有现象学才谈论‘先验场’。这个词表明反思不在于其拥有、排列和客观化的整个世界或无数单位之中，反思只拥有局部的视野和有限的能力。这就是为什么现象学是现象学，即研究存在向意识的显现，而不是假定它事先给出的可能性。”[123]这种“先验论”意味着它仅仅提供了一种态度，而不是清晰的研究途径，所以当面临一种新的情况时，他就会失去应有的作用。唐·帕克斯（Don Parkes）将其描述为“丰富而多样化的文字，似流畅的散文，韵味十足，既具学术气息又鼓舞人心，具有相当的可读性，然而有时缺乏能够轻易复制的概念和原则。”[131]

2.3.3　情景空间理论的人景因素——“情境”

本书中的“情景空间”是一个复杂的多维度概念，其中的人景维度就是“情境”。“情境”一词由英语的“situation”翻译而来，最早出现在美国社会学家托马斯（W. I. Thomas）和兹纳尼茨基（Znaniecki，Florian Witold）合著的《波兰农民在欧洲和美国》（1918—1920）一书中。情境作为一个比较新的概念，在各类字典中的定义也略有不同。在《牛津简明词典》中，对于情境的解释为“一个存在有着某种事态的地方”；《辞海》❶ 中将情境定义为

❶ 《辞海》是1915年舒新城先生主编的图书，是中国最大的综合性辞典。《辞海》是以字带词，兼有字典、语文词典和百科词典功能的大型综合性辞典。辞海二字源于陕西汉中著名的汉代摩崖石刻《石门颂》。

“进行某种活动时所处的特定背景，包括机体本身和外界环境有关因素”；而在《百度百科》中将其描述为“在一定时间内各种情况的相对的或结合的境况、现在所处的情况”。

早在20世纪中后期，欧洲就曾出现过高度关注社会再生产的国际性学术组织——情境国际主义。其代表性人物包括：居伊·德波（Guy Debord）、康斯坦特（Constant Nieuwenhuys）、鲁尔·瓦内格姆（Raoul Vaneigem）、米歇尔·德·塞托（Michei de Certeau）等人。情境国际主义的学者们针对当时的社会背景创造了空间、日常实践等新的研究范畴，特别是创始人德波在他的著作《景观社会》中革命性地提出了“情境社会”的概念，[132]强调对社会局势的总体把控。需要指出的是，这种情况下的“情境概念”，更确切的实质是“实在化的、物质化的世界观……总体上抽象地等同于一切商品”[133]，这意味着相对于本书而言，书中“情境”的含义和范围更加广阔和抽象。在今天的消费文化背景下，关于情景空间的人景因素——情境已经成为了消费对象，因此也自然地成为了“情境社会”的一个组成部分。情境国际主义不仅对当代欧洲的社会层面影响深远，同时还波及到了各个专业领域，特别是对建筑和规划领域影响巨大。

作为情境城市空间应用的典型案例，荷兰建筑师康斯坦特（Constant）的新巴比伦计划非常具有代表性，虽然只是设计师对未来城市的乌托邦式愿景，但设计本身充分肯定了人的创造性和建设性。而本书研究的目标之一就是通过情景思维的概念，从多个不同角度，来构建情景空间的人景维度。另外，情境主义者所使用的研究方法通常是剥离表象超越意识形态的，以还原于社会实践的本原，建构一种没有被异化的社会情境[134]为最终目的。这种“由表及里”，纵向深入的研究思路也正是本书所需要的。

在本书中，情境既有物理意义的定义域，又有非物理意义的时空域，且尤指“情况”“境界”等表述的由客观至主观的认识之意。情境既是客观与主观建构的时空维度，也是一个客体与主体参与的空间维度，不仅指向更广泛、更多变的客观环境与氛围，而且强调由此升华所形成的主观认识与理解。

2.3.4 情景空间理论的物景因素——“样态”

“样态”在本书中代表“情景空间”概念的物景维度。“样态”一词是拉丁文 modus 的意译，最早见于17世纪荷兰唯物主义哲学家斯宾诺莎（Baruch de Spinoza，1632—1677）的用语，[135]指自然界中所包含的无数具体的个别事物。在哲学上，关于样态的概念解释为：有些复杂观念尽管是复合的，但并不包含它们独立存在的假定，而是被看成实体的附属物或属性，[136]这种观念称为样态。哲学上的样态包含无限样态和有限样态。无限样态是指永恒的无限的本质，由广延和思维两种属性所派生，广延派生的样态是运动和静止，思维派生的样态是理智。而有限样态则表现为有开始有终点，由无限的样态派生。

本书所提到的样态，主要指在视觉审美规律下的，空间所存在的“样式”和“形态”，它与实体、属性是统一的，是情景空间中物景实体的变化形式。本书里的样态是一种复合的概念，它既应该包括围合空间的各个界面，也应该包括空间本身以及在这个空间中“人”的行为活动。本书引入“样态”概念的目的是希望将地铁站环境设计中的“形”、“光”、“色”等方面因素归置于物景空间的综合环境之中进行解读。同时通过样态概念来强调构成物景空间的客观因素——形态、光线、色彩，及其这些因素之间的相互关系。

2.3.5 情景空间理论的场景因素——“景域”

“景域”在本书中代表“情景空间”概念的场景维度。“景域”一词为作者翻译，其词根来源于拉丁语的 genius loci，原义为“地方的守护神”，此概念始于罗马教区时期，对于当时的宗教、文学、艺术等领域都有特定的意义。本书取其在建筑理论背景下的关于人和建成环境的“存在”(being) 的概念，也就是使用群体对环境的认同。在建筑现象学中，它是“建筑赋予人立足于生存的手段。”[129] 因为“景域”是群体对环境的认同，所以它也最能够展现环境中的文化氛围，能够让人彻底融入到“以有意义的互动为基础的有序的世界”中。[137]

本书引入“景域”(view-domain) 概念的目的是希望将地铁站环境设计中的“人景”、“物景”以及这两者间的互动关系作综合的研究和探讨，并用场景的视角对“景域”进行再讨论。充分结合当代城市发展和地铁站室内环境设计实践中出现的新现象，对群体认同与地铁站建成环境中具体化 (concretize) 的“场景”进行分析，并最终提供一条从理论到实践的可操作的地铁站情景空间建构策略。

2.4 情景空间理论的整体评价

2.4.1 情景空间的理论逻辑

因为“情景空间”理论主要是用现象学的观念探讨室内建筑学的问题，所以“情景空间”理论的哲学背景就是现象学。现象学认为现象是实体和建构实体的意识组成的整体，主张依靠直觉从现象中直接发掘事物的本质。诺伯舒兹的研究沿用了现象学“直面事物本身”的方式，通过人的直觉所领悟到的情境，探寻情景空间的本质。他认为，人是通过情境体验来理解自然的。比如通过体验山脉和树木等“物”(thing) 的元素理解自然；通过体验日升日落等“秩序”(order) 变化理解宇宙；通过体验昼夜交替的明暗变化理解“光”(light) 的韵律；“人通过这些现象理解了他居住的环境——天地之间。”[129] 在此基础上“将一般的情境具化为人工场所”[129] 诺伯舒兹的理论还受到了海德格尔的影响。海德格尔的理论是将“存在”和“意识”区别对待，认为在考察其他存在物之前必须先考察人的自身，并称这个自身存在物为“此在”。受此影响，诺伯舒兹提出了场景即是“诗意栖居”的具现。“诗朝着与科学思考相反的方向进行。科学背离了‘既有’(given)，而诗将我们带回实在的物，并揭示了生活世界 (life-world) 中暗含的意义。”[129] “只有一切形式的诗意 (poetry)（如作为‘生活的艺术’）使人的生存具有意义，而意义是人的基本需要。建筑从属于诗意，目的在于帮助人们定居。然而建筑是一门艰难的艺术，单凭建造实用的城镇和建筑是不足够的。”[129] 这样的观念注定了诺伯舒兹的理论会与科学世界分道扬镳，他虽然起点很高甚至含有某些浪漫主义特征，但是终归很难真正实现。

诺伯舒兹的另一个重要贡献是用历史研究的方法在建成的环境中寻找“情境”的痕迹。他的早期著作《建筑中的意图》、《存在·空间·建筑》、《西方建筑的意义》等著作都试图探寻建筑空间的语义学。如在《建筑中的意图》一书中，他就曾初步讨论了空间的感知、象征和建筑的语义学原理；随后在凯文·林奇思想的启发下，又将他对空间理论的理解写入著作《存在·空间·建筑》之中；而他的另一本著作《西方建筑的意义》更是用将近 4700 年的时间跨度解读了整个西方建筑史，将建筑历史看作建筑符号的发展体系，并认为其体现了作为意义的存在（existence）。随后诺伯舒兹又将他的理论升华成代表作《场所精神——迈向建筑现象学》。在这本书中他从历史学的研究角度出发，进一步完善了“情景空间”理论中关于“场景”的部分。他认为这种“场景”表现在建筑上就是使用者对建成环境的认同，它与人对自然界的理解息息相关。诺伯舒兹将常用的建筑表现形式总结为四类，分别是：“浪漫式”（romantic）、“宇宙式”（cosmic）、“古典式”（classical）和“复合式”（complex）。这四种建筑形式都是和自然界中的“场景”一一对应的，使用者对建筑形式的认同（identity）是其自身对所熟悉的自然“场景”认同的延续。因为现代主义建筑不再追求这种认同的“意义”，所以至少在理论上而言，现代建筑的场所被“丢弃”了。虽然诺伯舒兹对建筑的表现形式和意义的分析非常深刻，但他并没有将现代主义建筑放在宏观的历史研究框架下，而是用演绎的方式推测理想的现代场所，所以他的推论不可避免地带有一定的历史局限性。

“情景空间”理论的研究不仅仅涉及到上文所提到的建筑表现形式，它还与人类的文化结构密切相关。“任何一个社会必然有一个特别的‘结构’，并有一个物质的框架来响应这个结构。”[138]“表明真理的象征物形成了文化。文化意味着将既有‘力量’转化成可以延伸到其他场所的意义。”[129]而人类的所有文化都“存在”（existence）着一个共同特点，即在人造场景中尽可能地模仿自然场景，因为只有这样，人才能够找到存在感和归属感。人类文化的这一特性演绎出了建筑环境的场所精神，这也刚好符合了 genius loci 的原义，即“地方的守护神”。“一般来说我们了解使我们存在的‘事实’（realities）。但是‘理解’（understanding）超越了即刻的感觉。任何对自然环境的理解都是来自于由现存的‘力量’所构成的自然的原始体验。”[129]然而人类对自然场景的模仿通常是带有主观认知性的，这也造成了“情景空间”不仅包含了物、秩序、特性、光这些客观因素，也包含了人类经验等主观因素，这一点还未引起相关理论研究者的重视。在本书中“情境”体验不仅囊括了五种基本的感觉：视觉、听觉、味觉、嗅觉和触觉，同时还涉及到了直觉（即我们通常所说的“第六感”或“机体觉”）和映像（即我们通常所说的“第七感”或“记忆觉”）。诺伯舒兹认为人类对环境的感知及判断的基础都来源于先前与自然的接触。

2.4.2 情景空间理论的价值取向

“情景空间”理论以现象学的“存在”为出发点，以追求“人景”、“物景”和“场景”三个维度的“意义”为其终极目标和价值。“意义暗含在世界之中，在所有情况下都很大程度地来自作为‘世界’的独特呈现的地方性（locality）。不过意义或许被经济、社会、政治和文化力量所‘用’。”[129]这种“意义”存在于我们所生活的“世界”之中，是一种超越经济、社会等多种力量的不可违背的秩序和属性。而“情景空间”就是要追求这种意义，它应该具有精神上的永恒，并且可以被人们从诸多的影响因素中抽离出来。

当然，“情景空间”理论也不是完全脱离历史独立存在的，它的建立同样是继承和发展于 20 世纪的古典传统理论之上的。在当时的西方建筑界中，主流的理论可以概括为三大流派，分别是：偏向传统的罗杰·斯克鲁顿（Roger V. Scruton）的保守主义；主张革新的拉斯洛·莫霍利—纳吉（László Moholy-Nagy）的技术——艺术融合主义；以及介于两者之间的约翰·萨默森（John N. Summerson）的精英主义。而“情景空间”理论和当时戈特弗里德·森佩尔（Gottfried Semper）的建筑理论比较接近，主要以探讨“环境的本质”为目的。森佩尔对现代主义的不满主要来自于现代主义对建筑“文化结构”的重建，他认为“我们从过去的城市和建筑设计中总结出的综合的特性成为日渐消亡的记忆。”[138]只有坚持历史，才会找到解决现实问题的有效方法，正确看待现代性及其相关的理论与反思。

事实上，“情景空间”是具有一定地域属性的，不同的情景空间，因其所在的地域不同，会自然而然地带有一定的地方性。人们虽然可以通过自身的力量改造客观“世界”，重塑这种“地方性”，但是当人工场景从自然场景中分离出来的时候，它本身已经突破了历史传统，这种“意义”的延续，并不能代表世界的本质。吉迪恩曾说，“与居住相比，今天的公共建筑和工厂都不再重要。这就是说：我们再一次关注了人（human being）。”[139]“情景空间”的地域属性，决定了其自身不可避免地带有民族主义的价值取向。诺伯舒兹在评论地理环境与民族结构之间的关系时提到，“Kitchener以‘英国国旗’的模式规划喀土穆正交和斜线的街道或许是事实。但是幸好这个图案具有超越‘帝国主义’内涵的意义。作为一种‘宇宙’象征，它表达了基点（cardinalpoints）这一一般的自然秩序。纵观历史，正交的轴线用于表现绝对的系统，并经常与明确的中心相结合。……在欧洲巴洛克建筑中斜线用于表达系统的‘开放性’。难怪同样的图案也被喀土穆的殖民地首都所接纳。”[129]（参见图2.5喀土穆城市街区规划图中黑色虚线标示部分）由此可见世界上并不存在绝对的“地域属性”，任何一个地区的环境都会受到诸多外来因素的影响，情景空间也不例外，它的地方性也会受到其他因素的干扰和影响。

图2.5　喀土穆城市街区规划图❶

在当今新的社会背景下，随着科学技术的现代化和全球化的普及，“情景空间”正在经历着前所未有的挑战。“在现代社会中，注意力大多放在方向性的‘实际’功能上，反之认同性只好任凭命运了。”[129]“为什么现代运动导致了场景的迷失而不是复兴呢？……第一个原因与都市问题的危机有关。……第二个原因与国际形式的观念有关。”[129]诺伯舒兹认为现

❶　图片来源：根据百度图片资料作者整理自绘。

代建筑的出路是重建场景，“场景的概念将现代建筑与过去结合起来。”[129]他并不承认现代主义建筑的社会基础，将“都市问题”和“国际形式”归结为方法上的错误，应该通过场景重建来改正，这就使他的主张偏向于“回归古典”主义。而现代主义的产生是带有其历史必然性的，它是由生产方式和生活方式的转变所推动的，这种变化是不以个人意志为转移的。半个多世纪过去后，当初现代主义所提倡的许多观念已经变为当代社会的基础。尽管现代主义饱受后现代主义等新兴理论的抨击，但诺伯舒兹所提倡的古典传统也没有广泛再现，当代建筑还是在以自己的方式不断发展和更新着。

2.4.3 情景空间与场所精神的联系和区别

“情景空间”作为地铁站室内环境设计范畴中的内容，它的最终目的是为乘客创造特定的空间环境，使他们能够产生一种“有意义”的感觉，将乘坐地铁变成一种舒适的享受。在本书中“情景空间”是一个复杂的多维度概念：它既包含涉及心理学和行为学的“人景”维度——“情境”；也包含涉及建筑学和类型学的“物景”维度——“样态”；还包含涉及社会学、文化学和环境美学的“场景”维度——“景域”。对于地铁站而言，“情景空间”既是一种物质空间（指“物景”维度：“样态”）；也是一种精神空间（指“人景”维度：“情境”）；还是一种空间的“特性”（指“场景”维度：“景域”）。“情景空间”理论因为自身所带有的文化色彩，决定了其关注点既囊括了客观的物质世界和主观的精神世界，又提供了理解民族和地域的方式，它帮助设计师将平淡的地下空间环境转化为具有人文关怀的地铁站室内空间场所。

尽管“情景空间”理论带有现象学的哲学背景，其“场景”维度的“景域”理论在一定程度上继承了诺伯舒兹等人的研究观点。但是“情景空间”与“场所精神”还是有比较明显的区别的，因为二者所处的时代背景不同，导致了研究的侧重点也不尽相同。诺伯舒兹等“场所精神”的研究者更多的是站在批判现代主义的角度歌颂古典传统，并在其中寻找场所精神和建成环境的特性；而本书的“情景空间”则针对我国当代城市地铁站室内环境建设中出现的“去精神化”问题，理解和定义了属于当前时代背景下的“情景空间”，并以此指导地铁站的设计实践。

2.4.4 情景空间理论的现实困境

困境一：“情景空间”理论过于抽象，不利于理解。

和现象学一样，“情景空间”理论中的许多概念都比较抽象，尽管是为了回到具体的“物”而描述整体的现象，但仍然有一些捉摸不定的语言。如“场景是复杂自然的定性的整体，不能用分析的、‘科学的’概念来描述。”[140]“关于场景含义的多重性少有争论。它是文化的、物质的、精神的和社会的。因此，现象学的场景营造更像是一个指导原则而非模式。我们可以将其同哈维对公正和理性的概念的思考作比较，它们在场所、时间和文化的不同形式中得以表达，因而保留了作为理想状态的抽象功能。”[141]因为“情景空间”强调环境中的“场景”特质和“归属感”，这种“场景”和“归属感”作为人类主观上的一种“感觉”，非常难以量化，只能由身处情景空间中的人自己去“体悟”。诺伯舒兹在评论特拉克（Georg Trakl）的《一个冬天的傍晚》（A Winter Evening）时说：“特拉克以最少的词汇将自然环境的整体带到生活中。而外界也有了人为的属性。这是由晚祷的钟声来暗示的，任何地方都听得见它，它将‘私密’的内在变成综合的、‘公共的’整体的一部分。晚祷的钟声不只是一个实际的人造物，更是一个象征，让我们记起基于整体性的普遍价值。[48]用海德格尔的话说：‘晚祷钟声的鸣响将平凡的人带到上帝的面前。’”[142]显然，这里晚祷的钟声尽管是人造“场景”，但它已经超越了“物景”的客观“样态”，更是一种心理上的精神寄托。可以说，“情景空间”理论与海德格尔“天、地、人、神”四重结构世界有一定的类似之处，所以其抽象程度很高。因此要将“情景空间”理论进行充分明晰的解释，并且还要便于理解和指导设计实践就显得愈加困难。

困境二：“情景空间”理论与人们的日常生活联系不够密切。

“情景空间”理论在现实中面临的困境还在于它与人们的日常生活联系不够密切。“人需要补充既有情境，加入其所‘欠缺’。最终还需要将他对自然（包括自身）的理解象征化。”[129]才能体会到“情景空间”，换句话说，“情景空间”是日常生活情境之外的一种升华，它不会随着人的生活世界变化而改变。哲学上所说的“生活世界”是“唯一实在的，通过知觉实际地被给予的，并能被体验到的世界，即我们的日常生活世界。”[182]对于认识这种现象学上的“存在”，仅仅通过对日常生活世界的体验是不够的，他更需要主动的“思考”。而这种“思考”无法被他人所体验，这是存在主义现象学同知觉现象学的本质区别，也是它更难指导设计实践的原因。场景因为无法还原成人们能够每天接触到的环境细节，所以它仅仅能够作为一种“整体感”而存在。它更像是一件精心创造的“艺术品”，来源于生活并且高于生活，至少从理论上解释应该如此。但是人类的建筑环境终究还是具体的，它不得不容纳那些平凡琐碎的日常生活。“情景空间”理论作为精神再生产的产物，一旦脱离了这些日常的琐碎，就将被人们所淡忘。

2.4.5　情景空间理论在当代地铁站设计研究中的定位

当代地铁站的室内环境设计研究主要分成三个阶段：第一阶段——生理层级；第二阶段——拓展层级；第三阶段——情感层级。（参见图 2.6）

第一阶段的生理层级主要是解决地铁站的基本功能需求，包括：舒适的温度、新鲜的空气、合理的光线照度、紧急情况下的安全、交通换乘到达的顺畅、必要的方向指示以及整洁的环境、通讯上网、时间指示等方面的需求。

第二阶段的拓展层级主要是解决地铁站的延伸功能需求，包括：地铁站的可持续发展、箱包等物品的寄存、可购物的便利店、简单的休闲和娱乐、设施使用的便利性以及整洁的环境、通讯上网、时间指示、设计细节的“人性化”等方面的需求。

需要注意的是整洁的环境、通讯上网、时间指示等方面的需求既带有基本功能的属性，也带有一定的拓展性，它们其实是介于第一和第二两个层级之间的模糊地带。同样设计细节的“人性化”需求方面，也是既带有拓展层级的属性，也带有一定的情感层级属性，它是介于第二和第三两个层级之间的模糊地带。

第三阶段的情感层级属于地铁站室内环境研究的高级阶段，它主要是解决与地铁站的使用者——乘客密切相关的心理需求，包括：审美追求、“价值观”的展现、文化的认同以及设计细节的“人性化”等方面的需求。

纵观世界各国地铁站室内环境设计的发展进程，欧美等发达国家大体上都经历了这三个不同的阶段。而我国由于地铁轻轨等轨道交通起步较晚，整体发展相对较为落后，目前正处在由第二阶段迈入第三阶段的过渡时期。我国早期的地铁站建设主要是解决“有没有”的问题，当时主要以解决第一阶段的基本使用功能为设计要点。而随着社会经济的飞速发展和人们生活水平的快速提高，原有的地铁站室内环境设计理念已经不能够满足我国的建设需要。目前我国的地铁站建设的主要问题已经不再是“有没有”，而变成了“好不好”，因此急需对地铁站发展的第三个阶段——情感层级进行深入的研究和探讨。而情景空间的研究范畴恰恰处于这个阶段，是我国地铁站室内环境设计的前沿和未来的研究拓展方向。

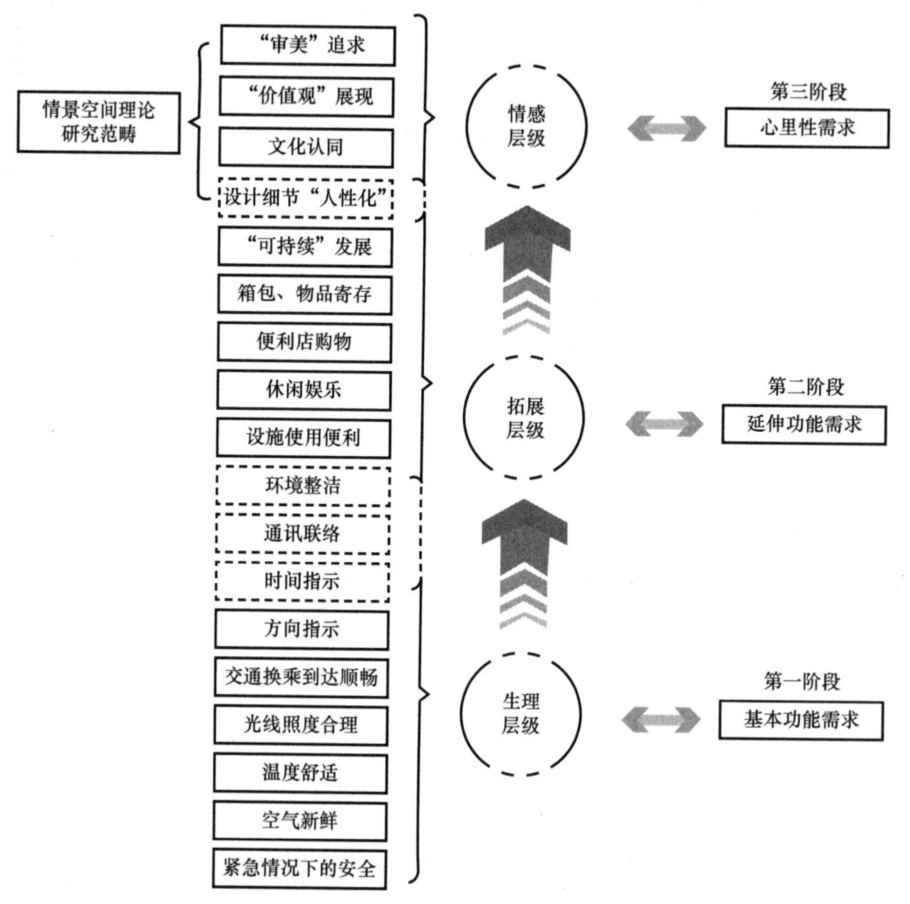

图 2.6 情景空间理论在地铁站研究中所处的位置

（图片来源：作者自绘）

2.5 情景空间理论的方法论意蕴

因为“情景空间”本身就是一个复杂的多维度的概念，所以在当前全球化的影响下，“情景空间”理论就不可避免地带有两个突出的特性——多元性和复杂性。

多元性是当今社会不断变异、融合、发展的产物，它充斥着我们身边的各个领域，当然也包括建筑环境。“随着数不胜数的多样化的作品形式和视角，多元性越来越成为一种根本的样式，与之相关的不再是建立在共同基础上的差异，而是根本性的差异。”[144] “今天，文化领域发生了剧变。文化的形式正从根本上改变着文化自身。文化在展现一种新的、超文化的构成，而不再是传统的、单一的文化模样。……文化的传统同构与分隔理念已通过文化的'外部网络'而被超越。今天的生活风格不再止步于民族文化的边界，而是超越了边界，以同样的方式见于其他文化之中。"[144]事实上当下的建筑环境已经在其自身特定的"情景空间"中培育出独特的表达语言，虽然暂时还没有形成系统的理论体系，但其独特的客观"样态"已经显现。"街道纵横，经济、职业和社会生活发展的速度与多样性，表明了城市在精神生活的感性基础上与小镇、乡村生活有着深刻的对比。城市要求人们作为敏锐的生物应当具有多种多样的不同意识。"[145]因此，作为城市生活中必不可少的地铁文化和地铁站环境设计也应当遵循"情景空间"的构建模式，这样才能令使用者感到舒适，进而对地铁站环境产生心灵上的认同。

复杂性也是一种当今社会常见的特性，对于建筑界来说也是如此。因为建筑理论最终是要指导实践的，作为实践对象的客观世界变得越来越复杂，这也直接导致了理论的复杂性。"情景空间"理论同样也包含着环境的复杂，这种复杂性要求我们用开放的眼光看待理论。就像皮德森所描述的一样，"越来越多关心别人的人正在得出这样的结论：意向性直接塑造了人类现实世界。……我们将需要一个具有持续开放性的思维导向，即需要宽阔的眼界，以便检测到可以显示即将来临的变化的细微迹象，并能接受应对快速环境变化的新方法。"[146]又如埃德加·莫兰（Edgar Morin）所说，"复杂性不是一个解释一切的起主导作用的词。这是一个起警醒作用的词，促使我们去探索一切。"[147]

多元性和复杂性要求"情景空间"理论不应该是个封闭的体系，它必须是一个非常开放的系统，以适应社会发展的需要。就像德国建筑理论家汉诺-沃尔特·克鲁夫特（Hanno Walter Kruft）所说，"为了判断建筑师们如何看待他们的任务，非常重要的一点是，理解那一时代的建筑理论基础，以及这一理论是如何发展的。一般来说，建筑理论总是隶属于历史的文脉系统，而历史文脉本身也是建筑理论产生的部分原因之一。新的理论体系是从与旧的体系的争论中出现的。"[148]克鲁夫特所说的"历史的文脉"也不是一成不变的，它会随着社会的进步而不断发展变化。因此，"情景空间"理论要适应时代的发展和社会的进步，就必然表现出一种开放性，这样才能够包容其他的理论，不断的自我更新，并最终形成自己独立的系统。这种开放的理论系统图示化以后会与"细胞"的结构非常相似。情景空间的核心理论是带有遗传作用的细胞核；而细胞膜则代表了情景空间的研究范畴；在细胞核与细胞膜之间的细胞质代表了新理论诞生的土壤，其间分布着类似细胞器的种种相关理论，它们都有各自的结构和功能。作为细胞核的情景空间既可以通过细胞质吸收周边相关理论的精髓，也同样能够为其他理论的分化、发展和遗传贡献自己的力量。也就是说，此种开放的理论系统以"情景空间"理论为核心，与周边相关领域的理论密切联系、和谐共生，具有多学科交叉的背景和不同的价值取向。（参见图2.7）

以"情景空间"为核心的开放式理论系统，会促使建筑理论与社会学理论产生碰撞。在这种长期的碰撞下，建筑理论会与其他理论进行对话、交叉，并最终求同存异、自我更新，形成新的范式。这种过程与莫兰描述的社会条件变化导致范式危机的过程非常相似。"情景空间"理论系统就是这种能够自我更新的开放式系统，它承认概念的模糊性和可变性，可以综合多个领域的理论解决现实问题，并在不断的自我更新中探寻普遍性原理。根

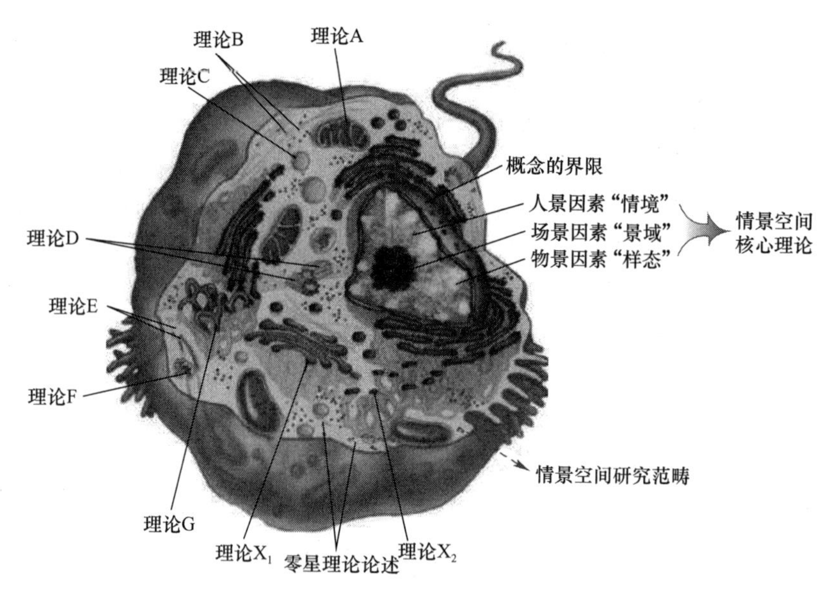

图 2.7 情景空间开放式理论系统结构图❶

据大卫·史密斯·卡彭（David Smith Capon）❷ 提出的建筑领域六维模型，“情景空间”理论包括其中的两个方面：即“意义”和“文脉”[149]。卡彭的理论放在当代的社会背景下同样适用，改变其中的任何一个要素，都会引发其他要素的连锁反应。讨论“情景空间”时，不能单独讨论“人景”、“物景”和“场景”中的任何一个，需要将这三个因素一起放在“情景空间”的“整体关系”之中。开放系统的优势在于它能够非常全面地反映出这种带有“连带关系的整体”，呈现出一种“综合性的概念”。（参见图 2.8）在这个开放系统中，“情景空间”被放在六维模型的中央，并且同时指向“文脉”和“意义”。（参见图 2.9）

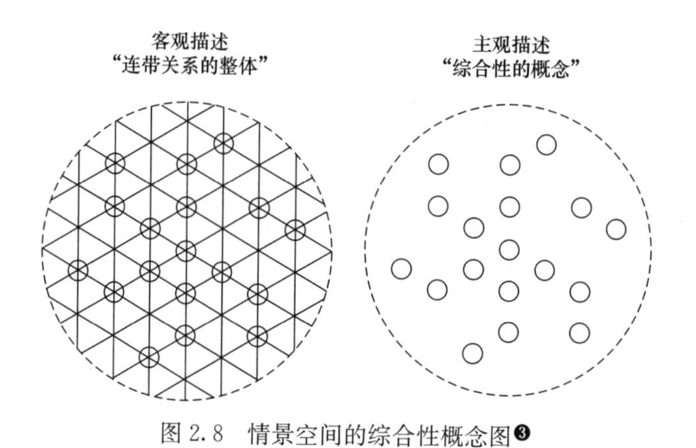

图 2.8 情景空间的综合性概念图❸

❶ 图片编辑自 dmacc. edu。

❷ 大卫·史密斯·卡彭（David Smith Capon），英国建筑理论家，代表著作有：《建筑理论（上）：维特鲁威的谬误——建筑学与哲学的范畴史》和《建筑理论（下）：勒·柯布西耶的遗产：以范畴为线索的 20 世纪建筑理论》。

❸ 图片编辑来自：大卫·史密斯·卡彭《建筑理论（上）：维特鲁威的谬误——建筑学与哲学的范畴史》，中国建筑工业出版社 2006 年版。

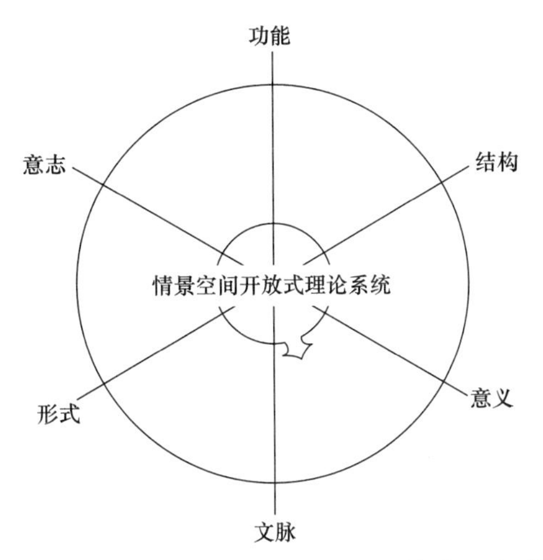

图 2.9　位于诸范畴中心的情景空间开放式理论系统❶

综上所述，以“情景空间”为核心的开放式理论系统代表的是一种多元化的思维方式，它能够通过吸收借鉴周边交叉领域的理论进行自我完善和更新，为我们理解和诠释当代公共建筑空间环境，特别是地铁站内部的环境设计提供了多种参照与选择。

❶ 图片编辑来自：大卫·史密斯·卡彭《建筑理论（上）：维特鲁威的谬误——建筑学与哲学的范畴史》，中国建筑工业出版社 2006 年版。

第3章 情景空间的人景因素

The People Factor of Scenario Space

这种智慧的安全感是如此深地扎根于我们之中，以至于我们从来也看不到它怎么可能被动摇。即使我们假设自己可能观察到某种看上去十分神秘的现象，我们也还是继续相信自己的无知只不过是暂时的，这现象肯定服从因果关系的总规律，这现象发生的原因迟早会被确定。我们周围的自然界是有序和有理性的，恰如人类的思维一样。我们每天的活动便隐含着对自然规律普适性的完全信赖。[150]

——吕西安·莱维-布鲁尔（Lucien Lévy-Bruhl）

《当地人如何思考》，1910 年

3.1 人景与“情境”感知

在本书中“情景空间”是一个复杂的多维度概念：其中涉及心理学和行为学研究范畴的是“人景”维度——“情境”。“情境”与感知关系密切，并且相互影响。人通过“感知”体验认识“情境”，同样“情境”的优劣也可以通过“感知”作用影响人的行为。

3.1.1 “情境”的概念

“情境”与英语的“situation”一词相对应，最早出现在美国社会学家托马斯（W. I. Tomas）和兹纳尼茨基（Znaniecki，Florian Witold）合著的《波兰农民在欧洲和美国》（1918—1920）一书中。情境作为一个概念，在各类字典中的定义也略有不同。在《牛津简明词典》中，对于情境的解释为“一个存在有着某种事态的地方”；[151]《辞海》中将情境定义为“进行某种活动时所处的特定背景，包括机体本身和外界环境有关因素”；而在《百度百科》中将其描述为“在一定时间内各种情况的相对的或结合的境况、现在所处的情况”。在本书中“情境”是作为“情景空间”理论中的“人景”部分而出现的，它是通过研究地铁站使用者的“体验”过程，获得“人”对地铁站环境的“感知”，进而上升到思维层面，用以丰富“情景空间”理论。

综合分析，情境既具有物理意义的属性，又具有非物理意义的时空性，特别是具有“情况”“境界”等表述的，由客观至主观的认识之意。情境既是客观与主观共同建构而成的时空维度，也是一个客体与主体参与的空间维度，它不仅包含广泛多变的客观环境范围，还强调由此升华而成的主观认识与理解，具有显性与隐性两个方面。

3.1.2 感知、感觉与知觉

人类用心念来诠释自己器官所接收的信号，这个过程称为：感知。感知包括感觉与知觉，感觉（sensation）是人脑对直接作用于感觉器官的当前客观事物的个别属性的反映[152]，也是个体感知的初级阶段；而知觉（perception）则是人脑对直接作用于感觉器官的当前客观事物的整体属性的反映，是感知中较为复杂的高级阶段。

感觉通常是利用某一种感觉器官获取事物的单一属性信息，比如事物的尺寸、色彩、形状、气味、温度、声音等。而我们人体自身没有任何一个感觉器官可以把这些属性都加以识别，所以仅仅通过感觉来完全了解事物的全貌甚至意义是不可能的，只能通过多个不同的感觉器官，有针对性地对这些属性分别反映。如用眼睛感觉光线，用耳朵感觉声音，用鼻子感觉气味，用舌头感觉滋味，用皮肤感觉物体的温度和光滑程度等[153]。所以每个感觉器官对物体的一个属性的反映就是一种感觉。而有些事物是我们无法用眼睛直接观察到的，比如黑暗空间不明发光的物体，但是我们可以通过手和身体的触觉去感知它们的位置和触感；有些事物是我们无法直接触摸到的，比如远处的大树和风景，但我们却可以用眼睛来观察到它们的存在；还有一些事物我们既不能用眼睛看到也无法去触摸，比如各种声音，但通过耳朵，我们可以感觉到它们的存在；当然还有一些事物无法仅仅依靠我们人类自身的感官来识别的，如：不可见光（红外线、紫外线）、电磁波、细菌与病毒等，但是我们可以借助各种仪器和设备来捕捉它们的存在。当然，并不是所有的对物体个别属性的反映，都能称之为感觉。例如，我们回忆起了昨晚吃的那个黄色香蕉，虽然黄颜色反映的是香蕉的视觉属性，但是这种心理活动已不属于感觉而属于记忆了。所以，感觉反映的是当前直接作用于感觉器官的物体的个别属性。

而知觉是对感官刺激的反映并转化为有组织的经验过程。知觉通常调动多种感官参与活动，利用过往的经验，能够综合事物的多种属性，将其总结为有意义的整体。阿恩海姆（Rudolf Arnheim）认为“视觉是对客观物体的机械感知，而视知觉是对事物表现性的感知，是一种特殊的审美知觉。”知觉会对感官得来的信息进行深入的加工和整理。比如在韩国首尔的地铁站中，就有这种例子。在首尔地铁站的台阶侧立面上，设计师有意识地贴了很多书本和抽屉的装饰贴纸，使经过的乘客如在图书馆中行走，会很自然地减轻蹬踏楼梯的力度，从而保持了地铁站的安静。（参见图 3.1）看见台阶侧面的书本属于感官上的信息；通过书本感觉到如在图书馆中，从而尽力保持安静，则是知觉在发挥着作用。也就是说感觉反映事物的表象属性，知觉反映事物的整体意义；感觉是知觉的基础，而知觉是感觉的升华。感觉是最基本、最简单的心理现象，[154]没有感觉就不可能产生知觉。知觉也并不是多种感觉的简单堆砌，只有将许多种感觉进行有机整合，才会由量变形成质变，产生知觉。因此，与感觉相比，知觉对客观现实的反映更加真实完整。例如，建筑学的学生在没有学会读图时，无论怎样“研究”施工图，只能“看”到一根根的线条；在学会读图之后，才能“读”出建筑图纸的平面、立面、剖面和细节等，进而通过这些图纸，在头脑中形成建筑的立体形象。

图 3.1　韩国首尔地铁站内的图书贴纸装饰
（图片来源：作者自摄）

需要注意的是，不仅仅是人，动物和植物也都具备一定的感知能力。“感”和“知”是生命主体所具有的一种基本本能，在不同的物种和个体之间，这种感知能力也存在着差异。感知能力的存在是判断生物存在状态的标准，失去了“感”的生物便没有了生，失去了“知”的生物便没有了命。因此可以说，失去了感知的生物也就不能称之为“生命”了。

在现实生活中，感觉、知觉和感知是一个连续的过程，很难将它们完全区分开。对于任何一处“情境”的体验，都可以说是这三者共同作用的结果。通常情况下，感觉对于每人都是基本相同的，而知觉却因人而异。感觉还属于心理学的研究范畴，而知觉已经到了哲学的高度。梅洛-庞蒂（Merleau-Ponty）通过多年的现象学研究发现：“身体在空间运动时的连续体验会使主观世界和客观世界融为一体。在这个过程中，知觉会自动地将符号和意义、形式和内容联系在一起。”所以“情境”的体验来自于生理和心理两个层面。人在进行体验时，知觉会将各种感觉器官收集到的信息综合起来，形成一种连续交织的“情境”感知体验。

3.1.3 情境与个体感知

情景空间的体验是每个独立个体通过对“情境”的感知获得的。个体在体验情景空间的过程中，通过接收感觉器官传递的信息认知情境。虽然感觉是没有意识的，并且有时也会因人而异；但感觉的外在表现是直观的。在感觉的过程中，人们会将感性认识升华为一种个人的感悟，进而解读情景空间的内涵价值。因此，个体对于情景空间中的人景因素——“情境”的感知是一个“触景生情”的过程，是从对“景”的体验，逐步上升到对“情”的感悟。

地铁站“情境”有其特殊性（参见本书3.3部分），所以使用者对地铁站“情境”的感知是由多方面的“感觉”综合生成为“知觉”，并最终在头脑中将这种“体验”固化为自己所认为的“情境”。

3.1.4 情境与人景空间

“情境”是人景空间的核心要素。所谓的“人景”就是要强调作为空间使用者“人”在情景空间里所起到的作用。情景空间里的“人”将不再作为一成不变的单一个体，他会通过自身的行为来丰富和改变建筑室内空间环境，最终达到将个人的情感——“情”注入到客观的空间环境——“境”之中。这种作用本书称之为“情境”。因此可以说“情境”与“人景空间”是密不可分的两个概念，既相互依存，又有区别。在宏观的情景空间理论中，人景是作为其中的认知层面而存在的，它更多的是偏向对心理学和行为学的探究。而研究“情境”恰恰就是探究人景空间的有效途径。

需要说明的是“人景”与“人景空间”在本书是完全不同的两个概念。人景强调的是空间使用者“人”在情景空间里所起到的作用。而人景空间则是指作为个体的“人”与作为客体的“空间”之间的相互作用。

3.2 “情境”感知的表达机制

“情境”感知来源于体验者对周围环境的个体感悟，也就是人们感知并理解客观世界的存在，并将其升华为自身体验的过程。情境感知来源于视觉、听觉、触觉、嗅觉、味觉等多种感觉混合而成的综合认知。[155]在人类接收室内环境信息的过程中，视觉占绝对主导地位，其信息量高达89%，所以人们非常容易忽略其他感官的信息。尤其在地铁站中，为了削弱环境中的噪音干扰，人造声景被有意地放大。事实上，自然界中的风声雨声、人类自身的欢声笑语、花草树木的清香扑鼻都是展现“情境”的载体。

3.2.1 情境感知的过程

人类对于客观世界的认识，都是从感觉和知觉开始的。人们在感知客观事物时，首先会对其产生关注，收集到此事物的大量信息；然后再从中筛分过滤出有用的信息，保存到自己的记忆系统中；最后对这些记忆进行加工整理形成表象。这个过程大致可概括为收集信息、分析信息和形成行动三个阶段。例如，当你站在没有安全屏蔽门的站台上，探头看到前方地铁车辆正在进站时，会很自然地立即后退，在这不到一秒钟的时间内，你已经完成了一次复杂的生理与心理活动过程。第一是你的视觉器官——眼睛接收到地铁车头灯光的刺激，然后这些信息经由视觉神经传递到大脑，再经过大脑依据已有的经验和知识分析传来的信息，判定为有地铁车辆进站，目前的行为有危险；最后大脑传递指令：立即后退。在这三段进程中，眼睛看到车灯与身体后退是行为，而神经的信息传递和大脑的认知判断，就是感知。这个过程同样也适用于对“情境”的感知。

人在认识“情境”时还会通过思维过程，联系和抽象这些“情境”的内外部规律，这个过程主要是通过分析、综合、比较、抽象来实现的。分析是将各个不同特征的“情境”一一拆分开；综合是将“情境”的各个部分联系起来，结合成为一个整体；比较是将几种有关的“情境”加以对照，确定他们之间相同和不同的地方；最后的抽象则是提取出同类“情境”中主要的共同特征，摒弃其他特征。因此，通过思维过程所感知的“情境”，具有间接性和普遍性。[156]

3.2.2 情境感知的途径

1）视觉情境感知

现代心理学极大地拓展了西方传统的视觉理论研究：将原本由视觉图像构成的“视觉域”（Visual Field）扩展到了精神领域的“视觉世界”（Visual World）。柏克莱（George Berkeley）在他的《视觉新论》中，就曾经提到过视觉中的情境感知现象，他说：“我们必须承认，借光和色的媒介，不但把空间、形相和运动等观念暗示在心中，还可以把任何借文学表示出来的观念提示于心中。”[157]意大利近代美学家克罗齐对视觉情境感知的论述更是一针见血，他说：“又有一种怪论，以为图画只能产生视觉印象。腮上的晕，少年人体肤的温暖，利刃的锋，果子的新鲜香甜，这些不也是可以从图画中得到的么？它们是视觉的印象么？假想一个人没有听、触、嗅、味诸感觉，只有视觉感官，图画对于他的意味何如呢？[158]我们所看到的而且相信只用眼睛看的那幅画，在他的眼光中，就不过像画家的涂过颜色的调色板了。”[159]这使得“视觉情境”感知变成了有条件的思考，让人们看到各种各样的事情。在“视觉情境”体验的过程中，位置的改变会在人眼前形成连续的视觉图像，这些图像传递到大脑中就形成了“视觉情境”。整个过程就像是将多个图像在大脑中叠加，不断修正人们对“视觉情境”的整体感知。

因为视觉情境感知与物景中的“光样态”和“色样态”有着密不可分的关系，因此本书会在下一章中，结合物景空间对其进行详细的论述。（参见本书 4.2 和 4.3 部分）

2）听觉情境感知

人们对“情境”的认知，不仅仅依靠视觉，听觉感知同样是一条重要的途径。人们乐于聆听大自然中的天籁之音：流水、清风、蝉吟、鸟鸣等；也喜欢动听的人造声音：歌声、琴声、交响乐等，这些动人的乐章会立刻引起人们对美好事物的无限遐想，这当然是听觉情境感知的结果。中国古典园林中就有利用自然界的声音调动人的听觉情境感知的例子，如无锡寄畅园“八音涧”对水声的利用（参见图 3.2）；苏州拙政园“留听阁”对雨声的利用（参见图 3.3）；还有扬州个园“透风漏月厅”对风声的利用（参见图 3.4）等，所有这些令人拍案叫绝的设计都是古人对听觉情境感知的有效尝试。

图 3.2　无锡寄畅园“八音涧”
（图片来源：http://s.dianping.com/topic/5249634#）

图 3.3　苏州拙政园“留听阁”
（图片来源：作者自摄）

图 3.4　扬州个园“透风漏月厅”
（图片来源：http://blog.sina.com.cn/s/blog_53a591a50102e3dg.html）

同样，由于人类生产与生活的影响，某些噪声也同样充斥着我们的四周，例如机器的轰鸣声、汽车的喇叭声等，这些听觉情境感知会使人感到烦躁和厌恶。所以一个成功的设计师不仅会创造优秀的视觉情境，还会尽力降低噪声，减少人对负面听觉情境的感知，同时利用自然和人工的动听声音，创造出优秀的听觉情境——即我们常说的“声景观”，以使人感到舒适和愉悦。

3）触觉情境感知

触觉是人类的第五感官，也是最复杂的感官，通常是指皮肤上的神经细胞所接受到的来自外界的温度、湿度、压力、振动、疼痛等方面的感觉。[160]而触觉情境感知是指通过手脚以及皮肤等器官对所在的空间环境中的温度、湿度、材料质感等信息的感知。尽管触觉情境感知是人类认识空间环境的重要手段，但在现实生活中人们很少单纯地依靠触觉来感知情境，总是不自觉的将其与其他的情境感知手段进行叠加和比较。早在古希腊时期，亚里士多德就曾经在他的《心灵论》中讨论过情境感知的现象，他指出声音有“尖锐”与“钝重”之分，这种描述其实是将听觉和触觉进行叠加对比所形成的结果。[161]

在建筑室内环境中，人们看到窗帘、理石、流水时，总是很自然地产生出与之相对应的主观感受：布料的柔软、石材的坚硬、流水的凉爽等，尽管有时候受条件限制，并没有实际触摸到它们，但是这种触摸的感觉却是真实存在的，这就是视触觉。视触觉是指在触觉和视觉的双重作用下，触觉经验通常会以视觉的形式表现出来的现象。视触觉在情境感知中十分常见，如毛石的粗糙感、金属的冰冷感、木材的温润感、瓷砖的平滑感等，这些都是装饰材料呈现出来的视触觉感受，会增强人对室内空间情境的体验效果。不仅如此，视触觉有时还能使人体验出超越感官的意义，比如古城墙上斑驳的墙皮会使人产生历史的厚重感。虽然视触觉的应用十分广泛，但是真实的触觉情境体验却感染力更强，它们来源于脚底、指尖和身体皮肤所能感知到的任何部分。2010 年上海世博会中的法国馆就设计了专门体验触觉情境的空间，在这个特定区域的墙面上，布满了各种不同触觉的建筑材料，以及使用这些材料的城市照片，让人在触觉情境感知的同时，更加深了对城市的印象。（参见图 3.5）因为触觉情境感知与物景中的“质样态”有密切的关系，因此本书会在下一章中，结合物景空间对其进行详细的论述。（参见图 4.4）

图 3.5　上海世博会法国馆的触感体验墙
（图片来源：http://2010.qq.com/a/20100406/000208_17.htm）

4）嗅觉和味觉情境感知

嗅觉和味觉也是情境感知的重要途径。自然界中的各种气味以植物的气息最为常见，植物花朵的香气、果实的甜味虽然浓淡各异，但每种植物都有其特定的花期和果实成熟的季节，这会使人们体验到季节的变换。除了植物的气味，自然界中的土壤、草地、树林、小溪等都会散发出独特的味道。有的气味还可以令人联想到特定的记忆和情景，如海水略带苦涩的味道，成熟庄稼的微微发甜的味道，这些特殊味道的记忆会令体验者产生心理变化，引起对往事的回忆。在一些特殊的室内空间中，会针对某些气味进行有意识的强化，此时的嗅觉体验会超过视觉体验，成为情境感知的主体。2010 年上海世界博览会（EXPO 2010）[1] 的法国馆中就有一个专门针对嗅觉的体验区。（参见图 3.6）在多个悬浮的圆柱形封闭空间内，体验者既可以看到内壁的各种图画，又可以闻到与画面相匹配的味道：如凡尔赛宫的玫瑰香；牛角面包的奶油香，上海市花的玉兰香等，各种味道的不同体验，在短时间内一一呈现，令人感到非常新奇和兴奋。气味图书馆也是利用了这种原理，让人进行嗅觉和味觉情境体验的。（参见图 3.7）

嗅觉和味觉情境感知也并不全都是令人愉悦的，也有一些嗅觉和味觉是不受绝大部分体验者欢迎的，对于这种嗅觉和味觉体验，应在室内环境设计时尽量避免。特别是在地铁这类相对封闭的空间内，特殊气味对周围人的影响会更加显著。为此北京市地铁运营公司曾在 2009 年 9 月对投入运营的 4 号线颁布“地铁禁食令”。（参见图 3.8）所谓的“地铁禁

[1] 中国 2010 年上海世界博览会（EXPO 2010），是第 41 届世界博览会。于 2010 年 5 月 1 日至 10 月 31 日期间，在中国上海市举行。此次世博会也是由中国举办的首届世界博览会。

食令”是指为了保持地铁内的环境而制定的不允许在地铁内食用食品的举措。[162]究其原因，主要还是为了食物气味影响地铁站和车厢内的嗅觉和味觉环境，因为大多数中国人习惯以包子、馅饼为早餐，这种早餐食用时气味比较大，在相对密闭的地铁车厢内会给周围其他的乘客造成影响。[163]许多赞成地铁禁食的人认为，在车厢内吃韭菜馅饼、煎饼果子之类的食物是对周围乘客的不尊重，因此应该坚决执行地铁“禁食令”。然而“禁食令”并不可能像“禁烟令”那样统一意见，很多乘客出于种种原因是反对“禁食令”出台的，认为它妨碍了公民的自由和选择权，没有法律依据。因此地铁“禁食令”从它出现的那一天起，就一直争议不断。[164]以北京市为例，“地铁禁食”条款就在《轨道交通运营安全条例》中历经过多次删除、恢复、再删除的过程。[165]最新一次的修改发生在 2014 年 9 月 25 日，北京市十四届人大常委会第十三次会议上的相关报告中并没有“禁止饮食”的条款。北京市人大法制委员会的相关政策制定负责人表示，“地铁禁食”可以写在乘客守则里作为一种指导性建议，但是不适合当作硬性规定强制执行。同样，上海地铁的“禁食令”也曾经过多轮的讨论与磋商，最终也没有写入《上海市轨道交通管理条例》中强制执行，而是仅仅作为规劝写入《上海市轨道交通乘客守则》。

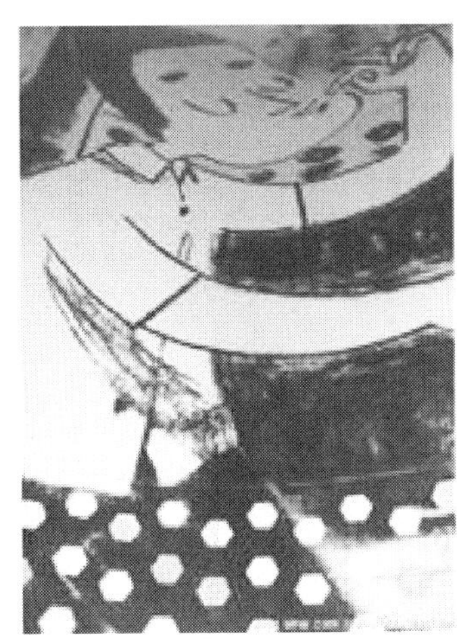

图 3.6　上海世博会法国馆的气味体验区

（图片来源：http://blog.sina.cn/）

图 3.7　气味图书馆区

（图片来源：http://www.dianping.com/photos/8769551）

图 3.8　北京地铁车厢内的禁烟禁食标志

（图片来源：作者自摄）

5）其他类型的情境感知

随着现代室内设计的发展，除了对传统五感的探索以外，室内环境元素中又加入了多种超越感觉层面的表达方式，如透明感、漂浮感、无重量感、不确定感等，这些新的表现方式极大地拓展了人们对情境的感知途径，丰富了个体对室内空间的体验领域和感知范围，十分有利于塑造多样化的地铁站室内空间环境。

3.2.3 情境感知的艺术维度

对于同一个空间而言，尽管每个人所面对的客观物理环境是相同的，但是他们所感知到的"情境"却各不相同，所以说情境感知是具有艺术维度的，它是人与艺术世界对话的基础。情境感知是人的多种感觉相互沟通与渗透的结果，它不仅仅是人对客观空间环境的认知，还包含了每个人的主观感受，这种主观感受就是艺术想象。黑格尔曾说："这种构造想象的能力不仅是一种认知性的想象力、幻想力和感觉力，而且还是一种实践性的感觉力。"[166]

情境感知是人类对于客观事物的整体感觉方式，这些客观事物既包括建筑空间也包含文学和艺术维度。法国象征派的代表诗人波特莱尔就把情境感知当作一种重要的艺术表现手段，并将其称为"感知"理论。[167]他在1840年写的一首名为《呼应》的诗中就阐述过类似的观点。他把自然界中的各种色彩、气味、声音都归结为人类的"感官呼应"，而这些"感官呼应"还可以互相影响和转化，并且都与人的内在精神世界密切相关。[168]波特莱尔的"感官呼应"论成为后来象征诗派的主要理论依据。因此可以毫不夸张地说，情境感知既是艺术传达的起点，也是艺术想象的终极。

情境与人的感知是具有关联性的，人的各种不同感知之间也具有关联性，这种关联关系又进一步加深了人对情境的感知作用。艺术创作就是将情境感知不断提升和转化，最终使作品的艺术感染力被大众所接受。在此过程中，情境感知既可以调动人与外部世界的联系，又可以调动人的内在情感；既丰富了人的感知意义，又展示了人的存在意义。情境感知使人更富有创造性，它不仅可以作为一种艺术表现手法，更是艺术产生的前提。艺术创作是以情境感知为基础的，真正打动人心的作品，无论文学、绘画、建筑还是雕塑，都是调动人的多种感官，形成多维度的感知，使人产生共鸣，从而自觉地接受作者所要表达的意义。"大弦嘈嘈如急雨，小弦切切如私语。嘈嘈切切错杂弹，大珠小珠落玉盘。间关莺语花底滑，幽咽泉流冰下难。"[169]白居易的《琵琶行》就是利用描写弹琵琶的动作和声音，使读者产生艺术想象，并在内心重现他对情境感知的体验。

人类先天具有对情境的感知能力，没有情境感知，就没有了想象力与创造力，也就没有了艺术世界。因此可以说情境感知是人类艺术创造的灵魂，它通过人的感受将人与客观世界相连接，使人的感知变得更为开阔。人们可以对客观事物进行分类分析，并使这些信息转化成自身的艺术想象，深入到人的情境感知之中。情境感知在这种转化过程中，不断丰富自身的内容和形式，借以提高其艺术维度。我们可以通过音乐的旋律感受到画卷的缓缓铺开；可以通过武术的动作感受到书法的神韵；可以通过轻盈的舞蹈感受到诗歌的韵律；可以通过建筑作品感受到音乐的节奏等。艺术是情境感知的基础，情境感知只有深入到多个艺术领域，达到多维度的艺术互动，才能形成感人至深的作品。所以说，情境感知和艺术是相互关联、不可分割的，情境感知的艺术维度是人类思想的升华，它可以与人的内心世界产生共鸣。

3.2.4　情境感知的叠加效应

情境感知是人对视觉、听觉、触觉、嗅觉和味觉等多维度的体验和接受过程，不同维度的感受可以同时作用于体验者，产生叠加效应，令所熟悉的日常事物焕发出新的迷人魅力。如“泉清入目凉”、“红叶烧人眼”就是视觉与触觉的叠加效应；朱自清在《荷塘月色》中的描写“塘中的月色并不均匀，但光和影有着和谐的旋律，如同梵婀玲上奏着的名曲”就是视觉和听觉的叠加效应；[170]“歌台暖响”则是听觉和触觉的叠加。就像法国诗人瓦雷里（Paul Valery）所说的那样：“一个意外的事件、一个外界的或内心发生的小事、一棵树、一张脸、一个题目、一种情感、一个字就能触发人的诗情。”[171]

情境感知能够引导人去重新观察和体验世界的美好，调动人们对各种美的情境感知叠加。就像英国浪漫派的代表诗人柯勒律治（Samuel Taylor Coleridge）所说：“世界本来是一个取之不尽，用之不竭的财富，可是由于太熟悉和自私的牵挂的翳蔽，我们视若无睹，听若罔闻，虽有心灵，却对它既不感觉，也不理解。”[172]所以说任何艺术创作都必须以情境感知为基础，真正打动人心的作品，无论文学、绘画、建筑还是雕塑，都是调动人的多种感官，形成多维度的感知叠加，并以此直至人的内心，使人产生共鸣，从而自觉地接受作者所要表达的意义。

这类调动人的多维度情境感知的例子，在建筑环境设计中也屡见不鲜。如意大利威尼斯的圣马可广场，通过围合的建筑和高大的钟楼调动人的视觉感知；通过钟楼的钟声和广场上的琴声歌声调动人的听觉感知；通过高硬度的石材地面铺装调动人的触觉感知；通过旁边海面吹过来的咸涩海风调动人的嗅觉和味觉感知……所有的这些多维度感知重合叠加在一起就铸成了生动而真实的情境体验，使置身其中的游客对整个广场的艺术情境产生认同，进而感受到圣马可广场空间环境的独特艺术魅力。（参见图3.9～图3.11）由此可见，情境感知是一种综合性的接受过程，它需要调动体验者各个方面的情境体验，并通过这种多维度的叠加效应，强化其艺术魅力的独特性和感染力。

图3.9　意大利威尼斯的圣马可广场

（图片来源：作者自摄）

图 3.10 圣马可广场的鸟瞰
（图片来源：http://s.dianping.com/topic/5197822）

图 3.11 圣马可广场的地面铺装
（图片来源：作者自摄）

3.3 地铁站人景空间的特性

3.3.1 地铁站情境感知的相对性

情境感知是指每个人根据其过往的经验对感觉器官所获得的信息的一种主观解释，因此情境感知的结果和每个人的已有经验密不可分。因为人们的已有经验各不相同，导致感受到的情境也因人而异，所以说情境感知是相对的。比如我们在观察一个物体时，通常我们所看到的不仅仅是该物体所引起的视觉的刺激，而是自然地将它与周围环境的刺激作为一个整体共同接收，这使得被观察物体的周围环境信息可以直接影响到情境感知的结果。“图”与“底”的相对关系是视觉情境感知中，能够体现这种相对性最明显的例子。所谓的“图”是指形象的主体——即视觉中所看见的主体物；而“底”就是指衬托物体形象的背景——即与“图”相关联的周围其他的视觉信息。在一般情境之下，“图”与“底”是有主次关系的：“图”是形象主体，“底”是衬托背景。当然，在一些特殊的情形下，“图”与“底”是可以相互转换的。如下图中（参见图 3.12）黑色和白色的两个部分都可以被当作“图”或者“底”。如果将白色的部分当作“图”，则黑色的部分为“底”，这时所看到的形象可解释为花瓶或烛台；相反，如果将黑色的部分当“图”，白色的部分当“底”，这时的图像则是两个人的侧脸。还有一种情况是当两个不同的情境产生对比时，由于两者的彼此影响，致使人们引起特别明显的知觉上的差异，这样会间接影响到人们对情境感知的判断结果。图中（参见图 3.13）A、B 两条线段的长度完全相等，但由于周围环境（圆圈）与它的摆放位置不同，因而产生对比作用，致使观察者在心理上形成 A 线段短，而 B 线段长的情境经验。

这种情境感知的相对性在地铁站的环境设计中也很常见。当人们从黑暗环境进入明亮环境时，初始阶段会感觉到眼睛刺痛，看不清东西，但是过一会儿就能很快适应，并且视力也将恢复到正常值，这就是视觉系统适应高于几个坎德拉每平方米亮度的变化过程，即人们常说的明适应过程。与此相反，当人们从明亮环境进入黑暗环境时，最初也会看不清周围的物体，经过一段时间后就能恢复正常，这就是暗适应过程。（参见

图 3.14）当人们从阳光明媚的室外，进入地铁站时，由于站内光线比较昏暗，所以人眼需要有一个暗适应的过程；同样，人们在走出地铁站时，也需要一个明适应的过程。为了使得明、暗适应的过渡能够更加的自然顺利，尽量缩短适应时间，就需要在较亮的外部空间和相对较暗的站内空间之间，设计光线较为适合的过渡空间和过渡照明。这样有利于乘客在出入地铁站时，视觉更加舒适，可以快速适应站内外光线的急剧变化。这也就是许多地铁站的出入口在设计时采用大面积的玻璃窗，尽量引入自然光线的原因之一。（参见图 3.15）

图 3.12　图底关系的转换

（图片来源：作者自绘）

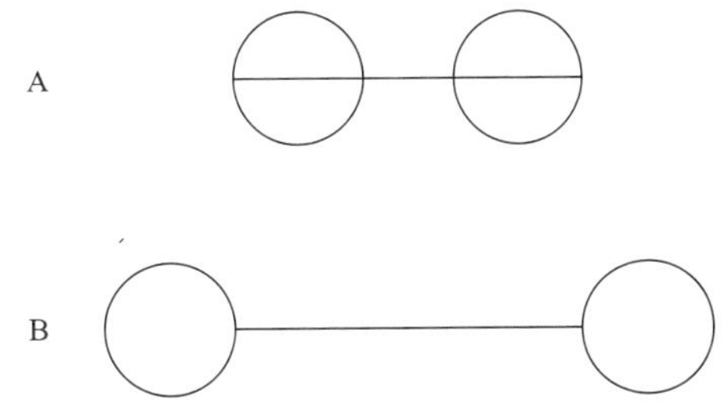

图 3.13　线段长度的对比

（图片来源：作者自绘）

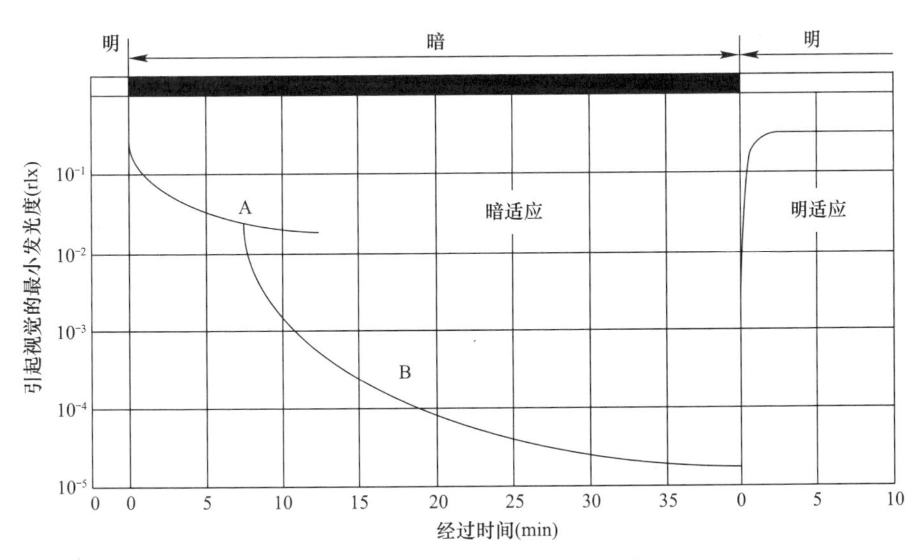

图 3.14　视觉的明适应与暗适应[1]

[1] 图片来源：黄璐《城市地铁车站光环境评价研究》，西安建筑科技大学，2013 年版。

图 3.15　引入自然采光的广州地铁站出入口设计
（图片来源：作者自摄）

3.3.2　地铁站情境体验的“定势性”

情境体验的定势性是指人们对一定活动的特殊准备状态。也就是说，人们当前的活动经常会受到以前曾经从事过的类似的活动经验的影响，[173]更加倾向于将先前的活动经验和感受带入到现有的活动当中的特点。当这种影响发生在情境体验的过程中时，产生的就是情境体验定势。当然，体验者的主观需求、情绪状态，以及价值观念等，都会产生定势作用。当人的心情非常愉悦时，会主观地认为周围事物更加倾向于美好的情境；反之，当人的心情非常沮丧时，也会主观地将周围事物更加趋向于丑陋。情境体验的定势是具有双重性的，积极性可以使情境体验过程变得更加快速有效；消极性也会妨碍或误导情境体验。例如在下图中，（参见图 3.16）当我们从上往下看时，总是把中间的符号看成是数字“13”，而当我们从左往右看再这幅图时，更容易把图中间的符号当作是字母“B”，这就是一种典型的情境体验定势。

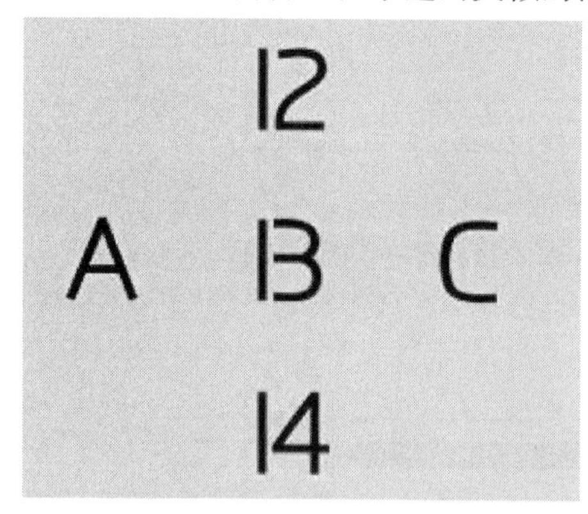

图 3.16　数字和英文的定势性情境体验

情境体验的定势性不仅仅表现在连贯性的观察和逻辑思维上，其实它更是人的认知观念的一种体现。同样的事物，仅仅是体验方式和观察角度的不同，就会造成认知结果的巨大差异，“盲人摸象”的故事说的就是这种情境体验偏差。现实生活中，此类的例子还有很多，例如在下面的两幅图中，（参见图 3.17）我们很自然地会将左侧的图认知成一只蹲着的“青蛙”；而将右侧的图当成一匹“马”。其实这两张图是完全一样的图形，仅仅是观察的方向不同而已，将左侧图逆时针旋转 90 度，就会得到右侧的图片。这也从另外的一个角度说明人们对情境的体验是具有一种定势性的，总会不自觉地将先前的固有经验带入到当下的情境体验当中。

当然，这种情境感知的定势性在地铁站的环境设计中也有所体现。例如图 3.18 中，北京广渠门外地铁站的墙面装饰壁画就是一例。（参见图 3.18）以进站乘客的视角（从左侧到右侧）观看，会感觉是从古都丰厚的历史文化体验，逐渐走入现代生活的丰富多彩和便利，这非常有利于缓解人们心理上对地下封闭空间的负面效应；反之，以出站乘客的视角（从右侧到左侧）观看，则会体验到从现代走入城市厚重历史的感觉。

图 3.17　青蛙和马的定势性情境体验
（图片来源：http://www.haokoo.com/else/6153554.html）

图 3.18　北京地铁广渠门外站的装饰壁画
（图片来源：作者自摄）

3.3.3　地铁站情境体验的“联觉性”

不仅如此，人们在情境体验中，也会不自然地将多种感知方式联系起来，将对某一种感官的刺激作用引申出另一种感觉的反射现象，心理学上称之为“联觉性”。有人曾做过一个实验，用同一个黄瓤西瓜挤出两杯西瓜汁，一杯加入了红色的食用色素，一杯不加，不知道的体验者品尝起来，大都感觉到红颜色的西瓜汁更甜，这就是“视——味”联觉现象。美国著名的神经学专家理查德·西托威克（Richard Cytowic）曾经在他的著作《尝出形状味道的人》（The Man Who Tasted Shapes）中提到“我们可以把感觉与电视转播信号相比拟。电视信号从演播室出发，经过漫长的旅程，最后传送到电视机上。电视屏幕上出现的画面可比作我们正常的感觉，信号在其行程的终点被转换成电视图像信息。但是如果我们能在信号传送的中途截获并解读它，我们看到的东西就不同于电视画面：这种经验可以与联觉的感受相比拟。”[174]这也是典型的视味联觉体验。其实人在刚出生时，对情境体验的各种感知区分并不是很明显，而随着后天的成长和训练，才逐渐将这些感知区分开来。英国剑桥大学的西蒙·巴伦-科恩（Simon Baron-Cohen）的文章也证实了这种论点。他在《自然》（Nature）杂志上发表的研究论文称“感觉分类的过程从胎儿大约 4 个月时就开始了，直到青春期才彻底结束。因此，对于一个刚出生的婴儿来说，妈妈的声音很可能带有美丽的颜色和温馨的奶香。”[175]

当然“视——味”联觉现象只是情境体验“联觉性”的一种，类似的现象还有“视——

听”联觉和“视——温”联觉等。“视——听”联觉又叫“色——听”联觉，即对色彩的感觉能引起人们相应的听觉反馈，时下流行的“彩色音乐”就是对“视——听”联觉的巧妙利用。而“视——温”联觉又叫“色温”联觉，在情境体验中的例子就更多了。例如，红、橙、黄等色彩会使人有温暖感，所以被称作暖色；蓝、绿、青等色彩会使人有寒冷感，因此被称作冷色。因为“色温”联觉与物景中的“色样态”有着密不可分的关系，因此本书会在下一章中，结合物景空间对其进行详细的论述。（参见本书 4.3 部分）

人们在建筑、绘画、环境设计等活动中经常利用联觉现象以增强相应的效果，地铁站的设计也不例外。比如日本学者曾在 20 世纪 90 年代，对地下空间的缺点进行过细致的问卷调查，其最终结果总结如图。（参见图 3.19）按照百分比由高到低来看，当时的日本人认为地下空间的缺点主要是：不见阳光、没有时间感觉、空气不新鲜、不干净的设施、来自墙壁和顶棚的压力、缺少公园和公共空间、发生灾难时的安全问题以及方向感消失等方面（百分比＞10％的选项）。随后，日本的设计师专门针对于这些地下空间的缺点，进行了有针对性的设计研究，并且取得了一定的成效。德国慕尼黑地铁的 u-bahn 地铁站也是运用联觉现象降低人们在地下空间中负面感受的成功案例。u-bahn 地铁站的站台墙面用许多艳丽色彩的图案和艺术气息浓厚的作品装饰而成，尽管是处在地下封闭的空间之中，但是设计师通过多种鲜艳色块吸引眼球，成功地调动了人们对站台空间的联觉体验，引起一种非视觉的愉悦反应，甚至是兴奋的感觉，令人丝毫感受不到地下空间的缺陷。（参见图 3.20）

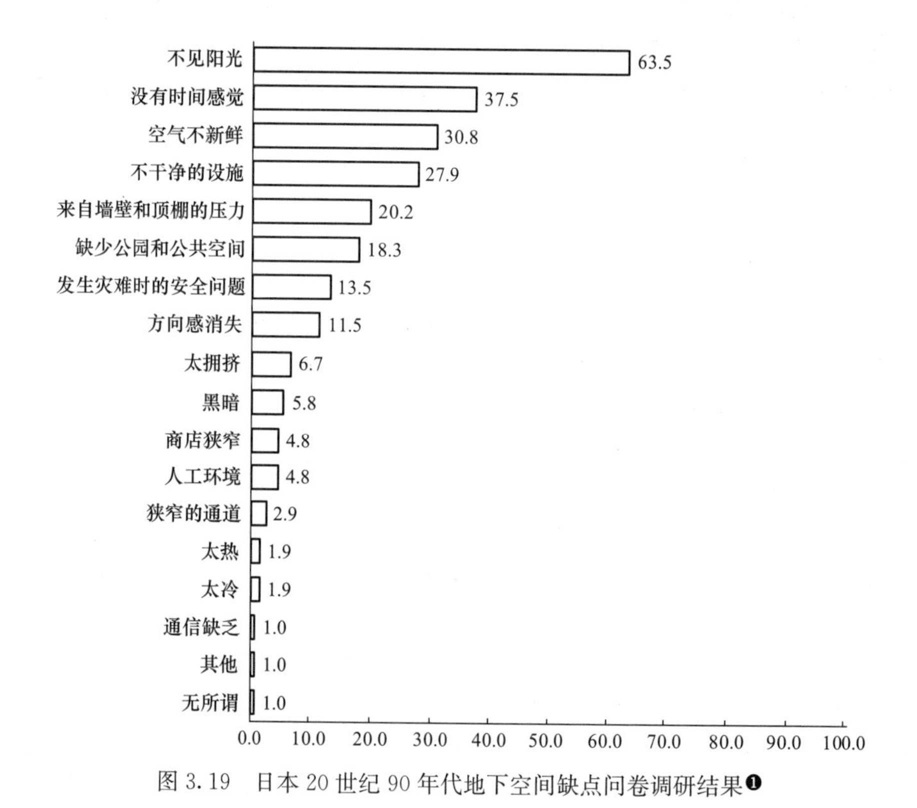

图 3.19　日本 20 世纪 90 年代地下空间缺点问卷调研结果❶

❶ 图片来源：吉迪恩·S·格兰尼《城市地下空间设计》，中国建筑工业出版社，2005 年版，第 178 页。

图 3.20　德国慕尼黑的 u-bahn 地铁站

（图片来源：http://www.xinhuanet.com;http://blog.sina.com.cn/s/blog_673c6ec70100inxf.html）

3.4　“情境”创设——地铁站人景空间的构建模式

依据前文所提到的地铁站情景空间的特征，可以有针对性地总结出地铁站情景空间的三个对应构建模式：知觉体验模式、意义解读模式和情感互动模式。地铁站的个体情境感知主要来源于三个方面：使用者的身体运动、情感变化和主观判断。身体的运动是指使用者在地铁站中的行走或停留。因为地铁站属于交通类建筑空间，其使用者主要以通过或短暂停留为主。在此过程中，人们会主动调动身体的多个感官，不断搜索地铁站空间环境的各种信息，并在信息的“刺激—反应”作用下，逐渐积累体验者的情感，最终形成主观判断。所以，地铁站中的情境体验既是个体感知信息的积累，又是一种时时互动的过程。使用者只有通过多个感官与地铁站内环境的交流，才能体会到情境的魅力与价值。

3.4.1　知觉体验模式

体验也叫体会，是指人利用自身的知觉方式度过一段特别的时间，以此来验证事实，感悟生命，留下印象。随着时间的推移，许多感性经验会在体内留下不可磨灭的印记，形成我们的生活经验。刘惊铎在他的著作《道德体验论》中将“体验”定义为“人类的基本生存方式之一，一种图景思维活动，也是一种震撼心灵、感动生命的魅力化育模式。”[176]并指出这种新体验论的思想理论主要包含：三重生态观、体验本体观、生命样态观、生态化育观、魅力实践观、和谐价值观、生活世界观和生态智慧观等。[177]我们每个人都能在生活中体验到山川的壮美，家庭的温馨，旅行的快乐，美食的满足，成长的滋味……所有这些知觉体验随着时间的流逝，会在身体里留下不可磨灭的印记，构成我们的生活经验。每个人的生命虽然短暂，但是在人生历程中所获取的知识和信息却会非常丰富。

通过体验所得到的信息会自动存储在我们的记忆之中，即使是很久以后回想，也会显得非常真实。我们接触室内空间其实也是一种知觉体验的过程。在刚开始接触室内空间时，人们虽然无法对空间进行全面的理性分析，但是却可以通过知觉体验，对空间特征形成一种感性的认知。这种认知模式是将抽象感知要素与人的主观心理感受相结合，在无意识的情境下，进行结构性的转化。

在人们进入不同的室内情景空间时，知觉体验所反馈回来的信息，会引起心理上的情绪变化，而且这种变化也会影响到人的表现。喜、怒、哀、乐等都是人最基本的情绪表现，室内空间的体验，同样会激发人们相似的情感，并且不同人的此类情感还具有一定的相似度。例如走进新人的婚礼殿堂，人们就会自然而然的产生喜悦祝福之情；同样，进入殡仪馆，人们也会感到悲痛和哀伤。这些都是室内空间的知觉体验对人类产生的影响，侵华日军南京遇难同胞大屠杀纪念馆就是这方面的一个典型案例。纪念馆坐落于南京城西原日军大屠杀的万人坑遗址之上，[178]是南京市人民政府为铭记 1937 年 12 月 13 日日军攻占南京后制造的南京大屠杀惨案而出资建造。纪念馆的整体设计风格庄严肃穆，用史料、文物、建筑、雕塑、影视等多重手法表现了生与死、悲与愤的主题。其遗骨陈列室的建筑外形设计成棺椁形状，周围地面用白色的鹅卵石代表 30 万遇难同胞的森森白骨，突出了纪念性墓地的凄惨景象。（参见图 3.21）纪念馆的室内设计也独具一格，祭奠厅通过灰色的水泥墙面和黑色的大理石表现出哀伤、悲愤的气息；而遗骸陈列室内安放着 1985 年，从江东门“万人坑”中挖出的部分遇难者遗骸，触目惊心，令置身其中之人仿佛能够触摸到那段冰冷、黑暗而又屈辱的历史。（参见图 3.22）

图 3.21　南京大屠杀纪念馆的遗骨陈列室及其周边环境
（图片来源：作者自摄）

图 3.22　南京大屠杀纪念馆的祭奠厅及其遗骨陈列室内部环境
（图片来源：作者自摄）

3.4.2　意义解读模式

情景空间的体验一般是由知觉感受逐渐上升到理性认知的，这个过程需要借助“外力”的帮助，这个“外力”就是对意义的解读。对情境空间意义的解读并不是说空间形态要有特定的意义，事实上在情境体验的过程中，显而易见的形态反而会令体验者失去探索的兴趣。当然，太过晦涩抽象的形式也不可取，它会给体验者对情景空间的解读造成困难。如果实在无法避免这种状况出现时，也应该借助图文、视频等手段进行引导，使情境的意义清晰且易于理解，否则会使意义的解读含混不清，令体验者产生误读或者干脆失去兴趣，不再参与体验。

室内空间所蕴含的“意义”是丰富多彩的，情景空间的本性决定了对它的理解和阐释必然会是一种多元的甚至是无穷尽的过程。这种对情景空间意义的解读会随着体验对象和体验时间的变化而不断地发展。作为“体验者”的我们在对空间情境的每一次解读时，会选择和突出什么样的“意义”，自然会受到多种要素的影响与限制；并且也必然会受到体验者自身的心理因素和文化素质的影响。那种对空间情境真正的、完全的、绝对“自由”的解读其实是不存在的。所以说，体验者在对情境意义进行解读时，通常会有意识地做出“选择”，以此表达自身认可的基本“意义”。

优秀的室内设计作品总是包含着许多发掘不尽的意义，有些作品的意义甚至是只可意会不可言传的，有时竟会连设计者自己也说不清楚。情境体验的价值也正在于此，它需要调动体验者自身对情境所包含意义的想象，在体验者创造性的“脑补过程”中去实现对情境意义的理解。也就是说，体验者对情景空间意义的解读会因人而异，即使是同一个人随着体验时间的变化也会产生出不同的情境感受。经典性的地铁站设计作品更是如此，每一次新的体验都会带来新的发现和感悟，情景空间的魅力也就在于此。

3.4.3 情感互动模式

情感互动是指体验者在主动选择或无意识状态下，参与情景空间活动时所体会到的感受。这种体会和感受可以是空间使用者自己在情境体验时所独有的；也可以是设计师在设计室内环境时所有意引导的；还可以是两者结合后的升华。在地铁站室内设计领域情感互动更有可能是地铁站整体设计环境对使用者所起到的影响。因此设计师在地铁站室内环境中加入情感互动，就是希望采用设计手段，通过乘客与空间环境的互动式交流沟通，达到二者之间相互影响的目的。正如诺曼在他的《情感化设计》一书中说到的那样，“最好的设计不一定是一个物品、空间或者结构：它应该是一个过程——动态的和可以修改的过程”。[179]比如地铁站中“钢琴台阶”的使用就是一种简单有效的情感互动参与方式，南京地铁二号线上就装有这种特殊的钢琴台阶装置。（参见图3.23）“钢琴台阶”不仅外形像钢琴，透过感应技术还可以使每级台阶发出不同的琴音，行人走在上面就像是在用身体演奏。难怪很多出入地铁站的乘客自愿放弃旁边的电动扶梯，选择走楼梯了；甚至还有很多市民专程从城市的其他区域赶过来，就为了体验这种亲身“演奏”的乐趣。有的行人甚至真能够跳跃着“弹奏”出简单的乐曲来，开心不已。“钢琴阶梯”给地铁站的平淡出行增添了极大的情趣，随着我国城市地铁的飞速发展，这种丰富多彩的情感互动设计，会更多地出现在地铁站空间中，改变乘客的出行心情。

互动性是情感互动最核心、最根本的设计原则。如果没有了互动性，那么情感互动也就失去了灵魂。情感互动是一种沟通方式，是设计作品与使用者之间的一座沟通桥梁。在情景空间体验中，使用者将以富有创意的、主动的姿态参与到空间情境的情感互动中，而不仅仅是被动地迎合或接受。在这种情感互动过程中，使用者通常是用不同的行为方式直接引发互动装置的改变，如手的触摸、人在空间中的移动以及发出的声音等。这种交互既包括源于身体的物质层面，也包括心理上的精神层面。精神层面的交互在这里指的就是使用者和设计师之间的情感互动。在一个互动空间的设计中，设计师会将自己的设计理念融入进空间环境设计之中，使用者能够通过体验这种互动设计感受到设计师所要表达的设计思想，从而与设计师在情感上产生共鸣。通过这种情感互动，体验者与设计师能够进行思想上的交流与沟通。

图 3.23　南京地铁二号线上的钢琴台阶装置
（图片来源：http://www.njcw.com/news/1104/59150_1.shtml）

在地铁站设计中加入情感互动，并不是说要用花哨的表现方法来吸引使用者的眼球，也不是一味的求新求异，而是以地铁站的使用功能为基础，并在此基础之上让使用者的身心参与其中，使感官体验与实体互动相结合，让使用者创造出属于自己的情境体验过程，增强人与环境的亲密关系，并在互动中产生共鸣。人与情景空间的情感互动是一种体验过程，就像日本书籍设计大师杉浦康平（Sugiura Yasuhira）所说的一样，“完美的书籍形态应具有诱导体验者视觉、触觉、听觉、味觉的功能”。这“五感说”的提出便是希望读者通过“五感”来感知图书的信息。其实不仅仅是书籍，地铁站的空间形态设计也是如此。单一的感官体验只能给人带来简单短暂的快感，难以达到心理上的成就感。完美的情感互动模式应该是让空间的使用者在多维度的感官体验中充分利用时间和空间特征，同时结合视觉、触觉、听觉、味觉、嗅觉等多种有效手段，[180]与室内环境更好地进行情感交流和体验互动。

3.5　地铁站人景空间的建构策略

地铁站人景空间——“情境”的信息主要来源于体验者的感知，特别是视觉、听觉、触觉、嗅觉和味觉等“五感”之间的综合作用。在地铁站体验者的立体感官世界中，对人景空间的整体认知和评价，也是将这些个体感知的路径、界面及其空间环境等媒介信息作为评判标准的。有目的、有意义的互动会吸引体验者的注意，并会为空间赋予特殊的“情境”。所以说，要建构有效的人景空间，突出表达空间中的“情境”，就必然要做到三点：“情”—“境”关联；意义发现以及多维感知的调动。

3.5.1　“情”—“境”关联策略

在情景空间的体验过程中，感知不再是独立的个体，而是多种感知之间相互叠加，共同产生作用。人景空间——“情境”的构建更是如此，各种感知信息相互交涉叠加产生的综合作用已经远远超出感官体验所涉及的范畴，会产生超越感官体验之外的效果。优秀的设计案例必然是将“情”与“境”的因素进行关联，以主观的“情”来感受客观的“境”；再用客观的“境”影响主观的“情”。[181]

中国传统的“天人合一”自然观就是一种将主观精神的“情”与客观自然的“境”相联系的思维方式。孔子“知者乐水，仁者乐山”[182]的思想就是借助对自然的比拟，描绘人的主观精神境界的高尚。中国古人“热爱自然现实的山水和各种生命景象，并以它们显现的种种特性来喻理、观道、证志、抒情，都同领悟和赞美天地自然运行不息、生生不息的化育之功有关。”[183]所以说古人的认识与实践也并非一种单纯的认知活动，而是对道德、意志、审美、情感等诸多因素的融合，即一种“情”与“境”相关联的思考问题方式。正是因为如此，中国古代才没有产生西方的理性思维分析方法，而是将自然界和人类社会的事物，通过直觉思维进行类比关联。例如五行中的“金、木、水、火、土”并不单纯地指示五种具体的事物，而是一个概念范畴、一类物质特性，几乎可以无限制地关联到世界上所有的事物。同时，“五行”也可以被看成是联系自然界和人类社会的纽带，它将人类社会的“情”与自然事物的“境”有机地联系在一起。（参见表 3-1）

五行配属表❶　　**表 3.1**

自然界																五行	人类社会												
五臭	五谷	五虫	五牲	五宫	五辰	五器	五象	五味	五色	五气	五化	五季	五音	五方	五时		五脏	六腑	形体	情志	变动	五官	五声	五神	五液	五事	五性	五政	五祀
膻	麦	鳞	羊	青龙	星	规	直	酸	青	风	生	春	角	东	平旦	木	肝	胆	筋	怒	握	目	呼	魂	泪	视	仁	宽	户
焦	菽	羽	鸡	朱雀	日	衡	锐	苦	赤	暑	长	夏	徵	南	日中	火	心	大小肠	脉	喜	呕	舌	笑	神	汗	言	礼	明	灶
香	稷	倮	牛	黄龙	地	绳	方	甘	黄	湿	化	长夏	宫	中	日西	土	脾	胃	肉	思	哕	口	歌	意	涎	思	信	恭	中霤
腥	麻	毛	犬	白虎	宿	矩	圆	辛	白	燥	收	秋	商	西	日入	金	肺	三焦	皮毛	悲	欬	鼻	哭	魄	涕	听	义	力	门
朽	黍	介	豕	玄武	月	权	曲	咸	黑	寒	藏	冬	羽	北	夜半	水	肾	膀胱	骨	恐	栗	耳	呻	志	唾	貌	智	静	井

在地铁站的人景空间构建中，将“情”和“境”相关联，最终达到“情境交融”的效果，是一种常用的设计策略。设计师在进行设计时，一方面要注重对“境”的构建，利用客观规律创造出舒适的人景空间环境；另一方面还要表达对“情”的寄托，通过“移情”的手段，将理想与情感融合在物质景象中。在地铁站人景空间构建的优秀案例中，绝大部分都是将“情”和“境”进行有机关联，并且都遵循着从自然空间环境的“美”——融入

❶ 资料来源：王其亨《风水理论研究》，天津大学出版社，1992 年版，第 95 页。

人类的"情"——升华为寄托情感的"意"的过程。在这个过程中，"境"成为充满情感灵性的"境"，"情"成为蕴含景致朴实的"情"。

英国伦敦地铁朱比利线上的金丝雀港（Canary Wharf）地铁站就是"情境交融"的优秀范例。金丝雀港地铁站位于伦敦东二区的泰晤士河边，是新开发的金融城，周围有汇丰银行总部、花旗银行欧洲总部、英格兰银行等众多国际知名的金融机构。[29]为了适应周围的环境，金丝雀港地铁站建在一座开放式公园的下面。[184]公园由周围高大的建筑和泰晤士河湾围绕而成。草坪、绿树、喷泉、休息椅以及贯穿其间的林间小径构成了公园宁静优雅的主题。[29]（参见图 3.24）而地铁站的内部环境设计则充满了现代都市的动感，尤其在上下班高峰时间，川流不息的人群更是这种动感的直接体现。公园的宁静、优雅与车站的现代、动感和谐的统一在一起，形成了典型的英伦式的浪漫气质。

整个金丝雀港地铁站完全建在地面以下，地上所能看到的，只有车站的屋顶——玻璃天棚。圆弧形设计使得地铁站的入口极为别致，尤其在夜晚，站口弧形的灯光与对面的现代雕塑和泰晤士河水交相呼应，更增添了建筑物本身的优雅。（参见图 3.25）天棚顶部的玻璃材质，既与周围建筑物的玻璃幕墙相协调，又使天光能直接照射到地铁站的内部，从而节约了大量的能源。（参见图 3.26）南北两个出入口的通透设计，使站内空气流通非常顺畅，再加上车站顶部是有大量植被的公园，所以尽管没有冷气设备，但即使在炎热的夏季，车站内部依然凉爽宜人。

图 3.24　金丝雀港地铁站上的公园
（图片来源：作者自摄）

图 3.25　金丝雀港地铁站出入口
（图片来源：作者自摄）

进入地铁站内部之后，售票大厅中央悬挂的巨大招贴画，冲击着人们的视觉神经。[184]鲜艳的色彩与未加装饰的水泥柱面形成鲜明的反差，加上经过抛光处理的花岗石地面，更突出了车站的现代感和时代性。（参见图 3.27）大厅长 222m，宽 35m，是整个车站最大的公共空间。所有的售票窗口（包括自动售票机和人工售票窗口）和乘客服务部门（包括咨询室、商店、公厕等）都位于大厅的东西两侧，使人一目了然。其通往西部购物中心的入口，更被誉为动感设计与优雅建筑的完美结合。（参见图 3.28）金丝雀港地铁站的另外一个突出优点是设计的人性化。从车站专为残疾人设计的通道；到站台上供乘客短暂休息的座椅；再到免费的报纸取阅处等，到处都能看到设计师对人的关注，体现了以人为本的设计理念。[29]（参见图 3.29）

图 3.26　金丝雀港地铁站出入口内部
（图片来源：作者自摄）

图 3.27　金丝雀港地铁站售票大厅
（图片来源：作者自摄）

图 3.28　地铁站通往购物中心的室内入口
（图片来源：作者自摄）

图 3.29　地铁站内的残障人士专用通道
（图片来源：作者自摄）

3.5.2　事件参与策略

人们在地铁站内空间所进行的活动，绝大部分是根据个人的实际需要所进行的活动，此时人是处于一种自发性的状态之中。随着参与人数的增加，这种自发性的活动在形式上会逐渐趋于统一，此时的活动就可称之为“事件”——即人们为了某些目的和体验，而进行的相同或相似的行为。这时，事件就成为影响人景空间的要素，在地铁站的室内环境设计中，结合特殊的地理位置和周边环境创造事件，使过往乘客自觉或被动地参与到设计师所刻意营造的事件之中，也是一种特殊而有趣的人景空间建构策略。

上海地铁 10 号线和 11 号线的交汇站为交通大学站。由于地铁站紧邻上海交大的钱学森图书馆，其 2 号出口与图书馆相连通，（参见图 3.30）因此交大的钱学森图书馆和地铁公司合作，专门在站内设计了“钱学森走廊”和“钱学森通道”。行人行走其间，如进入著名科学家钱学森的纪念馆参观，人文气息扑面而来。“钱学森通道”的墙面砖设计成和钱学森图书馆外墙类似的色彩和肌理，同时刻印上许多钱老生前的珍贵手稿文件，让人立刻感受到钱老一生对科学孜孜不倦的追求和博学严谨的学术态度。（参见图 3.31）而“钱学森走廊”被设计成书房的形式，其中的支撑柱看起来像是叠放在一起的一摞图书，墙面背景是钱老生前书房里的书架，上面写着钱老的名句和人生感悟。这种类似书房的设施和空间布局，既暗示了地铁站外的钱学森图书馆，又介绍了钱老的生平事迹以及他和上海交大的渊源。（参见图 3.32）乘客行走其间，种种钱老的生平事迹映入眼帘：他治学态度的严谨；当年赴美求学的艰辛；学成归国的喜悦……这些要素使事件的发生成为必然。每天都有很多人在经过“钱学森走廊”时驻足参观，甚至不少人慕名而来进行专程体验。虽然每次经过的乘客并不相同，但他们所体验的内容却是相同的，因为在乘客的主观印象里，这处地铁站已经与钱老的生平事迹相关联，哪些人体验了“钱学森走廊”并不重要，他们也不会被记录下来，但是整个地铁站的人景空间却特色鲜明，并且这种空间体验面向所有乘客，这样就形成了人景空间与特定历史事件的密切关联。

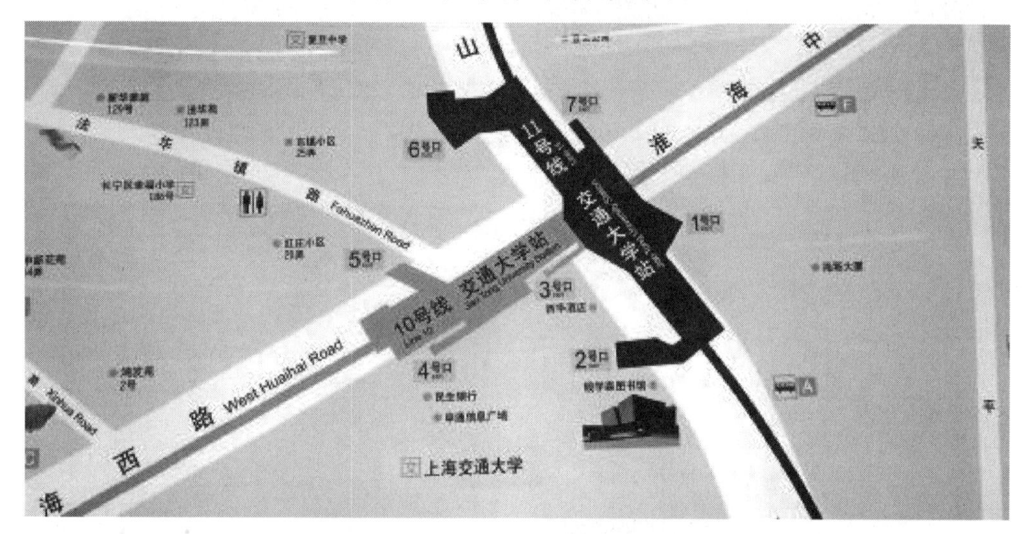

图 3.30　紧邻钱学森图书馆的上海地铁站入口

（图片来源：作者自摄）

图 3.31　上海地铁交通大学站中的“钱学森通道”

（图片来源：作者自摄）

图 3.32　上海地铁交通大学站中的“钱学森走廊”
（图片来源：作者自摄）

由此可见，正是在这种参与事件的过程中，人们产生了对地铁站特定空间环境的评判标准，大量慕名而来的乘客也证实了此种体验的受欢迎程度。事实证明“事件参与”是人景空间的重要建构策略之一，它可以为人们提供不同的体验方式，如阅读体验、社交体验、运动体验等。

3.5.3　多维感知调动策略

因为地铁站多是一种线性交通空间，所以在地铁站的人景空间体验时，身体一般会在整个过程中保持运动状态，因此地铁站的人景空间体验也是在连续的串联的空间中逐渐展开。此时，与人景空间相关联的体验对象相对来说比较复杂，包括路径、界面和场所等多个因素。从上文的事件参与的案例可知：乘客在选择路径时，不是仅仅选择行走的过程，也同时选择了体验的方式，他可以在地铁站空间中停留、观赏、思考、学习等。所以“人景空间”其实是由路径串联形成的，不停变换的空间内容和空间形式会不断丰富体验内容，从而诱发复合性体验的生成。设计师如果要将人景空间做到极致，必然会调动体验者的多个感知单元，达到视觉、听觉、触觉、嗅觉和味觉的多维度感知融合。

郑州地铁 1 号线上的钢琴台阶装置，就是通过调动体验者的多维度感知，丰富人景空间体验的优秀案例。“钢琴台阶”装置位于郑州地铁一号线郑东新区会展中心站内新开通的 C 出站口通道上。因为地铁通道与丹尼斯商场相连接，为了增加体验的互动性与趣味性，设计师将一段 26 级的台阶设计成钢琴黑白琴键的造型。[185]并且在每个大理石台阶的下方均设定好与所画“钢琴键”相对应的音阶，还在每节台阶两侧的圆孔内装有光控感应装置用以识别过往的行人。当行人通过台阶时，踏板下方的灯光会短暂亮起，同时楼梯顶端的音箱也会播放钢琴声音，就仿佛是在黑白键上“弹奏”一段属于自己的乐曲。（参见图 3.33）这种可以表现视觉、听觉、触觉等多维度感知的综合性装置成为了郑州地铁中一道独特的风景，很多人因此放弃乘坐旁边的自动扶梯，养成了走楼梯的良好习惯。

图 3.33　郑州地铁 1 号线上的钢琴台阶装置
（图片来源：http://www.hnr.cn/news/tppd/tpxw/201411/t20141110_1700868_3.html）

第4章 情景空间的物景因素

The Object Factor of Scenario Space

"洞见或透识隐藏于深处的棘手问题是艰难的，因为如果只是把握这一棘手问题的表层，它就会维持原状，仍然得不到解决。因此，必须把它'连根拔起'，使它彻底地暴露出来；这就要求我们开始以一种新的方式来思考。这一变化具有决定意义，打个比方说，这就像从炼金术的思维方式过渡到化学的思维方式一样。难以确立的正是这种新的思维方式。一旦新的思维方式得以确立，旧的问题就会消失；实际上人们会很难再意识到这些旧的问题。因为这些问题是与我们的表达方式相伴随的，一旦我们用一种新的形式来表达自己的观点，旧的问题就会连同旧的语言外套一起被抛弃。"[186]

——路德维希·维特根斯坦（Ludwig Wittgenstein）

《维特根斯坦笔记》，1914—1916年

4.1 物景与“样态”

物景在本书中特指“情景空间”概念中“物”的维度，具有一定的客观性。它与带有主观性的“人景”以及带有辩证性的“场景”相并列。“样态”原为康德的哲学概念，本书中引用样态的概念是为了和情景空间中的物景相对应，以便更好地描述“物景空间”的“理性”与“感性”特征以及“光”、“色”、“质”等影响因素。

4.1.1 “样态”的概念

“样态”一词是拉丁文 modus 的意译，最早见于17世纪荷兰唯物主义哲学家斯宾诺莎(Baruch de Spinoza，1632—1677)的用语，[135]指自然界中所包含的无数具体的个别事物。“样态”一词在不同的领域和语境中所代表的含义也不尽相同。在语言学领域中，样态代表的是一种特殊的修辞手法。日语中就有“样态助动词”，韩语里也有“表示方式样态”的语法，用以表示“推测”的意义。在哲学上，关于样态的概念解释为：有些复杂观念尽管是复合的，但并不包含它们独立存在的假定，而是被看成实体的附属物或属性，这种观念称为样态。康德在推动逻辑学从传统形式逻辑走向现代辩证逻辑的过程中将样态的范畴定义为：“包括可能与不可能、存在与不存在、必然与偶然等三组逻辑判断。”哲学上的样态包含无限样态和有限样态。无限样态是指永恒、无限的本质，由广延和思维两种属性所派生，广延派生的样态是运动和静止，思维派生的样态是理智。而有限样态则表现为有开始有终点，由无限的样态派生。

“样态”在本书中代表“情景空间”概念的物景维度，主要指在视觉审美规律下的，空间所存在的“样式”和“形态”，它与实体、属性是统一的，是情景空间中物景实体的变化形式。样态所对应的英文译词包括：pattern，figure，form 和 shape 几种。[187]（参见表4.1）

样态的英文释义比较　　表4.1

英文译词	中文词意	英文词意
pattern	模式、样式、花样	a regular arrangement of lines，shape，colours，etc. as a design on material carpets，etc.
figure	轮廓、外形、体形	the shape of the human body
form	类型、表现、形式	the particular way sth. is，seems，looks or is presented
shape	形状、模型、状态	the shape of sb. /sth.，a person or thing of which only the shape can be seen

从表4.1中的各种释义可以看出：pattern 主要用于描述事物的形、色、质感等方面；figure 通常用于表述轮廓；form 侧重于强调存在的“方式”；而 shape 侧重于“看到”的状态。从这四个词的解释中可以看到，“样”都是优先于“态”而存在的。可见最初的样态概念涵义是接近于样式的，当在生活实践中，事物的复杂程度已经不能够用样式来完整表达的时候，“态”才开始展现它的意义，逐渐将“样态”与“样式”分离成不同的概念。因此 pattern 一词相对而言，更接近于本书“样态”所要表达的基本含义。

样态一词包含“样”和“态”的双重含义，既有“样”的客观属性，也包括“态”的主观属性。《说文解字》❶ 中曾记载：“形者象也，态者意也，从心，从能。”[188] 意思是说样态是事物的一种综合特征，它是由客观的“象”与主观的“意”共同组合而成。“样”是指事物的样式、花样、轮廓等外观属性，是物质的一种客观存在方式；“态”指的是状态、姿态、情态、意态等主观感受，是人的一种精神感受和心理体验，它是客观事物“样”在人的内心中形成的映射。当然，“态”的存在是以时间为基础的，它只能代表事物在某一特定时间和空间下，给予感知者的特定印象。“样”和“态”两者既密切联系又相互影响，“样”限定“态”，“态”影响“样”，有其“样”则必有其“态”，“态”依附于“样”而又反作用于“样”。

在本书中样态是一种复合的概念，它既应该包括围合空间的各个界面，也应该包括空间本身以及在这个空间中的“人”的行为活动。样态的产生与人的思维感官密不可分。人们会通过以往的经验给物体的形状附加感情属性，比如锋利的刀尖会令人产生刺入感。当看到锋利的刀尖时，这种视觉图像会通过视知觉转化为人们的思维感受，刺入感也就随之而生。“这种由物质转向精神，由精神转向情感的反应过程，就是物体形态存在的先觉条件”。[189] 形式对象可以表现出一定的情感，如尖锐物体刺穿感；人们通常基于现有经验来判断对象的情绪方面，在这种情况下，物体本身的性能特征，通过人的视觉感知，转化为感情。

本书引入“样态”概念的目的是希望将地铁站环境设计中的“光”、“色”、“质”等三方面因素归置于物景空间的综合环境之中进行解读。同时通过样态概念强调构成物景空间的客观因素——光线、色彩和材质，及这些因素之间的相互关系。

4.1.2　室内空间样态

室内空间样态是一个复合概念，它含有“室内空间”和“样态”两层含义。“样态”一词已经在上文中对其进行了解释（详见本书 4.1.1 部分），因此本节将首先讨论室内空间的概念和意义，然后再探讨室内空间样态，而室内空间是建筑空间的延续，因此要弄清楚什么是室内空间首先必须明确什么是建筑空间。

1）空间

空间（space）具有多义性，其词源最早出现于拉丁文，德语里的“空间”不仅代表物质的围合形式，还是一种哲学概念。《辞海》中对“空间”的解释是“在哲学上，与‘时间’一起构成运动着的特质存在的两种基本形式。”[190]《现代汉语辞海》❷ 对空间的解释是：“物质存在的一种客观形式，由长度、宽度、高度表现出来。”[191] 而西方的《不列颠百科全书》❸ 对空间的定义为：“无限的三维范围，在此范围内，物体存在，事件发生，[192] 且均有相对的位置和方向。”[193]

❶ 《说文解字》，简称《说文》。作者是东汉的经学家、文字学家许慎。《说文解字》成书于汉和帝永元十二年（100 年）到安帝建光元年（121 年）。许慎根据文字的形体，创立 540 个部首，将 9353 字分别归入 540 部。

❷ 《现代汉语辞海》是 2003 年中国书籍出版社出版的图书，由《现代汉语辞海》编辑委员会编著。一典多能，可满足学生学习、家庭使用和工作研究的多种需要。

❸ 《不列颠百科全书》（英文：Encyclopedia Britannica），又称《大英百科全书》，1771 年在苏格兰爱丁堡出版，被认为是当今世界上最知名也是最权威的百科全书，英语世界俗称的 ABC 百科全书之一，也是世界三大百科全书（美国百科全书、不列颠百科全书、科利尔百科全书）之一。

人类社会早在原始穴居时期就与空间有着密切的关系，但是究竟什么是“空间”却在很长一段时间始终困扰着人类。因为空间的概念领域包罗万象，并且充满矛盾性和不确定性，甚至可以联系到哲学领域，所以人类对空间的认知经历了漫长的岁月。在早期的原始社会，人类对空间的认知主要来源于太阳和月亮，通过日月的东升西落，人类“渐渐认识上下四方的基本空间形式。”[194]空间概念是人类在自身的认知过程中，通过对所积累的经验进行抽象和概括之后，逐渐总结出来的一种认识观念。

总之，空间具有多义性，其涵义十分复杂，既牵涉到人对空间的认知过程，还“涉及数学、物理学、心理学、社会学、经济学、建筑学等多个领域。”[195]所以，“作为符号的空间，其基础性语义是不难为人所理解的。”[196]

2）室内空间

本书所论述的“室内空间”是属于建筑学领域的概念。“室内空间是构筑物不可分割的组成部分——在大部分情况下，它是建筑物的一个组成部分。”[197]英国的彼德・柯林斯（Peter Collins）曾指出“18 世纪之前，建筑学领域尚未出现空间概念。”[195]事实上，直到布鲁诺・赛维对“空间”进行强调后，学界才开始把人为“空间”作为建筑创造的最终目的——“用于为人们提供从事各种不同活动的场所”，[198]赛维曾指出：“每一个建筑物都会构成两种类型的空间：内部空间，全部由建筑物本身所形成；外部空间，即城市空间，由建筑物和其他周围的东西所构成。”[198]这种建筑和室内空间的密切关系，使室内空间与建筑的形态紧密相关，要研究室内空间就一定无法绕开建筑空间。随后，“室内空间”才从建筑领域的“空间”中分离出来，逐渐成为独立存在的概念，理论研究者才开始积极地对其进行探索和研究，并赋予了它更为广泛的意义和内涵。[199]

值得注意的是，中国古代由于文化结构与西方国家不同，所以在对“室内空间”的认识上，也与西方国家有很大的区别。由于受儒家文化的影响，所以中国人更喜欢五方位或九方位的平面空间观念，这种观念随着许多其他传统文化一起流传至今，几乎在数千年来一直影响着国人对空间的审美倾向。中国建筑美学家宗白华先生，早在 20 世纪 20 年代，就曾关注过此种区别。他指出：“古希腊人对于建筑空间的表现往往是以单一建筑空间为一个单位。他们多半把建筑本身孤立起来设计或欣赏。古代中国人就不同，他们总要通过建筑物，通过门窗，接触外面的大自然。[200]‘窗含西岭千秋雪，门泊东吴万里船’（杜甫）”[201]就是最好的例证。[202]宗先生的建筑空间概念是从“生命本体论”的角度论述空间意义和“生命的节奏”，这种观点与老子的空间哲学不谋而合。

3）室内空间样态

室内空间是各种事物在建筑内部活动和存在的“环境”。室内空间必须依靠客观事物的形态、距离、比例、疏密来确立，脱离了“具体事物”的室内空间也就失去了意义。所以说，室内空间又可以解释为具体、实在的“样态”结构的围合方式，或者说是以“样态”方式存在的客观形式。从建筑空间的视角来定义室内空间样态，即是“建筑为自由空间中隔出若干小空间，又联络若干小间而成一大空间之艺术。”[203]

4.1.3 空间样态的“理性”与“感性”

室内空间样态的形式多种多样，但其基本形式不外乎两种——“理性”（rational）与“感性”（sensual）。所谓的“理性样态”指的是用“有序”的方法组织空间，使室内空间样态呈现出一种“规则”性，表现在视觉观感上，常用对称式构图，呈现出静态的稳定状态；而“感性样态”则刚好相反，它是指用“无序”的方法组织各个局部空间以及局部与整体之间的关系，使室内空间样态呈现出一种“特异”性，表现在视觉观感上，常用不对称式构图，呈现出动态的不稳定状态。

所谓的“理性”空间样态都会在空间的表现上遵循一定的规律，例如古典主义追求构造之美；现代主义追求构造和功能并重；而后现代主义追求历史文脉线索和空间的寓意等。所有的理性空间样态都是在通过规律来表现室内空间的美学法则，如比例与尺度、重复与渐变、对比与调和、节奏与韵律、对称与均衡、统一与变化等[204]（参见图4.1）。而“感性”的空间样态，则竭力表现矛盾的、杂乱的、残缺的、构造与功能并存的“感性”思维。感性的室内空间样态常常会利用从建筑中提取出的部分造型、颠倒的结构，以及构建特征等信息，对其进行深度的分析和重新组合，再将其精髓应用到室内空间设计的“感性”表现方式上（参见图4.2）。感性的设计师会对室内空间的每个布局、每个元素部件都进行二次排列组合，这与古板保守、追求稳定的室内设计思维形成了强烈的对比。“感性”的室内空间样态常常会融入一些自然现象，比如石块被流水侵蚀的形状、动植物的外部形体结构、各种施工电路板线的结构等，并对这些“感性”的自然样态进行审美抽象，并最终将其表现在感性室内艺术设计样态之中。

图4.1　理性的室内空间样态

（图片来源：http://ay.zshl.com/show/showshow85936.html；http://www.kujiale.com/case/3FO4K69G8YNW）

图4.2　感性的室内空间样态

（图片来源：http://xa.a963.com/works/2015-02/73054.htm?&page=4）

当然，室内空间中“理性”样态与“感性”样态的界限并不总是泾渭分明，两者的区分在某些时候并不十分明显。例如位于韩国首尔的“绽放的住宅”就是将理性样态与感性样态进行有机结合的优秀尝试（参见图 4.3）。“绽放的住宅”在韩语的发音为“Hwa Hun”，它既是一座房屋的名字，也包含“绽放”的蕴意。设计师为了满足业主对“回归大自然”的追求，特意将这处位于首尔城中心“北汉山”附近的建筑设计成了盛开的花瓣。建筑外观呈现出不规则多面体形状，不仅最大化地利用了土地，还使建筑空间与原有场地的自然条件相互交融。建筑自身的“小山外形”，与周围北汉山的大环境相得益彰。整座房屋的所有庭院空间都覆盖了绿色植物，前院花园、内院花园、阶梯花园、瀑布花园、屋顶花园和塔式花园等，既各自独立，却又彼此相互沟通，连绵不绝（参见图 4.4）。

图 4.3　韩国首尔的“绽放的住宅”

（图片来源：http://www.tooopen.com/work/view/66033.html）

图 4.4　“绽放的住宅”的内庭院

（图片来源：http://www.gooood.hk/hwa-hun-by-iroje.htm）

这座房屋的室内设计堪称“理性”样态与“感性”样态的经典结合。设计师借鉴中国古典园林的移步换景手法，结合自身独特的造型和多维立体的室外花园环境，将所有的室内空间都掩映在大自然的绿意之中。而室内空间样态的处理也十分巧妙，既在整体风格上延续了建筑外立面的直线语言，使空间环境充满了理性的睿智；又在某些特殊的位置，如厨房三角窗处，将内部家具的造型进行了折线处理，在满足室内功能需要的同时，更使空间环境增添了感性的亲切（参见图 4.5）。随着时光的流逝，这朵“建筑之花”将会一直绽放，陪伴着房屋主人，留住生活记忆的点点滴滴。[205]

4.1.4　物景空间的构成元素——形、光、色

尽管物景空间的形式变化多端，但无论哪一种物景空间，其构成元素都很一致——形

图 4.5　理性与感性相结合的室内空间样态
（图片来源：http://www.tooopen.com/work/view/66033.html）

态、光线、色彩，这三个元素是室内物景空间的基础要素。在物景空间环境中，光称得上是空间样态的主角。物景空间是由光和实物界面共同形成的。这里所说的光指的是物景空间中的“光”元素；而实物界面指的是物景空间的“形”元素；“光”和“材质”两者的共同作用便形成了物景空间中丰富多彩的“色”元素。在现代室内设计的发展过程中，形式的展开、体量的构建、气氛的营造等无一例外的都与这三个元素的运用直接相关。

构成物景空间的另一个重要元素是形态，这里所说的形态是一个复合概念，它既包括二维空间上的点、线、面，也包括三维空间的形体。因为室内空间是由多个界面围合而成的，而组成各个界面的主体就是形态，所以形态与物景空间的关系也是密不可分的。每一种形态都具有自身独特的内涵，这些特定的内涵有时会限制物景空间的无限表达。如今，越来越多的室内设计师更倾向于模糊这些形态特征，将其还原为一种不可测定的、戏剧化、媒介化、符号化的物景空间价值存在（参见图 4.6）。

图 4.6　物景空间样态中的形态元素
（图片来源：http://sz.a963.com/works/w1768-12.htm）

物景空间与光线有着十分密切的联系，任何物景都必须在光的作用下才能够被感知。光线的强弱能够加强物景的立体感；光线的明暗变化能够自然地形成室内与室外的空间划分；光线的微妙变化能够塑造物景空间的层次感；光线的渲染能够影响人的心理状态，[206]借以增加物景空间的艺术感染力；局部的强烈光线还可以突出物景空间的重点，形成视觉中心（参见图 4.7）。所以，物景空间离不开光线元素，光线是塑造物景空间的必要条件。

图 4.7　物景空间样态中的光线元素
（图片来源：http://www.a963.com/index.php? m=content&c=index&a=show&catid=1805）

物景空间的塑造同样离不开色彩。因为光线与色彩的关系密不可分，没有光线也就无从谈起色彩，所以物景空间通常是受色彩与光线共同作用的。目前，越来越多的室内设计师已经认识到色彩对塑造物景空间的重要性，在设计室内环境时会针对不同物景选择与之相适应的色彩搭配。有些研究者还注意到色彩对生理、心理健康的巨大影响，提出了“色彩力”决定“健康力”的概念。可见色彩不但可以改变物景空间，甚至对空间中人的心理和生理也有一定的影响作用（参见图 4.8）。

图 4.8　物景空间样态中的色彩元素
（图片来源：http://sz.a963.com/works/w1768-l2.htm）

4.2　地铁站的“理性”空间样态特性

地铁站的室内空间样态可分为“理性”样态与“感性”样态两种。所谓的“理性样态”指的是在地铁站的室内环境设计中用“有序”的方法组织空间，使室内空间样态呈现出一种“规则”性，表现在视觉观感上，常用对称式构图，呈现出静态的稳定状态。庄子曰：“……故视而可见者，形与色也”（庄子：《天道》）。[207]实际上人们日常生活中说的空间都属于可视空间，它是由各界面的形体排列组合形成的。本书在上一节中已经提到空间样态的最基本要素是：光线、色彩和形态（点、线、面、体）（参见本书 4.1.4 部分）。这三个基本要素按照特定的规律排列组合，就构成了丰富多彩的物景空间。“从理论上说这种由不同排列组合产生的结果的可能性是无穷多的，这是空间形态千变万化的原因。”[208]所以本节也会从形、光、色三个方面，对地铁站的“理性”空间样态加以论述。在地铁站空间中，形、光、色通常都是交织在一起的，但是为了便于研究物景空间样态的基本特征，下面将把这三个要素分开来进行剖析。

4.2.1　理性空间中的“形”样态

在地铁站的室内环境设计中，“形”通常指围合界面的形体和物体的形状。我们所看到的室内环境中的任何物体都是有形的，这些“形”就是空间中“形”样态的表现。形样态的解释有很多种，对于地铁站理性空间而言，形是客观物质的，是室内空间基本要素的有序组合。同时，形样态也具有表情意义，它能够对人的生理和心理产生一定的影响。[209]

地铁站室内空间的“形样态”可分为实体样态和非实体样态。实体样态与室内空间是互为条件的：空间的形状、表情都可以通过实体样态塑造来实现；实体样态的气氛等主观信息也是通过空间来表现的。对地铁站而言，实体样态大都是以点、线、面、体等要素排列组合而成的，它们在空间中的效果、材质、色彩、表情等都与光、色有关。所以通常情况下，实体样态都是和“光”样态、“色”样态一起共同作用于空间的。关于“光”样态和“色”样态本书将在随后两节中详细论述。

当然，地铁站室内空间中的形样态要素不仅包括实体的点、线、面、体，还包含了虚的点、虚的线、虚的面、虚的体，它是一种特殊的空间形态，被称为非实体样态。所谓的“虚”空间其实是一种心理上存在的“空间”，它有时可能是看得见的，但有时却是完全模糊因人而异的。

总体而言，地铁站理性空间的形样态具有其独特的特性，以几何形样态、变体几何形样态、分形样态等最为常见。

1）“几何形”样态

（1）欧几里得几何样态

长时间以来，在建筑学和室内设计领域，欧几里得几何一直都是理性空间表现形态的基础语言。《几何原本》一书的出版是欧几里得几何被广泛认可的标志。自此以后，欧氏几何成为了一门包含较为严密的理论系统和科学方法的学科。在科学领域，牛顿曾经把宇宙看作是一个欧氏空间，从乒乓球的滚动到行星的运行规律，都可以用牛顿力学加以解释，人类对宇宙的认识突飞猛进，几乎对绝大部分的现象都已经做到了无所不知。在美学领域，欧式几何学同样具有非常广泛的影响，它曾是康定斯基、蒙德里安（Piet Cornelies Mondrian）等一代抽象大师的理想创作工具。[210]他们作品中的那些理性而简洁的直线美，在当时也曾风靡全球。

在室内设计方面，欧几里得几何样态也有着深远的影响。很多的室内设计形式都来源于欧氏几何，通过对比例和节奏的控制，探求经典的美学原则。但欧氏几何仅仅擅长平面尺度上的秩序规律和空间构成的抽象性，对于许多现象仍然无法提供准确的解释。就像埃德蒙德·胡塞尔在《本源几何》中所指出的那样："这种严格几何的概念并非是不精确，也不是不能被测量，但又不是欧几里得几何的精确形式一样能被还原和可重复；它是可以被视觉来描述的，因此它可被测量，却不能被还原和重复。"[211]

尽管如此，欧几里得几何样态仍然是现代地铁站室内环境设计中常用的一种表现手法。如英国伦敦的威斯敏斯特（Westminster）地铁站，就是完美展现欧几里得几何样态的车站之一。威斯敏斯特地铁站最早于1868年12月24日投入使用，历经多次的改建和重修。最近的一次是在建设Jubilee线延伸线时进行的，于1999年12月22日改造完毕，重新对外开放。由于车站处于伦敦的市中心，周围有大本钟（Big Ben）、议会大厦（the Houses of Parliament）、威斯敏斯特教堂（Westminster Abbey）等传统建筑，所以车站的外部设计尽最大可能保留了维多利亚时期的传统墙面和横梁，同时在建筑中又增加了玻璃、金属等新材料。正是这些新材料和新工艺的运用，使古老的威斯敏斯特地铁站焕发了新的魅力。改造后的威斯敏斯特车站内部，同样充满了现代感。大厅高度足有40m，从高处俯瞰更能体会洋溢在整个设计中的现代元素。因为地铁站顶部的建筑（Portcullis House）是许多国会议员办公的地方，所以车站不得不承受着巨大的压力，而大量钢材的运用恰到好处地解决了这一问题。在车站的改建工程中，设计师将大量的钢管、钢柱和钢结构连接件巧妙地结合在一起，在加强建筑本身结构的同时，更增添了视觉上的后现代感（参见图4.9）。

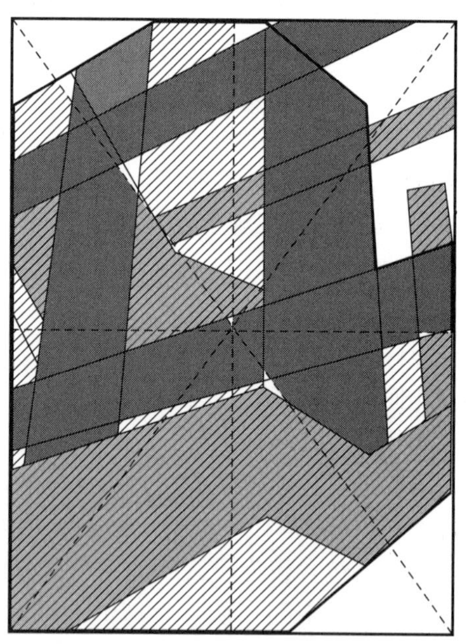

图4.9　威斯敏斯特地铁站的几何元素
（照片来源：作者自摄；分析图：作者自绘）

威斯敏斯特地铁站的站台设计也很有特色，圆形的墙壁和顶棚都是用同样的方形钢件固定而成，这一方面增强了隧道的坚固性，同时也使施工速度有了明显的提高。站台和列车轨道之间的玻璃感应门设计，在促进车站内空气循环的同时，又避免了列车进出站时与站台乘客间的直接接触，从而进一步提高了车站使用的安全性（参见图 4.10）。传统的建筑空间与现代的几何样态，在威斯敏斯特地铁站完美地融合在一起。行走其间，使人仿佛穿梭于时空隧道，来到了传统与现代的交汇点。正是这优秀的设计，为设计师麦克尔·霍普金斯（Michael Hopkins）赢得了在建筑界享有崇高声誉的“斯特灵奖”（Stirling Prize 由英国皇家建筑师学会在 2001 年颁发）。

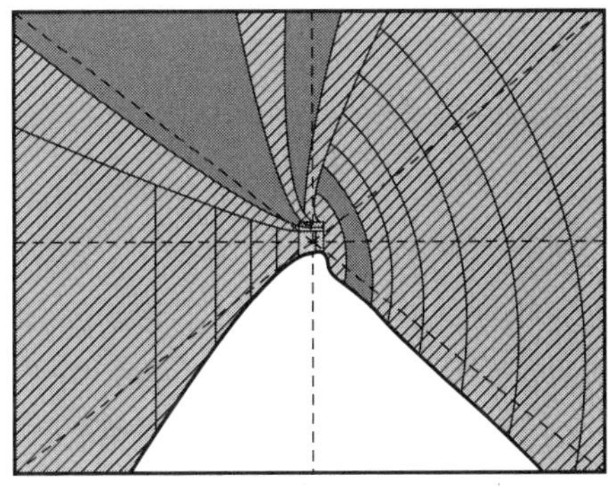

图 4.10　威斯敏斯特地铁站站台的几何元素
（照片来源：作者自摄；分析图：作者自绘）

（2）非欧几何样态

随着球面几何和双曲几何的诞生，人们逐渐认识到这种新的几何结构比欧氏几何更加符合客观实际情况。笛卡儿坐标系（Cartesian coordinates）[1] 的引入，将几何和方程相对应，首次使人们认识到几何是可以计算的，从此人们摆脱了几何学的直观的误导。随后，黎曼在高斯（Johann Karl Friedrich Gauss）研究的基础上，完善了微分几何的方法，正如利用切线研究曲线上一点的性质一样，曲面也是可以通过切平面进行研究。黎曼（Georg Friedrich Bernhard Riemann）正是基于上述原理建立了他的几何模型体系——黎曼几何，本质上说黎曼几何就是经过改良的球面。

这种球面几何研究成果对地铁站的室内环境设计也有影响，特别是在理性空间的形样态上。纽约市的富尔顿运输中心地铁站（Fulton Transit Center）就是一个典型案例（参见图 4.11）。因为地铁站位于纽约市中心，也是纽约市最著名的大型公用空间，被誉为曼哈顿地下的“中央火车站”，因此每天的人流量非常大，对地铁站的空间也提出了新的要求。为了满足高大、宽敞、明亮的空间需要，设计师采用了大型的玻璃采光顶，使阳光能够直接照射到地铁站内，增加了地铁站内部对自然光的利用。地铁站的天花设计也采用了典型的非欧几何样态，通过双曲面的弧形设计，在理性的空间中创造出了丰富的层次和向心汇聚的节奏变化，令人耳目一新。

2）变体几何形样态

变体几何形样态是在欧几里得几何中标准几何形体的基础上，通过对标准几何体的穿插、叠加、分散等处理而得到的较为复杂的三维形体，许多富有节奏和韵律的复杂样态都

[1] 笛卡儿坐标系（Cartesian coordinates，法语：les coordonnées cartésiennes），就是直角坐标系和斜角坐标系的统称。相交于原点的两条数轴，构成了平面放射坐标系。如两条数轴上的度量单位相等，则称此放射坐标系为笛卡儿坐标系。两条数轴互相垂直的笛卡儿坐标系，称为笛卡儿直角坐标系，否则称为笛卡儿斜角坐标系。

图 4.11 纽约富尔顿运输中心地铁站的采光顶
（照片来源：http://www.yo-taiwan.com/talk/thread-49015-1-1.html；分析图：作者自绘）

是通过这种处理变化后得到的。格式塔心理学认为，空间形体在视觉上通常呈现出三种关系：距离关系、数学关系、组合关系。距离关系是空间和物体之间的相互位置关系；数学关系是指和空间物体有关的比例与尺度；组合关系是前两者的相互叠加。在地铁站的物景空间环境中，通过对欧几里得标准几何体的穿插、叠加和分散处理，可以丰富空间样态，达到多变、动态和暧昧的效果。

（1）叠加与穿插

“叠加”变体是将多个相同或不同种类的标准几何体堆放在一起，在保持几何形态轮廓的基础上将所有单元连接起来，形成新的样态。叠加变体是一种相对复杂的样态，它可以整合多个相对独立的单元，使之和谐共存于一个整体系统之中。这种叠加样态在自然界中随处可见，大到地壳的层级结构，小到鸟类的羽毛和贝壳类动物的外壳，都可以找到这种叠加样态。

当叠加变体中各个相对独立的单元共存被打破时，单元之间就会产生彼此的占有或介入，此时就形成了一种全新的样态——穿插。穿插是通过将多个标准几何体交叠组合在一起获得复杂性样态的方法。在穿插变体中，每个几何体都能够相对完整地保持各自的轮廓状态和表现力，因此会获得含义十分丰富的艺术形态。因为这些穿插形态在视觉上会产生一种恢复回标准几何形体的趋势，所以在静止的物理空间中，这种明显动态趋势会打破空间的视觉平衡，令人对所在的物景空间产生一种全新的视觉样态兴奋。

意大利罗马地铁B线的S. Agnese站，其出入口就是一个弧形曲面围合成的下沉广场，设计师将简单的几何形体穿插、重组、反复、叠加，从而获得层次丰富的形态与空间。在S. Agnese地铁站出入口的设计中，两个扭转了角度的弧形墙体和一组斜线坡道有序地组合起来，使得无论从平面、外形到内部空间都能够反映出三个系统的组合关系，突出了空间的表现力。根据基地形状划分的区域保证了下沉广场的面积及其使用功能；随后加入斜线系统——转折台阶，形成两条视线通廊；再用两个大的长方体叠加，形成残障电梯的垂直交通，并且将墙体掏空，做成观景平台；最后将楼梯上盖的遮阳板拉长延伸进地铁站出入口，用圆柱形支撑柱加强了线性效果（参见图4.12）。这样的叠加与穿插为S. Agnese地铁站带来了协调又充满变化的复杂空间样态（参见图4.13）。就像安藤忠雄（Tadao Ando）。所说的一样，这种变化的几何体样态“是一种定理和演绎推理的游戏，它具有自主性和既定的和谐，它超越自然……”[212]

图 4.12 意大利罗马 S. Agnese 地铁站的出入口
（图片来源：作者自摄）

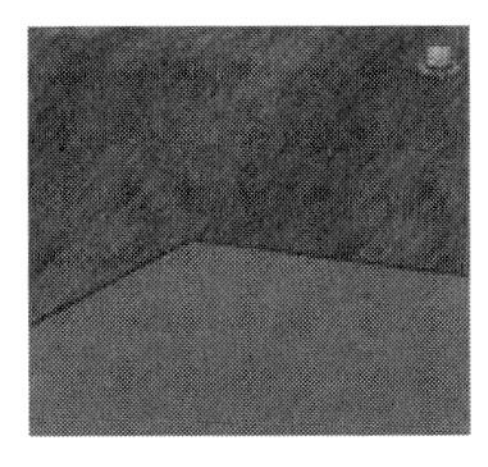
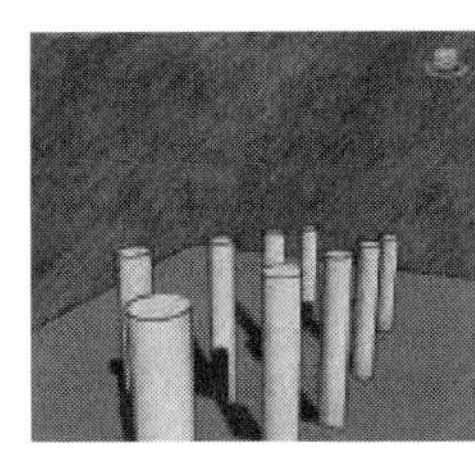

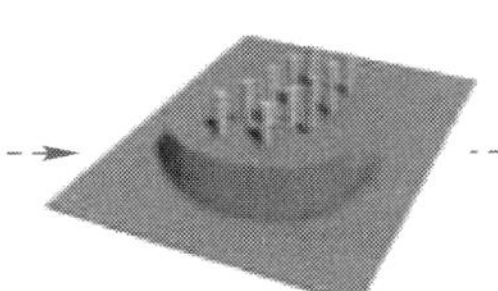
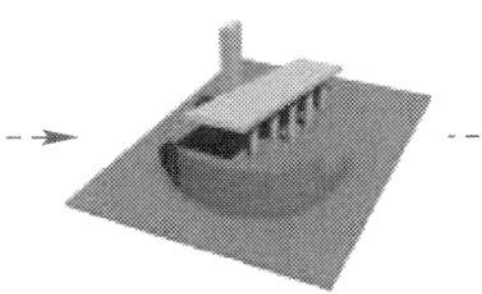
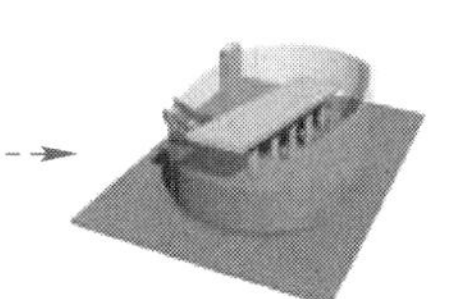

图 4.13 S. Agnese 地铁站出入口的叠加与穿插关系分析图
（图片来源：作者自绘）

（2）分散与散逸

分散是指将空间中的多个标准形体拆分成相互分离的状态。拆分后的几何形体，尽管其形态变化更加丰富，空间样态也变得更为复杂，但是每个分离的形体之间都具有一定的内在联系，共同组成一个有机的整体。如果每个分离的形体相对更加独立，形体间的关系显得松散，这种情况可以称之为散逸。分离主义理论认为：所有的事物之间都天然地带有一种难以分离的、混沌的共生关系。这表明在室内环境设计中，功能的互补关系与空间样态之间存在着必然的联系，而空间样态的明确化会导致这种模糊性与暧昧性的丧失。

福斯特在为西班牙的第三大地铁系统——毕尔巴鄂的地铁站设计出入口时，将传统意义上的柱子打散成为圆柱体弹簧状的管子，带来对结构异化的探索。这些奇形怪状的结构结合曲面玻璃，使白天的自然光线，能够直接照到地铁站中；而晚上地铁站内的光线，也会映射出来作为地铁出入口周围的景观照明。毕尔巴鄂地铁站的出入口被认为是城市现代风格和新颖风格的最佳代表，也是设计大师诺曼·福斯特（Norman Foster）的代表作之一，深受当地人的喜爱，大家都亲切地称之为小福斯特站（Fosteritos）（参见图 4.14）。毕尔巴鄂地铁站出入口非常完美地诠释了后现代主义设计风格的隐喻和多样化，正如伊东丰雄（Toyo Ito）所描述的那样："为了超越现代主义，就要在保持其规范的基础上对其进行异化。"[213]

图 4.14　西班牙毕尔巴鄂的小福斯特地铁站出入口
（照片来源：http://www.urcities.com/global/20141201/13400.html）

3）理性空间中的"分形样态"

在自然界中存在着很多生动美妙的"分形"现象，从飘洒的雪花到摇曳的树叶、从起伏的山脉到蜿蜒的海岸线……这些自然界中存在的事物都具有"自相似"的层级结构。这些"自相似"是指将形态放大或缩小若干倍之后，所得到的形态与放大或缩小之前的原始形态非常接近，这种现象被称为"分形"现象。"分形"（fractal）一词最早由美国数学家曼德尔布罗特（Mandeilbrot）于 1975 年提出，他在其著作《分形：形式、偶然性、维数》中首次正式阐述了这种自然界中存在的自相似层级结构。曼德尔布罗特同时指出：在一个理想的理论模型里，这些层级甚至可以无限的重复下去，层级之间虽然存在着"自相似性"，但是这种"分形"并不意味着完全相同，适当放大或缩小图形的尺寸，可以得到几乎同样的相似形。[214]

意大利学者保罗·波格奇认为无论是人为的结构还是自然界的原生事物，都有其基本的形态规则，如：聚集、相连、对称、发散、重复、特异、叠加、生长、螺旋、透明等。[215]这些造型方式可称为"原形态"，它们都可以通过缩放一定的比例，达到自相似性，我们将这种形式叫作分形。分形的可递归性和仿射变换不变性体现了样态的复杂模式，为描述复杂空间形态奠定了基础。

如上文所述，与传统的欧几里得几何样态不同，分形样态可以描述非常复杂的对象。欧氏几何是对自然样态高度抽象的结果，其描述对象时均使用整数维度，例如点属于零维度、线属于第一维度、面属于第二维度、体属于第三维度、"时空"则属于第四维度……但是欧氏几何描述的只是一种高度概括的理想样态，自然界中所存在的样态层次结构比我们想象的要复杂得多，要对其进行相对准确的描述，就需要引入分形样态的维度数——分形维数。分形维数不是传统欧式几何的整数维度，而是介于各个整数之间的分数，它代表的是分形集的复杂程度，反映的是复杂形体对空间的占有程度，是一种对不规则形体的量度。维数越高的分形集，其复杂程度越高，分形填充的空间越多；维数越低的分形集，其复杂程度越低，分形填充的空间就越少。例如：一段海岸线的分形维数大约为1.3。在没有固定尺寸的物体作参照物时，从空中拍摄100km长的海岸线照片与局部放大4倍的6km长的海岸线照片非常类似，两者没有本质区别。因此很难说清楚海岸线到底是什么形状，但是谁都知道什么是海岸线，而分形维数1.3就是描述海岸线形状的复杂性的。从感性角度而言，分形维数越大，代表形体越复杂，其形式感看起来就越富有变化。

尽管分形样态不是地铁站室内环境设计的主流，但其风格对地铁站的物景空间也有一定的影响。伦敦地铁站人行通道的马赛克墙面肌理就是分形理论在地铁站空间样态改造中的一次有益尝试（参见图4.15）。伦敦地铁站人行通道的人流量非常大，为此车站方用带扶手的隔离带将人行通道分隔成两个相对独立的空间，把不同行进方向的人流进行分离，在保证安全的前提下更提高了效率。同时为了适应高密度的人流通行，尽量缓解人们在地下空间中的不适感，设计师对通道空间的物景样态进行了改造实验。通过使用蓝、黑、白三种色彩相间的马赛克搭配黄色地面，增加了空间的色彩层次；用线性光源和反光灯带提高照度，同时丰富了空间中的光线层次；利用分形几何中的不规则马赛克墙面造型，提升了空间中的肌理层次。在所有这些因素的综合作用下，地下通道空间中的整体物景样态变得丰富而和谐。

图4.15　伦敦地铁站人行通道的马赛克墙面

（图片来源：http://www.nphoto.net/news/2011-09/13/81e19673c937ee2d.shtml）

4.2.2　理性空间中的“光”样态

“光”本身是没有形状的，本书中所说的“光”样态是指自然光或者人造光源的光线与被照物体共同塑造出的空间样态。正如安藤忠雄所说：“光并没有变得物质化，其本身也不是既定的形式，除非光被孤立出来或被物体吸收。光在物体之间的相互联系中获得意义。”[212]

“光”样态作为地铁站室内环境的表现工具，既要满足乘客视觉的照度要求，又要展现出空间环境的气氛与内涵；既要突出明亮的效果，以弱化地下空间的封闭感，又要尽量与周围环境和谐一致，不能显得格格不入。有些时候，设计师在地铁站的照明设计过程中，单纯注重灯具的实体造型，套用物景空间中“形”样态的表现方法，忽略了光作为空间构成元素的主动性，会给空间表现留下遗憾。如朝鲜平壤地铁的灯具设计，在天花上直接把灯具进行对称式的排列，形成一个个交错的网状条带，仅仅把灯光作为天花上形样态的附属，忽略了光线烘托空间环境气氛的要素作用（参见图 4.16）。尽管平壤地铁站的站台空间非常高大，但是这种单纯注重灯具造型的设计手法，非但不能满足高质量的照明要求，也无法塑造光样态的空间氛围，还会误导灯具的发展，造成一定程度的能源浪费。

图 4.16　朝鲜平壤地铁站的灯具设计
（图片来源：http://cq.ifeng.com/gaoqing/detail_2013_04/06/687702_13.shtml）

1）限定性的“光”样态

在地铁站的室内环境中，“光”不仅仅是物景样态的因素之一，它同时还具有限定和分隔室内空间的功能。无论自然光线还是人工光源，在对其进行良好的组织与适当的设计下，都会把空间划分成许多相对独立的区域，对室内空间的物景样态进行有效的提升。但需要注意的是，用“光”样态对地铁站室内空间进行分割与限定时，其强度比用“形”样态的限定要弱一些，但是在空间形式的丰富性和多样性上却能够独具特色。尤其是用“光”样态限定空间也是一种最灵活最节约的处理方法，可以很方便地随时改变空间布局，省时省力。

明暗差异是限定性“光”样态对物景空间的分隔基础。在这种空间划分中，光样态的明暗边界也自然形成了空间区域的边界，虽然有时这种边界会比较模糊，但它却是的的确确存在的。限定性的光样态在对空间进行分隔时，通常是用不同亮度的光界定空间区域，虽然这种间接性的界定比形样态的直接性分隔和围合要弱，但是这种光样态限定出的空间能够提供形样态等其他方式所不具备的柔性过渡，给人以柔和、自然的心理感受。

光样态通过对空间界面的勾勒，突出空间的轮廓界限，进而限定空间的范围。对轮廓界限的清晰表述是一种描述物体形状的基本方式，也是围合空间的基本方法。在室内设计时，空间通常会被认为是由实体和中间的虚空组合而成的，而界面则更侧重于描述空间围合体的实的部分。如果确定了空间的界面，那么空间的边界也就自然地形成，空间在此时已经被赋予了固定的形态。当人们通过视觉感受空间样态时，界面则必然会被光线照亮，这时的物景空间其实是光样态的一种常见表现形式。

光样态可以为空间的限定提供清晰、明确的边界形态，借此实现围合空间的目的。在地铁站的室内环境设计中，界面的明确与否直接决定了空间的范围和属性。当界面的亮度增加时，可以强化和明晰空间的范围；反之，当界面的亮度减弱时，空间的范围也会随之变得模糊。值得注意的是，在光样态的空间表现中，人们对垂直立面的感受要明显高于水平界面，特别是在对墙面的处理上，其界面的明晰性要比天棚高得多。因此虽然天棚的界面面积很大，但是在地铁站的室内环境设计中，其光样态的限定作用却比墙面因素要小很多。所以在多数情况下，天棚的光线设计往往更多地考虑下行方向，其本身的光样态和亮度却被弱化处理。

墙面的光样态处理形式是地铁站室内环境空间的重要物景设计手段。通过墙面光样态的亮度差异变化，可以将一个完整的空间划分成多个不同的区域，这样也就形成了相应的空间限定。光样态的明暗对比和差别化能够令人清晰地感觉到不同空间区域的存在，这种分区往往伴随着不同的空间功能和特性而出现。这种空间中光样态的明暗变化，虽然无法从实质上对空间构成截然的分隔，但依然能够使人感受到区域的不同。由于绝大部分的地铁站都位于地面以下，大面积的照明都以人工光为主，所以光照的强度不仅能够决定物景空间的光样态，还可以定义空间的私密程度和趣味性。相对而言，空间中最亮的部分和最为开敞的部分更容易引起人的关注，展示性较强；而相对较暗的区域不易引起人的关注，安全性和隐私性更强。

限定性的光样态可以通过强化光的强弱对比和指向性来表现理性地铁空间的动势和层次。地铁站的室内空间动势一直是设计师所追求的目标之一，特别是对于理性空间而言，动势也会同时构成空间的序列性和导向性。光样态在表现空间动势时，既可以增加空间本身的生动性，也可以强化空间的序列感。在表达空间动态时，由于光的强弱可以限定所在区域的空间动势，所以设计师可以通过调节光的强度以及照射角度与范围，在地铁站空间中创造出具有不同限定强度的区域。也可以通过线性空间中光样态的强弱规律变化确定引导的方向与空间的视觉走向，形成理性空间的先后秩序感，并最终表达出设计师所追求的空间动势，即空间的尺度、比例与主从关系（参见图 4.17）。

图 4.17　美国洛杉矶好莱坞地铁站的光样态动势表达

（照片来源：http://www.nphoto.net/news/2011-09/13/81e19673c937ee2d.shtml）

2）表现性的“光”样态

在地铁站的室内环境设计中，光样态不仅能够分隔和限定空间，还可以表现材料特性以及创造空间的艺术氛围。材料以其自身的特定质感与使用者形成互动交流，成为环境协调的重要因素之一，然而材料质感的表现必须依赖于光，失去了光，材料的效果便无从发挥。材料自身的许多重要特性如颜色、质感、纹理等，都需要通过光线的照射与反射作用来体现。各种不同的材料，即使是在相同的光照方式下，也会因为自身表面的质感不同而产生明显的差异性效果（参见图 4.18）；另一方面，即使是同一种材料，其表面肌理也会因为光与光照形式的影响，而表现出不同的视觉观感（参见图 4.19）。正如保罗·马兰兹

(Paul Marantz) 所说的："……我们将注意力集中在室内的空间感和材料的质感上。然后，如图画家使用画笔一般，我们用光来渲染空间界面和凸显物体材料质感。总而言之，我们就是要用光来将建筑的空间感及材料的美妙质感重点描画出来。"

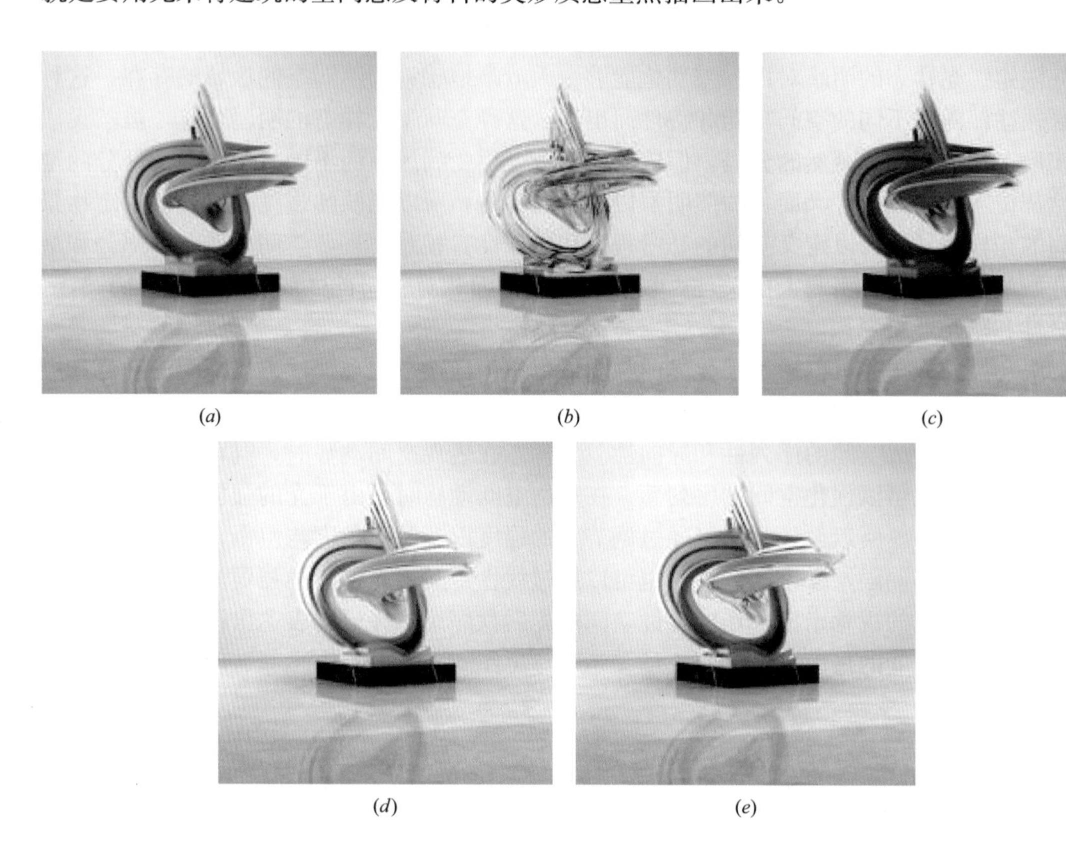

图 4.18　各种不同材料的质感差异

(a) 水泥 (Cement)；(b) 玻璃 (Glass)；(c) 木材 (Wood)；
(d) 大理石 (Marble)；(e) 金属 (Metal)
(图片来源：作者自绘)

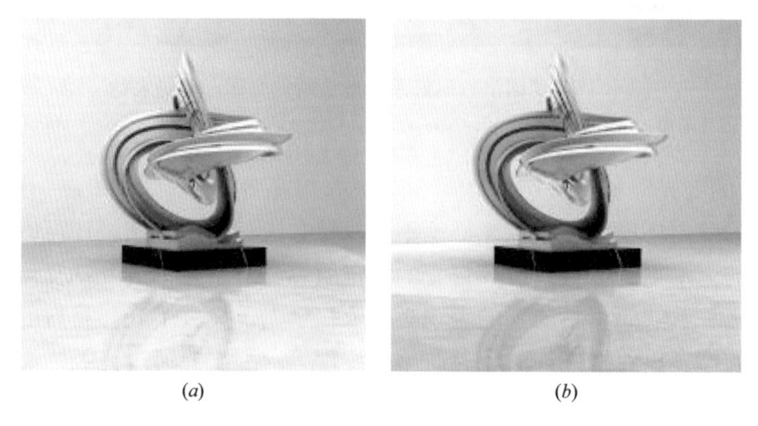

图 4.19　各种不同光照下的质感差异（一）

(a) 左前方光源；(b) 右前方光源

(c)　　　　(d)

图 4.19　各种不同光照下的质感差异（二）

(c) 下方光源；(d) 上方光源

（图片来源：作者自绘）

光线的反射方式和强度直接决定了材料的质感。每种材料都有其自身的质感特征，或细腻、或粗放、或光泽，因此合理配置室内环境中的光样态是表现材料质感的一种必要手段。那些著名的设计大师们，无一例外的都是光样态的表现高手，他们在设计中非常注重光与材料的有机结合，常用光来突出材料的个性，进而塑造出空间的独特艺术氛围。从路易斯·康（Louis Isadore Kahn）的设计作品中可以看到他“深深地关注着材料的表现和光的展示形式以及创造室内空间自然状态的方法”[216]。

材料本身有其独特的物理性能，就光样态而言，这些性能主要表现为反射、混合反射和折射三种。在室内环境设计中，除了玻璃类的透光材料外，其他绝大多数材料在质感表现上都是以反射为主，因此反射表达的材料特点是地铁站室内环境设计中最经常使用的光样态手法。每一种材料都有其独特的质感特性，在光线的照射下会产生各自不同的形式语言，所以说研究光对材料的质感表现，是突出表现材料视觉效果和室内空间艺术氛围的重要手段。

地铁站的许多表现质感的光样态都是以玻璃为载体进行的，因为玻璃具有透明和透光的特性，所以玻璃的质感表现也多从光的通透性入手。现代技术的应用使玻璃的特性得到了充分的发挥，利用玻璃的反射、折射和漫射，可以增大地铁站的空间感，甚至在地下空间环境中创造出虚幻的视觉效果。北京地铁 10 号线国贸站的出入口，就是利用玻璃这种光样态特殊性，借助于光的反射和折射传递镜面般的清晰景象，在巧妙利用自然光照的同时，更塑造出玲珑剔透的视觉效果（参见图 4.20）。

图 4.20　北京地铁国贸站出入口的光样态表达

（图片来源：作者自摄）

台北地铁的大安森林公园站也是利用自然光表现地铁站“光”样态的经典案例。整座地铁站位于台北市中心信义路下方，因紧邻大安森林公园而得名。地铁站南部为带景观瀑布的下沉式广场，与著名的大安森林公园自然过渡衔接（参见图 4.21）。下沉广场直接和地铁站售票大厅通过大面积的弧形玻璃幕墙相连接，不仅可以使车站借用户外公园的自然美景，还将阳光直接引入地铁站的内部，创造出了舒适宜人的地下空间（参见图 4.22）。每到周末休息日，许多观光游客会慕名前来，使大安森林公园地铁站成为当地的标志性建筑和最吸引人的旅游景点。

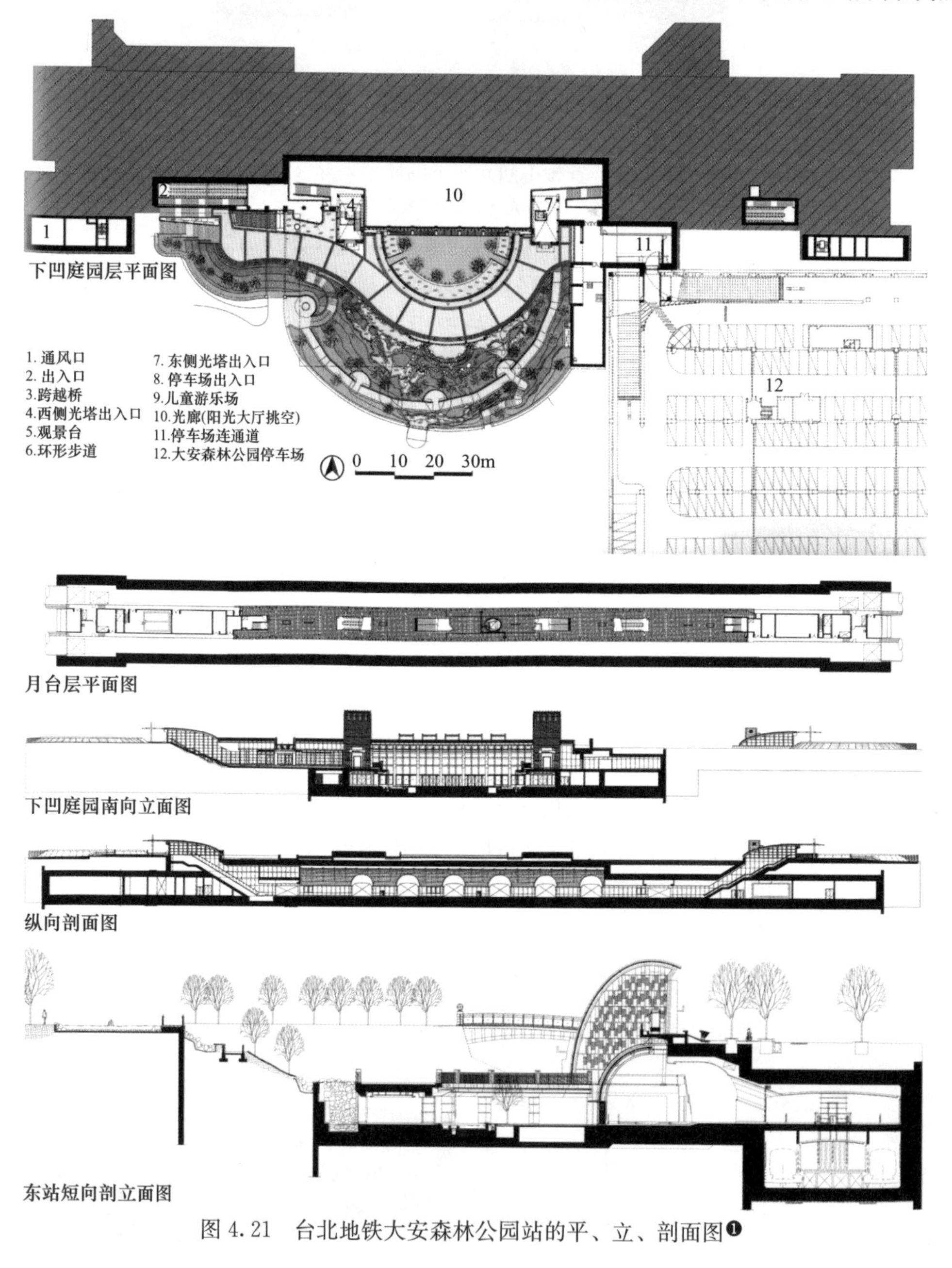

图 4.21 台北地铁大安森林公园站的平、立、剖面图❶

❶ 详见张哲夫建筑师事务所《台北捷运信义线大安森林公园站》，建筑师 2014 年版，第 58-59 页。

图 4.22　台北大安森林公园地铁站的光样态表达[1]

金属质感的表现主要依靠光线的反射作用来实现，不同表面肌理的金属可以形成不同的光质感。金属加工技术的现代化，特别是表面抛光技术和镀膜技术的提高，赋予了金属更多的质感表现。通过镜面镀膜处理的金属材料，其表面会形成不亚于玻璃的高反射，能够形成特有的质感效果。金属的抛光处理可以带来特殊观感的光样态，形成现代地铁站动感和未来感的空间氛围。相对于玻璃材料更方便的是，金属可以随意地进行弯曲加工，特别是在地铁通道内的曲面金属饰面，由于光样态的不规则反射作用，会展现出其他材料所不具备的特殊质感效果（参见图 4.23）。

图 4.23　地铁站中金属质感的光样态表达

（图片来源：作者自摄）

木材作为一种带有优美纹理的天然材料，在地铁站的室内环境设计中也很常见。但是由于绝大部分木材属于可燃的建筑装饰材料，防火等级不高，所以在地铁站这类公共空间装饰中不宜大面积使用。在木材的光样态表现上，大部分设计师都热衷于展现木材的天然优美纹理，并借此突出地铁站室内空间的亲和力和自然性。木材由于其加工方式和表面漆层的处理不同也会产生不同的质感效果。当前，许多设计师已经逐渐摒弃了木材表面高反射封闭漆的处理方式，开始追求更能够突出木材自然纹路和肌理的质感塑造，如腐蚀、露筋、漂流木、朽木感以及对木材的特殊染色处理手法等。

作为传统天然材料的石材在当代的地铁站室内环境设计中，也是一种常用的装饰材料。像木材一样，花岗石和大理石材料自身也有其天然的优美纹理，在光样态的质感表现时应该

---

[1] 详见张哲夫建筑师事务所《台北捷运信义线大安森林公园站》，建筑师 2014 年版，第 60 页。

对这一特性，给予充分的展现。现代的加工方式极大地拓展了石材的光样态表现形式，但同时也对石材的保养和处理提出了更高的要求。比如拉毛石材和特殊加工的粗糙石材表面相对于光洁表面更容易被污染，在实际的使用过程中，需要对其表面进行特殊的封闭处理。因此如何利用光样态的特征，对处理之后的石材纹理进行还原，就成为设计师需要思考的问题。

当前，越来越多的设计师开始将混凝土作为一种装饰材料在地铁站的室内设计中使用。由于混凝土材料自身并不具备天然材料的优美纹理，所以在质感表现时多借助于浇注的模具纹理和光照变化，增加其式样和质感层次。随着现代加工和成型能力的提高，混凝土已经被许多设计师直接当作一种新的室内装饰材料使用。伦敦地铁朱比利线上的金丝雀港（Canary Wharf）地铁站就是运用混凝土表现光样态的优秀范例（参见图 4.24）。设计师利用混凝土配合比的精细配置，使室内空间形成了均匀一致的视觉效果。入口顶棚的弧形玻璃，将自然光线引入地铁站内部，扶梯围栏金属材质的高反光与大面积混凝土的朴素质感形成强烈对比，使空间充满了现代感和时尚气息。

图 4.24　伦敦金丝雀港地铁站中混凝土质感的光样态表达

（图片来源：http://image.baidu.com/search/detail?ct=503316480；http://www.quanjing.com/share/fap-can-0002.html）

随着照明技术的发展和新材料的应用，将材料质感表现和光源设置相结合的光样态，必将成为未来室内环境设计的重要议题；将光与空间、光与质感相结合，建立综合性的光样态共生概念，必将成为地铁站室内空间环境设计的重要方向。

4.2.3　理性空间中的“色”样态

在地铁站的室内环境设计中，色彩并不会作为单一要素独立出现，而是通过多种形式，与物景空间的形态、材料、灯光等其他要素组合搭配出现。当我们的视线被地铁站的色彩所吸引时，色彩所表现的形象信息也一起被大脑接收，因此色样态在传递信息方面效率更高。“色”样态不仅仅是视觉上的不同颜色搭配，它还通过色彩心理影响人们对空间的感觉。色彩搭配的好坏会直接改变人们对空间物景环境的整体印象，当色样态吻合人的生理需要时，会令人产生一种愉悦感；反之，当色样态与人的生理需要相矛盾时，就会使人烦躁不安。

理性空间的色样态是指通过理性的分析，探索色彩带给人生理、心理等多方面的舒适感受，进而确定主色调的适合范围；再从色相对比、明度对比、纯度对比三个方面进行分析，找出适合所在空间的特定色彩搭配，列出相应的数据范围。需要注意的是，通过理性分析所得出的色样态只是理论上的适用色彩，它通常是一个可选择的色彩范围，而不是一种具体的色彩或色彩搭配，也并不一定刚好是所有人都喜欢的。因此在实际设计过程中，要具体问题具体分析，尽量在相应的数据范围中找出能够被绝大多数人所喜爱和接受的色样态。[217]

在地铁站的室内环境设计中，色彩的形状、面积、表面肌理等因素也会对色样态的表现效果产生较大的影响。理性空间的色样态基本设计原则与形样态一样，都是在多个相互矛盾的要素中寻求一种对立统一的平衡关系，以大多数人能够满意的色彩搭配为依据。例如借助色彩对比与调和的处理手法，增加人们对地铁站中色样态的识别和认知，便于有效信息的记忆和辨识，进而起到提升地铁站整体空间环境的作用。

1）识别性“色”样态

识别性的“色”样态主要是指室内空间中色样态的可辨认程度，通常情况下表现为在背景颜色之上的主体色彩的色样态识别状况。识别性的“色”样态受到室内环境中多种关联因素的影响，这些因素包括照明情况、主体色与背景色的反差、图形的复杂程度以及观察者位置等。在这些关联因素中，主体色和背景色的明度反差在色样态的识别中占主导地位。当然光照的强弱也会对色样态的识别产生作用，当光照太强或者太弱时色样态的识别都将受到影响；当光照强度合适时，主体色与背景色之间的色相、明度、纯度对比增强，色样态的识别度会相应提高（参见表4.2）。例如在绿色的黑板上写粉色的字会比蓝色的字更易于辨认，即粉色字在绿色黑板上的识别性会比蓝色字更高一些。由此可见，识别性的“色”样态对地铁站室内环境的信息传达，特别是标识导向系统的色彩选择具有十分重要的作用。

空间色彩组合的视觉认知识别性变化特征　　**表4.2**

视觉高认知拾取的色彩组合				视觉低认知拾取的色彩组合			
顺位	图底	图案		顺位	图底	图案	
↑视觉对色彩的认知拾取能力逐渐增强	黑	黄		视觉对色彩的认知拾取能力逐渐减弱↓	黑	蓝	
	黄	黑			绿	红	
	黑	白			红	紫	
	紫	黄			灰	绿	
	紫	白			紫	黑	
	蓝	白			黑	紫	
	绿	白			红	蓝	
	白	黑			红	绿	
	黄	绿			白	黄	
	黄	蓝			黄	白	

瑞典斯德哥尔摩的体育场（Stadion）地铁站就是运用识别性“色”样态的经典案例。体育场地铁站是斯德哥尔摩居民引以为傲的地铁站。车站的墙壁被装修成石灰石的样子，凹凸不平，看上去就像是地下的岩洞。在这些蓝色的石灰石上面，设计师别出心裁地用绚烂的彩虹色作为站台和出入口的指示，令人一眼就会看到，识别性非常强（参见图 4.25）。鲜艳的彩虹指示牌与蓝色的粗糙石壁相互映衬，令眼前呈现出一片色彩的盛宴，使人仿佛置身于艺术博物馆中流连忘返。

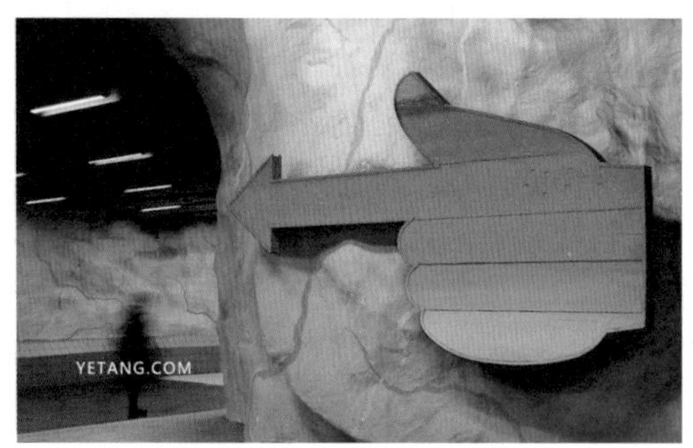

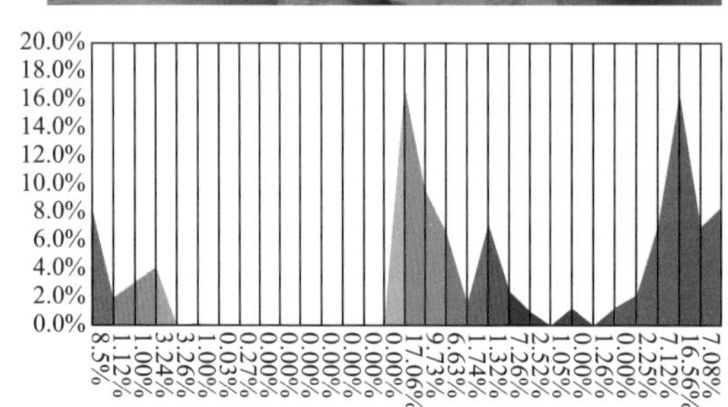

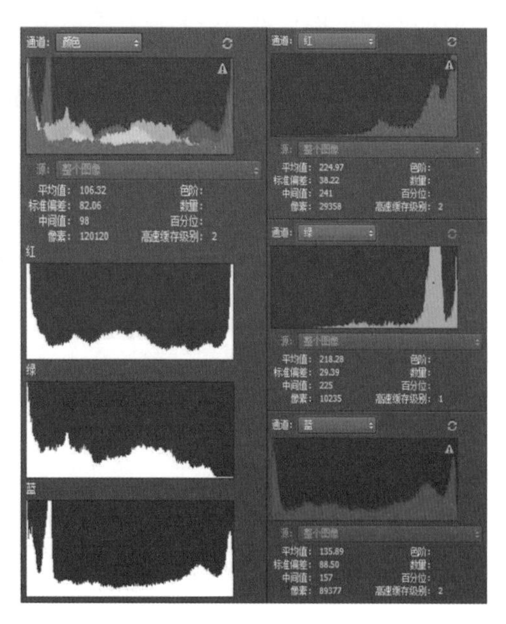

图 4.25　瑞典斯德哥尔摩的体育场地铁站的识别性色样态

（照片来源：http://mp.weixin.qq.com/s? biz=MzA3NTA4MDIxMw;分析图：作者自绘）

2）对比性“色”样态

“色”样态的设计原则与“形”样态的原则相似，都是在多个变化的要素中寻求一种对立统一的平衡关系。在室内环境中，“色”样态的表现效果既与其识别性有关，又和色彩之间的对比度有关。[218]

对比性的“色”样态主要是指基于色彩的三要素而产生的三种对比关系——分别为色相对比、明度对比和纯度对比。在“色”样态的应用过程中，这三种对比关系通常是以一种为主，其他两种作为辅助手段共同发挥作用。这些不同的对比决定了“色”样态的统一和多变的效果，可以在最大程度上满足人们的视觉审美需要。

色相对比主要是指以色相差别为主的对比，它包括同类色相对比、邻近色相对比、对比色相对比以及互补色相对比。同类色相对比是指在色相环上距离 15°以内的不同色彩之间的对比，其对比效果具有单纯、雅致、平静的特点，但有时也会显得单调平淡。邻近色相对比是指在色相环上距离 15°至 45°之间的不同色彩的对比，其效果显得生动活泼有生气。而对比色相对比是指在色相环上距离 90°至 120°之间的不同色彩的对比；互补色相对比是指在色相环上距离 180°左右的不同色彩之间的对比；这两种对比效果都非常强烈、刺激，当对比的两种色彩具有相同的明度和纯度时，对比的效果越发明显，而此时的这两种色彩越发接近补色关系（参见图 4.26）。

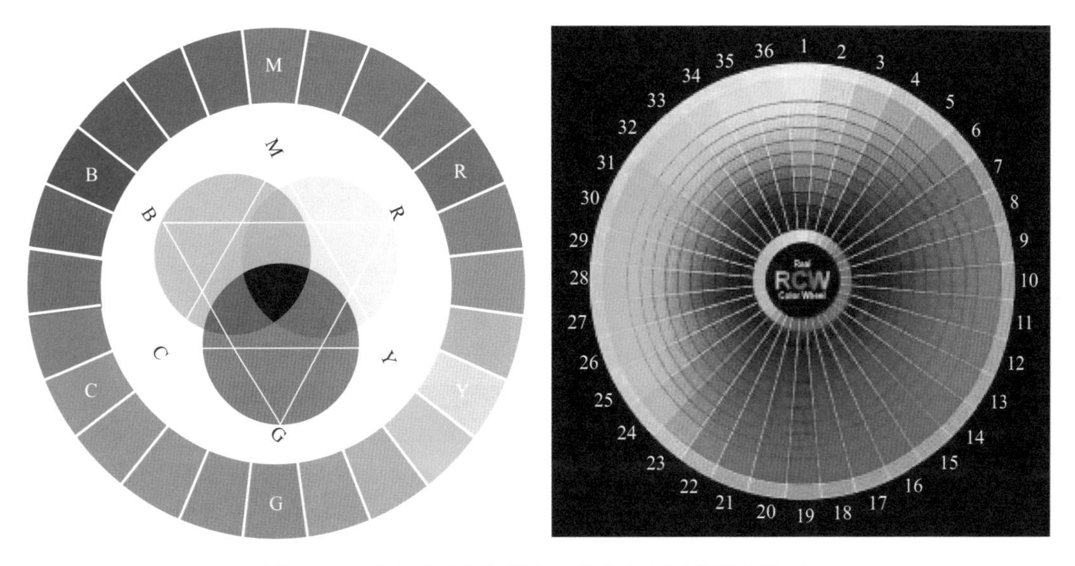

图 4.26　对比性“色”样态中的色相环（彩图见附页）

（图片来源：http://www.wzaobao.com/p/Q53DHI.html；http://news.cecb2b.com/info/20150422/3121356.shtml）

明度对比是指以色彩的明度差别为主的对比，它对于构成“色”样态的层次、体积和空间感有非常重要的作用。美国的绘画教授阿尔伯特·孟塞尔（Albert H. Munsell）曾设计出了一些很奇妙的小装置，比如孟塞尔色球仪（Munsell Color Sphere）——一个三维的色块立体图（参见图 4.27）。在孟塞尔色球仪中：水平环绕的色带代表色相；竖直方向的黑白轴代表明度；而色带离轴的距离就代表纯度；人们可以用它十分方便地选择出好看的色彩组合。在孟赛尔颜色系统中，明度有 9 个不同的级别。在黑、白两个极端色彩之外，孟赛尔把所有的色彩分为 3 个区间：低明度区、中明度区和高明度区。[249]低明度区的色彩基调比较暗，对突出局部区域作用较大，能够给人以较强的视觉冲击力，具有浑厚、强硬、沉重、神秘等寓意；中明度区的色彩基调适中，常被用于大面积的主体空间界面中，给人以质朴、素雅的感觉；而高明度区的色彩基调较亮，所以通常纯度较低，显色性比较差，能够给人带来轻快、明朗、纯洁的感觉。

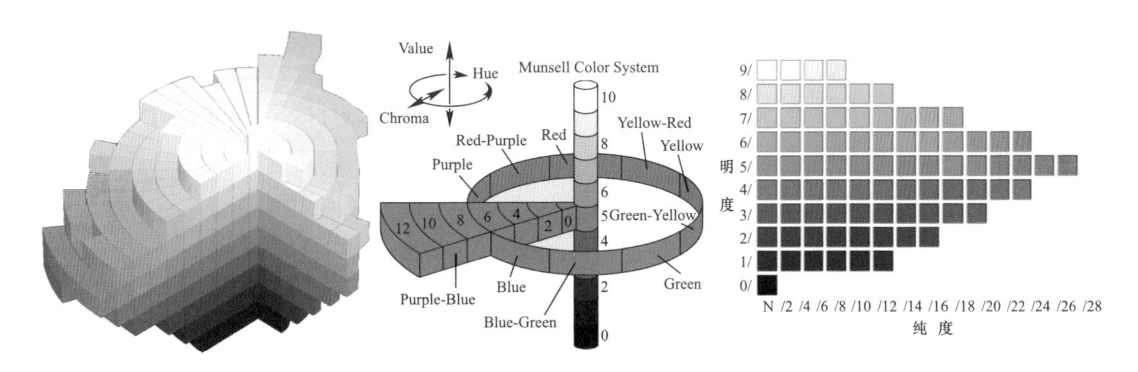

图 4.27　孟赛尔颜色系统

（图片来源：http://www.jaimetreadwell.com）

在孟塞尔颜色系统❶中，纯度有 12 个不同的级别，包括低纯度、中纯度和高纯度 3 个区间。色彩纯度的不同会使人产生多种视觉感受：或夸张、或简朴、或平稳、或单纯。实验证明，在实际的色彩运用中，明度对比的视觉效果要明显地高于色相对比和纯度对比。特别是色盲或者色弱的人群，色彩的色相和纯度差异就更加难以分辨，但是色彩的明度差异他们相对来说比较敏感。在选择地铁站信息板的颜色时，应尽量加大字体与背景色之间的明度差别，以超过 60%为宜。图 4.28 列举出了几种常用色彩的明度对比差，其中数值越大代表色彩间的明度对比越强烈，可识别度就越高。

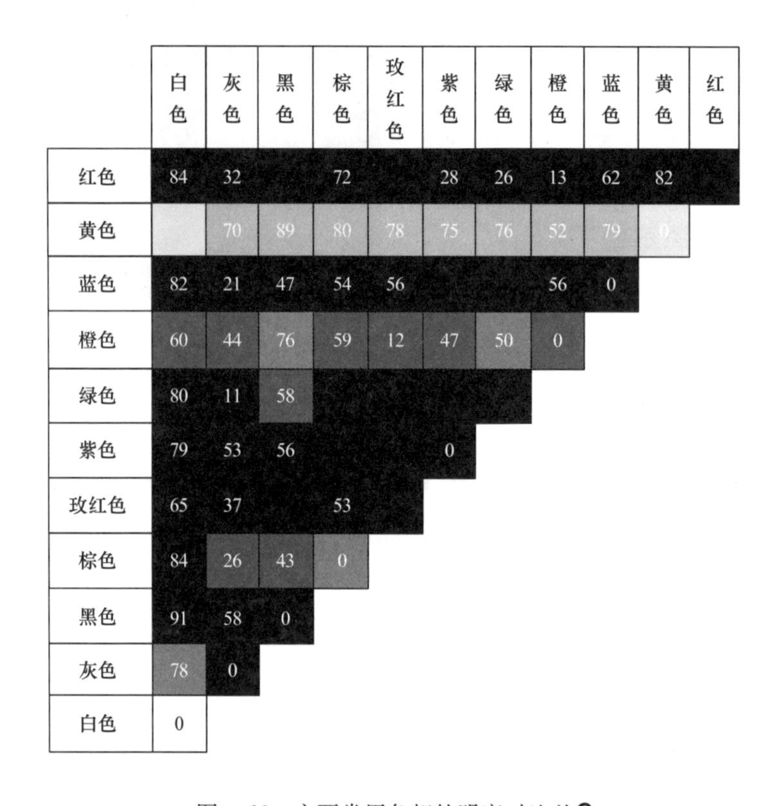

	白色	灰色	黑色	棕色	玫红色	紫色	绿色	橙色	蓝色	黄色	红色
红色	84	32		72		28	26	13	62	82	
黄色		70	89	80	78	75	76	52	79	0	
蓝色	82	21	47	54	56			56	0		
橙色	60	44	76	59	12	47	50	0			
绿色	80	11	58								
紫色	79	53	56			0					
玫红色	65	37		53							
棕色	84	26	43	0							
黑色	91	58	0								
灰色	78	0									
白色	0										

图 4.28　主要常用色相的明度对比差❷

德国慕尼黑的西墓园地铁站（Westfriedhof）就是运用色彩原理，塑造对比性“色”样态的案例。西墓园地铁站位于慕尼黑 U1 线路西行起始的第三站，也是 U7 线路的下行起始站。该站最早于 1998 年落成，当时的车站装饰十分普通，3 年后的 2001 年，西墓园站进行了内部改造，设计师在站台上装饰了 11 个巨大的圆顶照明灯。这些类似 UFO 的照明灯具设计，采用不同的色彩进行处理：顶部的泛光灯向周围空间投射出蓝色光，造就了站台空间的整体蓝色基调；而圆形灯罩内部则安装了橙色暖光，向下部站台地面投射出橘黄色光晕，即使在寒冷的冬季也能带给人们一丝温暖（参见图 4.29）。经过这一创造性的

❶　孟塞尔颜色系统：A. H. 孟塞尔根据颜色的视觉特点制定的颜色分类和标定系统。它用一个类似球体的模型，把各种表面色的 3 种基本特性：色调、明度、饱和度全部表示出来。立体模型中的每一部位都代表一种特定的颜色，并都有一个标号。

❷　图片来源：黄晓红《色彩在地铁换乘空间设计中的应用》，苏州大学，2012 年版，第 21 页。

装饰，西墓园地铁站的色彩绚丽夺目，其对比“色”样态也自然而然地脱颖而出，整个车站空间顿时焕然一新，重新绽放光彩。适度的对比“色”样态加上宜人的比例尺度令西墓园地铁站深受喜爱，为穿行其间的世界各地乘客提供了极大的便利。

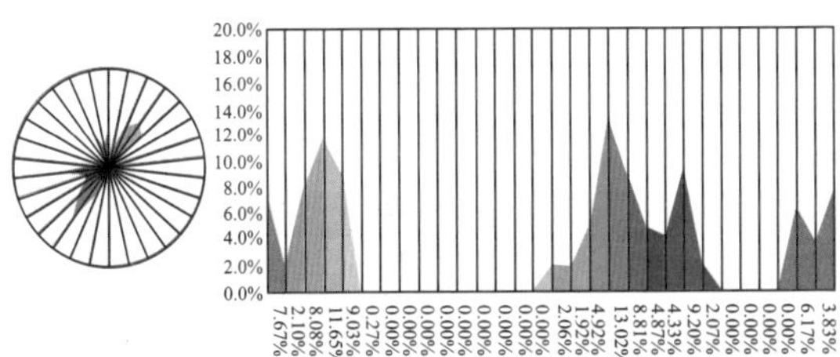

图 4.29　德国慕尼黑的西墓园地铁站的对比性色样态

（照片来源：http://www.hiwiyi.com/tour_info/view-156843.html；分析图：作者自绘）

3）调和性“色”样态

调和性的“色”样态是指物景空间中不同的色彩，通过规律性的排列，形成一致的色彩组合样态。[220]在地铁站室内空间环境的色彩设计中，调和性“色”样态通常可以分为同一调和以及类似调和两种。

同一调和可分为单性同一调和与双性同一调和两类。单性同一调和是指在色相、明度、纯度三种属性中只有一种要素完全相同，而变化其他要素。[221]双性同一调和是指在三种属性中有两种完全相同，仅仅变化另外一种要素。同一调和是相对简便的“色”样态调和手段，其根本作用是发掘空间中各种色彩的共性因素，使其达到和谐统一，共性因素越多，室内环境中“色”样态的调和效果就越明显。与同一调和的手法非常相似，类似调和就是选用相似或相近的色彩组合在一起，让整个画面的颜色以一个色系为主，使之看起来柔和舒适，避免过于强烈刺眼的色彩对比出现，从而达到调和空间色样态的目的。

在地铁站室内空间环境的色彩塑造过程中，调和性的“色”样态是一种常用的设计手法。这种“色”样态的表现手法追求的是一种整体统一中的细微差异，这使得它具有独特的表现力，不但可以令乘客感觉更加舒适，而且对地铁线路间的快速识别作用很大。伦敦地铁的北格林威治车站就是运用调和性“色”样态的经典案例，设计师通过各种深浅不同、明暗不同、冷暖不同的蓝色，在统一中寻求变化，对车站的时尚与现代进行了完美的诠释。

北格林威治（North Greenwich）地铁站是朱比利线（Jubilee）上最大的车站，也是伦敦地铁发展史上最华丽的一章。它位于伦敦东二区格林威治半岛上，千禧年村庄（the Millennium Village，是2012年伦敦奥运会的分会场）的旁边。整个地铁站造价约1.1亿英镑，分上下两层，是一个长380m，宽25m，深22m的长方体。它和地上部分的汽车站一起，共同构成了伦敦东部的交通枢纽——北格林威治站。地铁、公共汽车和长途客车在此交汇，极大地方便了乘客的出行。由于地上是大型汽车站的原因，北格林威治地铁站没有利用自然采光，所有的照明系统都是人工照明。尽管如此，它那蓝色的灯光，粗犷而倾斜的桁架和简洁通透的空间设计，还是给人留下了深刻的印象。

售票大厅位于北格林威治地铁站上层的西部，接近入口处的电动扶梯。地铁站最初的设计理念，是要建一个开放式的车站，让旅客能够沿着中部的景观通道，直接进入售票大厅。所以在大厅设计的最初，就放弃了阻碍视线的钢筋水泥横梁，采用一种全新的“剪切覆盖方案”（cut and cover solution），创造了一个通透的空间，使人在其中没有丝毫的封闭感（参见图4.30）。车站内部两排巨大的椭圆形混凝土桁架，更是功能与形式的完美结合。在支撑整个建筑的同时，其V字形的倾斜结构，也给人留下了深刻的印象。桁架表面镶贴的钴蓝色马赛克，和深蓝色的墙面一起，奠定了整个地铁站的蓝色基调（参见图4.31）。

图4.30　北格林威治地铁站的售票大厅
（图片来源：作者自摄）

从售票大厅往东，经过自动验票门，就来到了宽阔的车站主通道。设计师威尔·奥尔索普（Will Alsop）通过对顶部弓形条状天棚的重复排列，增加了空间的延长感。而通道两侧的不锈钢支架和自动扶梯更增添视觉上的丰富性。南部扶梯旁的深蓝色玻璃幕墙和钴蓝色的桁架相呼应，进一步突出了整个车站的蓝色主题。

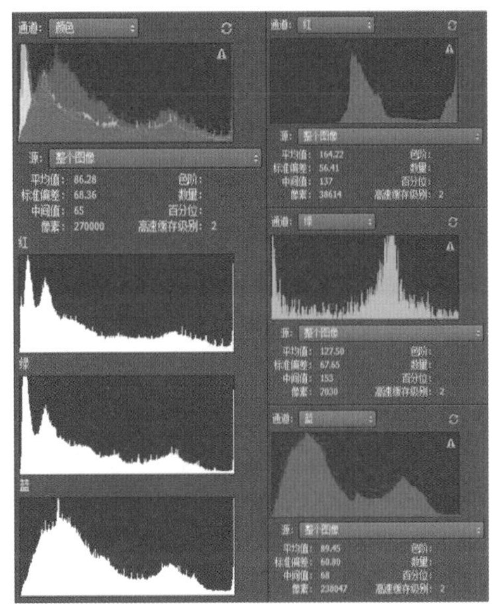
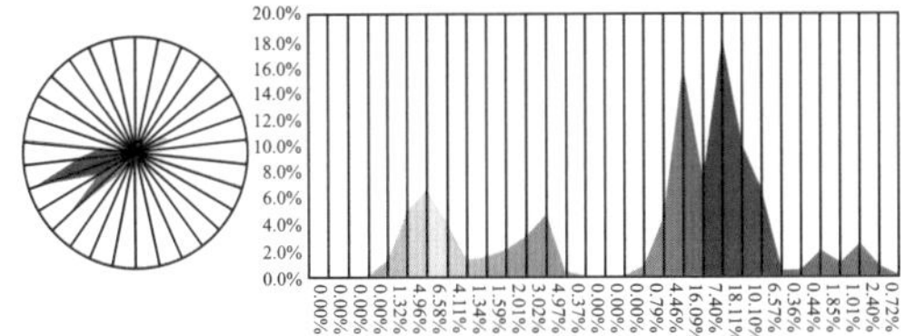

图 4.31　北格林威治地铁站的站台层色彩分析
（照片来源：作者自摄；分析图：作者自绘）

北格林威治地铁站的细部设计也同样值得称道。比如玻璃幕墙上的白钢连接构件，全部采用插接固定工艺，使整个幕墙看起来非常光滑平整。再如主通道玻璃扶手上的橘黄色装饰带，一方面提示旅客注意安全，另一方面还与桁柱上的橘黄色装饰相呼应，增加了整个调和性“色”样态空间的色彩趣味性。

4.3　地铁站的“感性”空间样态特性

地铁站的室内空间样态按照乘客的需求可以分为两大类：一类是与满足乘客的基本出行需要相联系的，我们称之为“理性”空间样态；还有一类是在乘客基本出行满足之外，针对心理和精神上满足的、象征性的空间样态，我们称其为“感性”空间样态。所谓的“感性”样态指的是在地铁站的室内环境设计中以人的“直观感受”作为重要衡量标准，空间样态的设计更多地呈现出一种“随意”性，表现在视觉观感上，常呈现出动态的平衡状态。本书的上一节已经从形、光、色三个方面分析了地铁站的“理性”空间样态的设计，为了便于研究物景空间样态的基本特征，本节也将从形、光、色三个方面对地铁站的“感性”空间样态加以论述。

4.3.1　感性空间中的“形”样态

在地铁站的室内空间环境中，不同的样态具有不同的性格表现特征。与理性空间代表的端正、平稳、肃穆、庄重的氛围不同；感性空间中的“形”样态表现力更加丰富，常会给人以随意、自然、流畅的感觉。当然，感性空间的“形”样态也可以细分成“流动”样态、“拓扑”样态、“仿生”样态和“主题”样态四种。“流动”样态给人自由、流通和爽朗的气氛；[252]“拓扑”样态是神秘、隔世、静谧的写照；“仿生”样态则往往给人以亲切和温馨的感觉；而“主题”样态则令人倍感震撼和向往。

1）“流动”形样态

“流动”形样态的表现主要以曲线特别是自由曲线为主，它是自然界中最为常见的一种形态。人类对“流动”样态具有一种本能的喜爱，有人曾做过一项实验：在没有任何规定条件和暗示的情况下，80％以上的人随手画出的图形都是“流动”形曲线。“流动”形样态相对于“几何形”样态而言具有更加丰富的表情，空间线条更加流畅而富有运动感和节奏感，但是相对而言它的比例、尺度较难把握。

由于“流动”形样态具有复杂、自由、多变的特性，所以其自身具有非常广泛的自由度，更加适合塑造和表现复杂性的空间样态。“流动”性曲线本身的随意特性，使它在生成复杂性的空间样态时具有先天的非凡潜力，充分掌握这种特性，并将其灵活运用到地铁站的室内环境设计中，可以创造出具有强烈动感、超现实力度感和生命力的标志性地铁站室内空间样态。

意大利那不勒斯（Naples）1号线的托雷多地铁站（Toledo），就将“流动”形样态展现得淋漓尽致。托雷多地铁站是那不勒斯市政府承诺市民的“艺术车站项目”之一，艺术车站项目聘请了全世界一百位著名艺术家专门给那不勒斯市地铁车站设计方案。托雷多地铁站完工于2012年，是那不勒斯地铁1号线上的第16站，由西班牙设计师奥斯卡·布兰卡（Óscar Tusquets Blanca）设计。他把地下50m的托雷多地铁站，变成了璀璨的星空，又如月光下波光粼粼的奇妙海面，充满了“流动”形样态的独特魅力。

托雷多地铁站内部的墙面和地面全部覆盖了一层深浅不一的蓝色马赛克。它的圆顶好似一个浩瀚的海洋，柔和的光线，巨大的蓝色水滴，美轮美奂。车站的设计主题是“光与水”。入口处的LED灯与马赛克墙面交相辉映，犹如星光下的大海，配合墙壁上自由曲线的造型，展现出一种流动的效果，宛如小说中的童话世界，壮观、璀璨、令人惊叹（参见图4.32）。正是这大胆而奇妙的设计构思为托雷多地铁站赢得了广泛赞誉，英国《每日电讯》称其为“欧洲最美地铁站”，而美国的CNN更是称它为“世界最美地铁站”。

图4.32　意大利托雷多地铁站的流动形样态

（照片来源：http://blog.zhulong.com/blog/detail4518850.html）

2）“拓扑”形样态

拓扑学（topology）是混沌学的一个分支，最早产生于18世纪，主要研究各种“空间”在连续性的变化下不变的性质。“拓扑”样态在建筑空间上表现为相关性、连续性、模糊性与流变性；表现在室内设计领域，其研究的范围主要涵盖：接近、分离、断裂、连续、内部、外部和边界等。拓扑学中关于莫比乌斯环（参见图4.33）和克莱因瓶（参见图4.34）的研究为人工复杂空间的塑造提供了新的可能。正如美国建筑师格雷戈·林恩所说的那样：“我因这个工具而兴奋，因为它能让许多小型构件组合形成大尺度的单向面，也可以通过增加细微的元素形成更大的面积……”。[223]

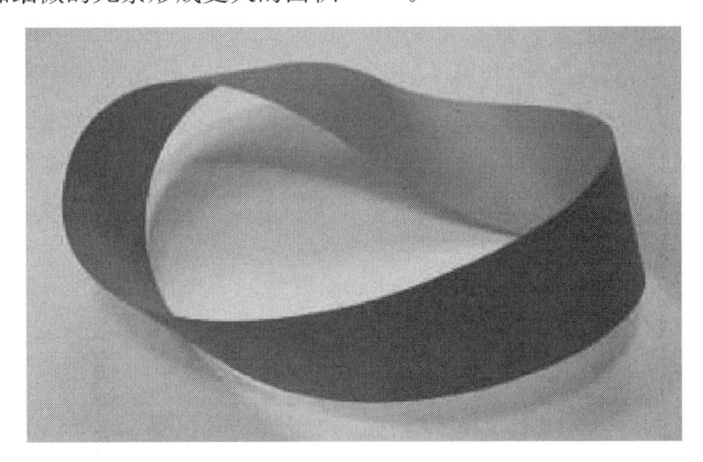

图4.33　莫比乌斯环

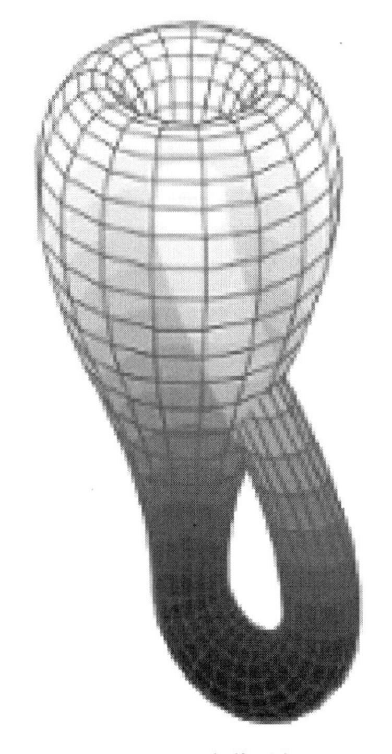

图4.34　克莱因瓶

（图4.33、图4.34图片来源：http://www.acfun.tv/v/ac536190；http://www.shicuojue.com/portal.php?mod=view&aid=430）

在地铁站室内环境设计领域，“拓扑”形样态也占有重要的地位。它能够用界面的扭转变化表达空间的隐晦性，为塑造复杂的地铁站室内环境提供了新的视角。西班牙巴塞罗那的垂叁斯（Drassanes）地铁站的室内改造设计，就是通过对空间界面的连续流动处理，塑造出“拓扑”样态的新潮与前卫。[224]

垂叁斯（Drassanes）地铁站位于巴塞罗那维尔（Vell）港，最早建于1968年，并于2007年进行了二次改建。与新建地铁站不同，对旧地铁站进行改造无疑将更加考验设计师的功力，因为改造项目的空间限制因素更多，进行二次划分的困难更大。为了加快施工进度，降低改建工作的难度，ON-A❶ 的两位青年设计师爱德华多·蒙内（Eduardo Gutiérrez Munné）和霍尔迪·费尔南德斯·里奥（Jordi Fernández Río）大胆地将“拓扑”样态的连续流动界面概念引入地铁站的室内设计，并采用与地铁车厢相同的材料和颜色设计地铁站台，在增加趣味性的同时，更有效降低了地下环境的压抑感。

垂叁斯地铁站在改造过程中非常注意对各个界面流线的衔接。通道和站台均用白色饰面板进行包裹处理，模拟巴塞罗那地铁车厢的内部环境，将天花、墙壁、地面等各个界面进行无缝拼接，形成了类似莫比乌斯环的空间界面连续扭转与变化。在空间造型方面，设计师也进行了大胆的尝试，故意将站台上的隔离墙做成了地铁列车的造型；在通道的转折和楼梯处，则用红色线条提醒人们注意空间变化，这些艳丽的连续条带搭配白色的光滑墙面以及彩色的指示牌，使空间呈现出“拓扑”样态特有的新潮前卫之感（参见图4.35）。

图4.35　西班牙垂叁斯地铁站的拓扑形样态

（图片来源：http://travel.taiwan.cn/intw/201501/t20150122_8785826.htm；http://tieba.baidu.com/p/3390398520）

当然垂叁斯地铁站的室内环境能够表现出“拓扑”样态的特有效果，其多样性的材料选择也功不可没。设计师在对饰面材料的选择上不但考虑了“拓扑”的形样态，也考虑了使用时的舒适性。所有车站内的白色墙体饰面均采用了玻璃纤维混凝土材料，虽然其质感与普通混凝土区别不大，但是重量却仅是后者的1/5，同时还可以有效防止由于地铁列车振动所带来的墙体开裂。墙面材料呈弧形自然延续到地面与顶棚，这种衔接不但使之更像一体成型的地铁车厢，还减少了锐角的出现，更利于后期的清洁与保养。玻璃纤维混凝土可以遮挡车站旧有的线路设备，使整体空间形象更加连续、别致、便捷、通达。需要指出的是，垂叁斯地铁站在整个设计过程中还利用了参数化的设计手法，在保持“拓扑”样态

❶ ON-A是由爱德华多·蒙内和霍尔迪·费尔南德斯创立于2005年的建筑设计公司。该公司的设计理念注重对线条的理解和个性化，利用新技术手段追求应用型创新设计。

流畅造型的基础上缩短了建设周期，提高了建设安装效率。

3）“仿生”形样态

“仿生”形样态是指在设计时有意识地模仿自然界中所存在的生物形态。这些生物形态在亿万年的优胜劣汰进化过程中，能够保存下来，本身就证明了其存在的合理性和必然性。研究这些自然界中的生物形态，将相对合理的“生物样态”提取出来，可以为地铁站的室内环境设计提供全新的参照。生物在经历了亿万年的进化、繁殖、遗传之后，其形态的种类数不胜数。目前，世界上的有机生物主要包括动物、植物、真菌和细菌4种。其中动物有近一百万种，植物种类也超过五十万，它们都是将形式和功能完美结合的有机体。这些生物有机体在进行新陈代谢的同时，还要通过自身的骨骼和肌肉等机体组织承受和对抗外界的压力，以保证各自重要器官的生命运转，所以模仿其生物形态对完善地铁站室内设计结构具有一定的参考价值。

“仿生”形样态的特点是将设计和生物学两者有机结合。但是室内设计毕竟是建造人工环境，要以人的需求为中心，并非完全照搬自然原始形态。奥地利生物学家贝塔朗菲（Bertalanffy Ludwig von）[1] 所提出的系统论方法对建构“仿生”形样态具有一定的参考作用。系统分析法是一种用科学方法解决复杂问题的有效方式，它坚持考虑事物的可变因素，全面整体地分析问题，对地铁站空间的“仿生”样态塑造意义重大。日本东京的饭田桥（Iidabashi）地铁站、瑞典斯德哥尔摩的中央火车站地铁站、西班牙巴塞罗那的里凯（Liceu）地铁站都是运用系统论的方法，在地铁站设计中诠释“仿生”形样态的经典案例。

日本东京地铁是世界上最繁忙的地铁系统之一，而位于东京大江户线上的饭田桥地铁站是所在线路上最大的地铁车站系统。该站建于2000年，因其出入口周围建筑密布，很难突出地铁站的特色，所以本土建筑师渡边诚（Makoto Sei Watanabe）为其设计了一个奇特的风翼造型出入口（参见图4.36）。饭田桥地铁站的出入口由多个大小不一的椭圆形风翼堆叠而成。尽管每个风翼的造型都不完全相同，但是它们的材料却非常统一，都是由

图4.36　日本东京饭田桥地铁站出入口的仿生形样态

（照片来源：http://www.leyou78.com/group/28-2891/；http://www.ditiezu.com/thread-63873-2-1.html）

[1] 贝塔朗菲（Bertalanffy Ludwig von，1901-1972），美籍奥地利生物学家，一般系统论和理论生物学创始人，20世纪50年代提出抗体系统论以及生物学和物理学中的系统论，并倡导系统、整体和计算机数学建模方法和把生物看作开放系统研究的概念，奠基了生态系统、器官系统等层次的系统生物学研究。

玻璃、弧形钢板以及圆形钢管组合而成。这些造型奇特的风翼是典型的现代“仿生”样态，既像是某种昆虫的翅膀，又像是植物的根茎和叶子；其形态在整体中蕴含着变化，在组织层次中蕴含着节奏和突变，将地铁站出入口的实用性和美观性有机地结合（参见图 4.37；图 4.38）。正是这种运用“仿生”样态设计的出入口，使饭田桥地铁站即使在地铁密布的日本，也特色鲜明、独树一帜，成为东京地区的标志性地铁建筑。

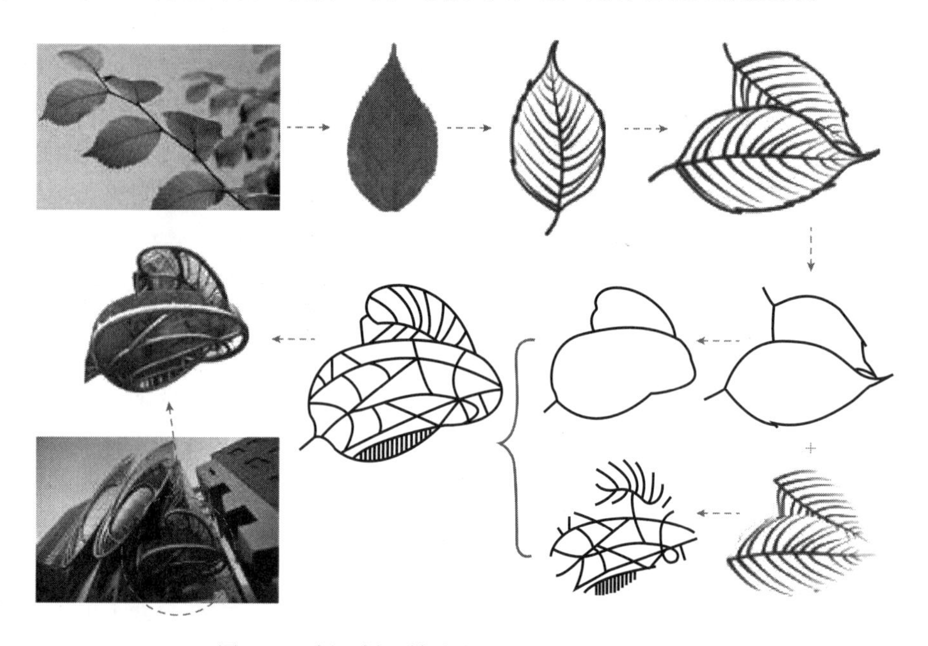

图 4.37　饭田桥地铁站出入口的植物仿生形样态
（图片来源：作者自绘）

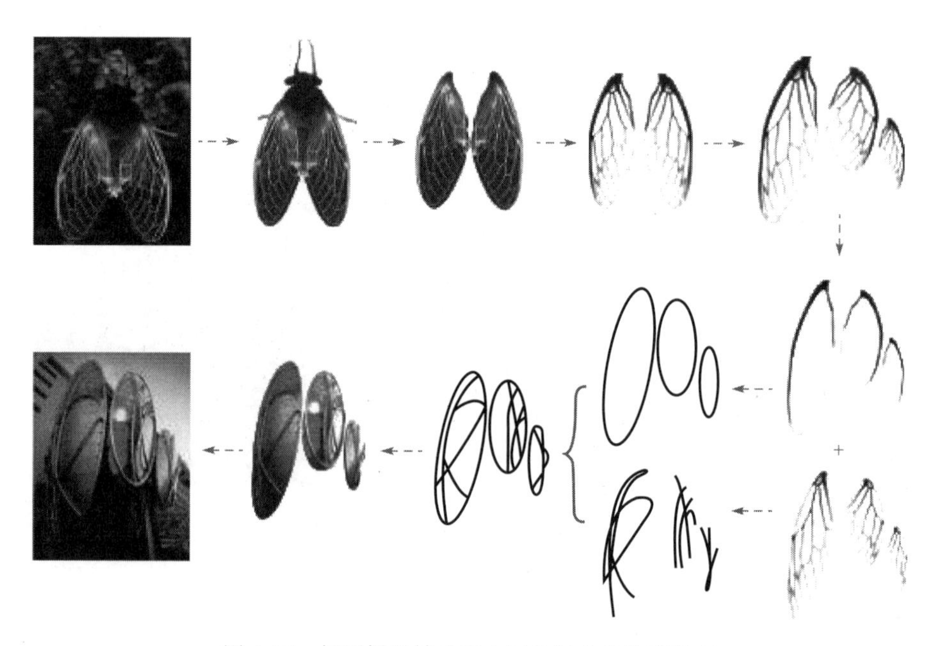

图 4.38　饭田桥地铁站出入口的昆虫仿生形样态
（图片来源：作者自绘）

瑞典斯德哥尔摩的中央火车站地铁站和西班牙巴塞罗那的里凯地铁站也是将“仿生”样态运用在地铁站室内设计中的经典案例。它们都同样是将植物的枝叶运用在了地铁站的室内环境设计表现中。所不同的是斯德哥尔摩的中央火车站地铁站是将植物的枝叶直接画在了开凿后的顶棚和岩壁上（参见图 4.39）；而西班牙巴塞罗那的里凯地铁站则是将植物的枝叶和花朵印在了灯箱片上，配合带有站名的照明，为地铁站的昏暗环境带来了一抹清新的气息（参见图 4.40）。

图 4.39 斯德哥尔摩地铁站的仿生形样态

图 4.40 巴塞罗那里凯地铁站的仿生形样态

（图片来源：http://www.leyou78.com/group/28-2891/；http://blog.sina.com.cn/s/blog_7814e6cd0100qxaa.html）

4）“主题”形样态

所谓的“主题”形样态是指在地铁站的室内环境设计中不拘泥于某种具体的样态形式，而是围绕一个或多个特定的“主题”进行有意识的样态创造。由于每个地铁站的预设“主题”千差万别，所以“主题”形样态通常会带给设计师更大的自由发挥空间。相对于前文所讨论的其他种类的感性空间样态（流动样态、拓扑样态、仿生样态）而言，“主题”形样态的形态跨度更大，自由性更强。

由于“主题”形样态具有形态多变自由的特点，所以“主题”形样态在地铁站的室内环境设计中的应用十分广泛。绝大多数的地铁站都建在地面以下，其室内空间环境在自然采光和通风等方面具有先天的不足，因此灵活运用“主题”形样态，通过强烈的动感和超现实的“主题”分散使用者的主观兴趣中心，成为塑造地铁站特色室内空间样态的不二选择。法国巴黎的工艺美术博物馆（Arts et Métiers）地铁站就是通过塑造“主题”形样态，使室内环境达到令人耳目一新的独特效果。

巴黎的工艺美术博物馆地铁站始建于 1904 年，并于 1994 年进行二次翻修，因紧邻巴黎工艺美术博物馆而得名。该车站的设计师是以漫画作品而出名的弗朗索瓦·史奇顿（François Schuiten），他的设计灵感来源于法国著名的科幻小说大师儒勒·凡尔纳（Jules Gabriel Verne）的作品——《海底两万里》。整个工艺美术博物馆地铁站的室内设计仿制了早期的潜水艇内部空间，塑造出了蒸汽时代的“朋克”主题。圆弧形的墙壁上充满了圆形的舷窗和成排的铆钉装饰，配上暗红色的金属涂料和暖色灯光，以及偶尔出现的巨大齿轮，使人仿佛置身于海底世界的科幻旅行之中（参见图 4.41）。

4.3.2 感性空间中的“光”样态

与“形”样态一样，“光”样态也是塑造感性地铁站空间环境的重要元素。“光”样态

图 4.41　法国巴黎工艺美术博物馆地铁站的主题形样态
（图片来源：http://jasrecord.tuchong.com/6951741/）

的特点是随着被照物体的材质、色彩和造型的不同，会呈现出动态的、多维的流动性变化，这些变化正是塑造特殊空间的必要手段。正如著名建筑师扎哈·哈迪德（Zaha Hadid）所说："随意性的思想，流动的平面，破碎的平面皆在于对空间问题的探索——人们如何使用空间，如何创造空间，[225]最后得出的重心在于特殊空间的挖掘。"[226]地铁站也是特殊空间的一种。由于绝大多数地铁站都处于地面以下，利用自然光的条件有限，容易对乘客的心理造成负面影响，因此在进行地铁站室内环境设计时，[227]更应注重光样态的塑造与表现，并以此作为设计的基本依据之一。

感性空间中各种不同空间效果的塑造都离不开光，没有光的存在物景便失去了基本的功能与视觉意义。在地铁站的室内照明设计中，灯光仅仅是一种工具，"光"样态才是表现的"主角"。特别是在感性空间的表现上，"光"样态因其特殊的表现手段更适合于营造出自由而流动的视觉效果。结合上述这些认识，感性空间中的"光"样态可以分为："自然"光样态、"混合"光样态、"流动"光样态、"拓扑"光样态、"仿生"光样态以及"主题"光样态，下面将对这六种不同的"光"样态进行详细讨论。

1）"自然"光样态

"自然"光样态是指依靠自然采光为主的地铁站室内空间样态。这里的自然光主要是指太阳光，它是自然界中最大的光源，也是一种变化多端的光源。太阳光会随着时间、地点、季节、天气、角度等因素而变化，由于变化因素多，所以"自然"光样态的表现也非常丰富。人类自古以来就有追求光明的传统，总是深情而诗意地将自然光视为上苍的恩赐。而绝大多数的地铁站都处于地下，因此充分有效地利用好自然光，对设计师而言无疑变成了一种充满挑战的工作。慕尼黑地铁的圣克维林广场站就是将自然光引入地铁站室内空间的有益尝试。

德国慕尼黑的圣克维林广场（St. Quirin Platz）地铁站简称 SQ 车站，由布鲁赫曼和盖普兰特（Büro Hermann＋Öttl geplant）设计，并于 1997 年 11 月 9 日正式开通。该地铁站最大的特色在于外部建筑刚好处于两个土丘之间，所以车站的地上部分全部由玻璃和弧形钢架组合而成，使建筑外观看起来像是一个透明的贝壳。这种玻璃和钢结构的设计既满足了乘客的审美要求，又因地制宜地降低了成本。圣克维林广场站的内部墙壁，都是未经处理的原始混凝土柱子，这种粗糙的墙体与玻璃的光滑通透在视觉上形成强烈反差。在天气晴朗的时候，阳光可以透过大面积的玻璃天窗，直接照射到地铁站内的站台上，在减少地铁照明用电的同时，还将室外的景色引入室内，增加了车站内部空间的可视区域（参见图 4.42）。

图 4.42 慕尼黑圣克维林广场地铁站的自然光样态

（图片来源：http://www.zhongguosyzs.com/news/26478510-1.html）

2）“混合”光样态

“混合”光样态是指将自然或人造的多种颜色的光源在地铁站的空间中进行“混合”，从而形成类似于彩虹般的色彩斑斓的光样态效果。因为这种多色彩的混合光线很容易吸引人的视觉注意，形成空间中的视觉焦点，所以往往会出现在地铁站空间的重要位置。这些“混合”的光线既构成了空间的主角，也同时对空间的光样态形成了一定的控制，从而达到影响乘客心理状态的作用。就像日本建筑师渊上正幸在其著作《世界建筑师的思想和作品》中所说的那样：“……至少对我来说，我可以（用它）做任何我想做的事。”[228]

加拿大蒙特利尔的彩虹地铁站和土耳其伊斯坦布尔的莱万特（Levante）地铁站，就是分别利用自然光源和人造光源塑造“混合”光样态的经典设计。蒙特利尔的彩虹站位于地铁一号线的延伸线上，建于 20 世纪 90 年代后期，其地上部分是魁北克万国会展中心的一部分。此建筑大面积使用了彩色玻璃面板，外墙由钢架和 332 块彩色玻璃组成。在天气晴朗时，阳光透过七彩的玻璃墙面倾泻而下，在室内墙壁和地面上形成一个个明亮而艳丽的彩色光斑，宛若彩虹，彩虹站的站名也由此而来（参见图 4.43）。莱万特地铁站位于土耳其伊斯坦布尔的市中心，是 2015 年 4 月新开通的从市中心到海峡大学的 M6 地铁线的始发站。莱万特地铁站的室内设计也借鉴了彩虹的元素，用人造灯光模仿出色彩绚丽的装饰效果，使其成为伊斯坦布尔地铁中一道美丽的风景（参见图 4.44）。

图 4.43　蒙特利尔彩虹地铁站的自然光源混合样态

（图片来源：http：//gz. house. sina. com. cn/news/2015-07-30/0648603229042656704 9468. shtml）

图 4.44　伊斯坦布尔莱万特地铁站的人造光源混合样态

（图片来源：邯郸日报数字报 2015 年 5 月 19 日）

3）“流动”光样态

“流动”光样态是指地铁站的光源会随着时间的变化或者列车的移动而改变，形成变化多端的动态效果。随着科技的进步和生产成本的降低，如今大量新建成的地铁站已经用 LED 光源替代了荧光灯。因为 LED 光源具有体积小、节能、易变色的特点，所以非常适合塑造“流动”光样态。上海外滩的观光隧道以及无锡地铁的三阳广场站就是利用 LED 光源创造地铁站“流动”光样态的有益尝试。

外滩观光隧道位于上海市著名景点外滩的黄浦江下，全长 646.70m，于 2000 年 10 月开通。外滩观光隧道是全自动无人驾驶、索引式封闭车厢的越江隧道，首次创造性地将大型声光电、多媒体、光导材料、激光等先进技术引入隧道，营造出别具风格的效果。隧道内专门设计了两套不同的照明系统：普通交通照明和旅游景观照明。在游客观光时，隧道运用现代高科技手段，配合不断变幻的动态光源，投射出丰富多彩的图案，搭配特殊的背景音乐，营造出带有极强趣味性和刺激性的“流动”光样态效果，给乘客以全新的视觉体验（参见图 4.45）。

无锡地铁 1、2 号线换乘站——三阳广场站也是利用 LED 光源塑造地铁站“流动”光样态的经典设计。三阳广场站位于无锡中山路商圈，是无锡市最重要的商业中心和交通枢纽，也是目前我国最大的地铁车站。车站总建筑面积约 6.2 万 m^2，共设置 27 个出入口，其中 14 个为直出地面的出入口，另外 13 个出入口则与周边地下空间相连接。三阳广场站采用了圆形作为车站室内设计的灵感来源，在换乘节点处设计成圆形的换乘大厅。大厅中

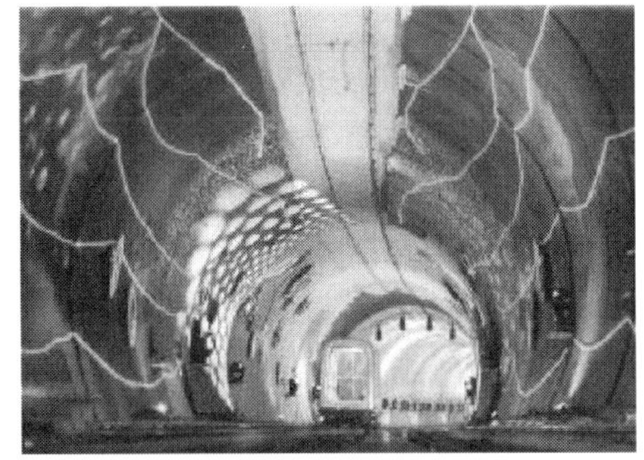

图 4.45　上海外滩观光隧道的流动光样态

（图片来源：http：//www.leyou78.com/group/28-2891/）

心以半径 25m 的圆形付费区为核心，向外再延伸 25m 作为非付费区，形成直径 100m 的完整圆形站厅层公共区，可以同时满足进出站、过街以及串联地下商业街的需求。与此相呼应的是，整个大厅的照明设计也突出团圆、圆满的理念。在天花和圆柱形的柱头上分别留有许多大小不一的圆形和椭圆形灯槽，内部镶嵌 LED 灯带，灯光颜色会随着时间的不同在绿、红、黄、蓝间切换（参见图 4.46），分别对应着通往地下商业步行街的四条主通道的“春夏秋冬”四季主题(“春”区主题为“绿色生机”，“夏”区主题为“清凉明快”，“秋”区主题为“丰收景象”，“冬”区主题为“安静祥和”)。圆形的站厅空间既具有极强的内向性，也具有极佳的外向性，向内聚于中心点，向外可以均匀发散；搭配不停变换色彩的 LED 彩灯，将“流动”光样态的循环运动之美展现得淋漓尽致。

图 4.46　无锡三阳广场地铁站的流动光样态

（图片来源：作者自摄）

4）“拓扑”光样态

“拓扑”光样态在本书中是指在地铁站的室内环境中，当光通量整体不变的情况下，通过“拓扑变换”将光源位置进行二次有机分配，形成全新的照明效果。这里的拓扑变换是一种有条件的变换。这种变换的条件是：在原来图形中的点与变换后图形的点之间存在着一一对应的关系，并且图形中邻近的点在图形变换以后还是邻近的点。拓扑还有一个非常形象的说法——橡皮几何学。因为如果设想所有图形都是用橡皮做成的，就能把许多图形进行拓扑变换。例如一个橡皮圈能够透过“拓扑变换”变形成一个圆圈或一个方圈，甚至是一个三角圈，但是你永远无法将一个橡皮圈由拓扑变换成为一个阿拉伯数字 8，[229] 因为不把圈上的两个点重合在一起，圈就不会变成 8，“莫比乌斯环”正好满足了上述要求

（参见图 4.33）。在地铁站的室内环境设计中，“拓扑”光样态的应用也比较常见，日本东京饭田桥（Iidabashi）地铁站的照明设计就是其中之一。

饭田桥（Iidabashi）地铁站是大江户线上最大的地铁车站。设计师渡边诚（Makoto Sei Watanabe）应用“拓扑优化”原理，将地铁站的照明灯具进行参数化的二次设计。其设计灵感来源于植物的根茎，用绿色的钢管做成了遍布天棚的网状形态，并且将发光灯管点缀在这个巨大的“绿网”之中，既满足了地铁站的照明需求，又突出了“拓扑”光样态的时尚现代之感，成为了车站空间的点睛之笔（参见图 4.47）。正是这种特色鲜明的“拓扑”光样态的应用，使饭田桥地铁站的室内风格独树一帜，成为了东京地铁线上一道最迷人的风景。

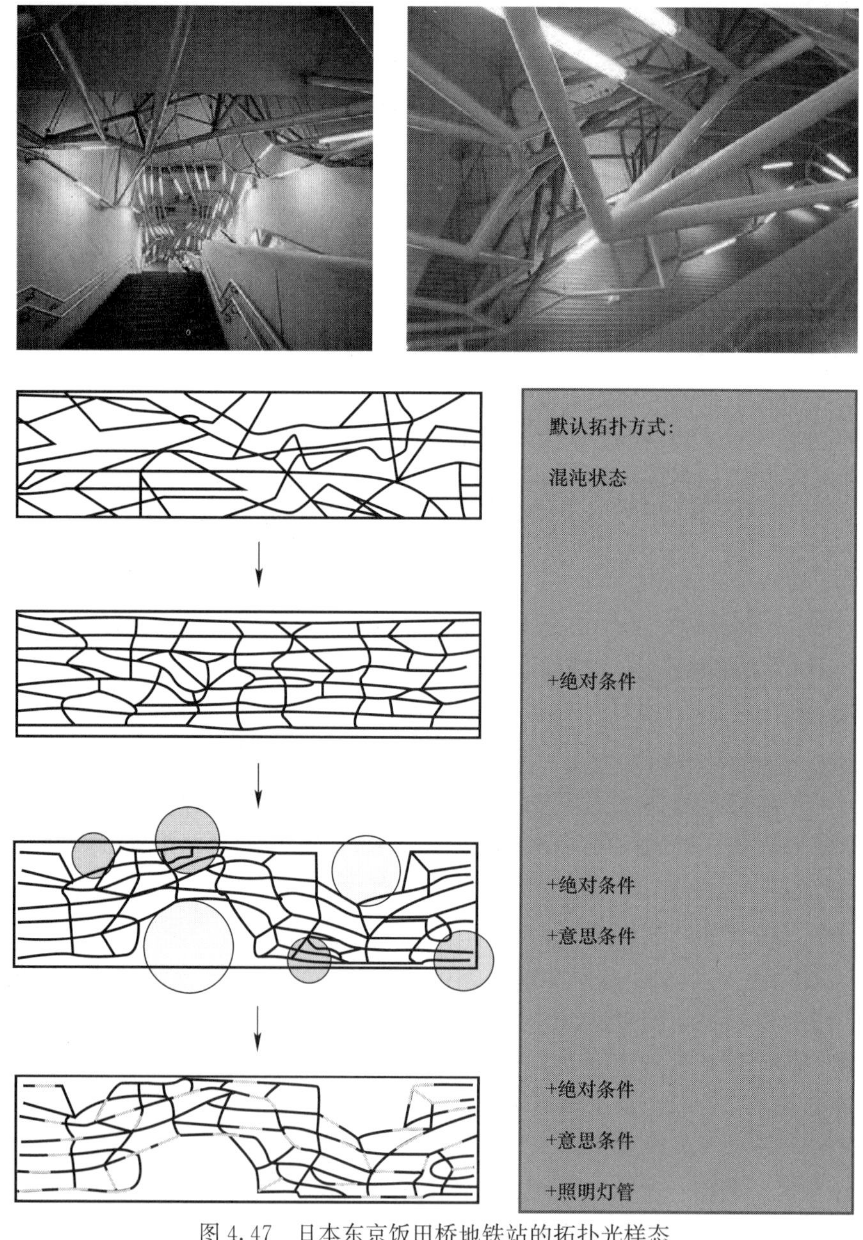

图 4.47　日本东京饭田桥地铁站的拓扑光样态

（图片来源：http://www.leyou78.com/group/28-2891/）

5）“仿生”光样态

“仿生”光样态顾名思义，就是指在地铁站的灯光设计时有意识地模仿自然界中的生物形态，形成令人熟悉的“仿生”光照效果。上海地铁 12 号线上的国际客运中心站就是应用“仿生”光样态的优秀案例。车站管理方与上海市天文协会合作，将天文和航海元素融入地铁站的设计之中，以展现古人“舟师识地理，夜则观星，昼则观日”的航海定位知识。整个站厅运用 LED 光电技术塑造“仿生”光样态，在深蓝色的弧形吊顶上面再现出 12 星座的星图，同时实现了星座形象和星座图的动态变幻闪烁效果，在视觉上形成万里星空的璀璨画面（参见图 4.48）。不仅仅是巨大的“星空”让所有乘客仰望，站厅周围的墙面上还安装有 12 块显示屏，滚动播放着星座由来、时间、图形、代码等相关天文知识，让乘客仿佛走进了一座现代的天文展览馆，令人流连忘返。

图 4.48　上海国际客运中心地铁站的仿生光样态
（图片来源：作者自摄）

6）“主题”光样态

所谓的“主题”光样态是指在地铁站的室内环境设计中，围绕一个或多个特定的“主题”，而进行的有意识的光样态塑造。由于每个地铁站所要表现的“主题”千差万别，所以“主题”光样态的塑造自由性很强，并不拘泥于某一种形式。阿拉伯联合酋长国迪拜市的哈立德·本·阿尔瓦利德（Khalid Bin Al Waleed）地铁站就是通过打造以“海洋采珠”为主题的光样态，塑造出室内环境中的奇幻效果。迪拜地铁是阿联酋投入巨资兴建的世界上最长的无人驾驶城市快速轨道交通系统，地铁站的灯光设计也秉承了国际先进的设计理念，其灵感来源于该国传统的潜水采珠业。在整个以“海洋”为主题的光样态中：湖蓝色灯光塑造出海洋的深邃；白色的条形灯带代表了美丽的浪花；巨大的圆环形灯罩象征着牡蛎；而明亮的灯泡则成为了气泡和牡蛎中的珍珠（参见图 4.49）。整个地铁站的室内设计中既包含了传统的阿拉伯建筑元素，又不失迪拜的时尚现代之感，将“海洋”和“采珠”的主题表现得入木三分。

4.3.3　感性空间中的“色”样态

“色”样态与“形”样态和“光”样态一样，也是塑造感性地铁站空间环境的重要元素。地铁站空间中的“色”样态对整个室内环境的营造，特别是对乘客心理的影响，有着不可忽视的作用。当人们看到一种颜色时，会自然地将现实的心理刺激和此种色彩曾经带

图 4.49　迪拜的哈立德·本·阿尔瓦利德地铁站的主题光样态
（图片来源：http://tupian.baike.com/19286）

来的记忆感受进行交融，从而得到对此颜色的综合心理感受，[260]形成个人主观上所喜欢的色彩，被称为感性色彩。现代抽象艺术理论的奠基人瓦西里·康定斯基（Василий Кандинский）曾经对感性色彩有过精彩的描述："蓝色越浅，它也就越淡漠，给人以遥远和淡雅的印象，宛如高高的蓝天。蓝色越淡，它的频率就越低，等到它变成白色时，振动就归于停止。在音乐中，淡蓝色像是一支长笛，蓝色犹如一把大提琴，深蓝色好似低音大提琴，最深的蓝色可谓是一架教堂里的风琴。"[231]

1）"对比"色样态

"对比"色样态是指两种以上的色样态组合后，由于色相、明度、纯度的差别而形成的色彩对比效果。[232]色样态"对比"的强弱程度取决于色彩在色相环上的距离（角度），距离（角度）越大对比越强，反之则对比越弱。需要指出的是，色样态的对比与调和都是相对的，没有对比也就无法谈调和，两者既相互对立，又相互依存。不过色样态的"对比"是绝对的，而"调和"却是相对的。因为各种颜色在构成色样态时，一定会在色相、纯度、明度等方面存在差异，这些差异就会导致色样态的"对比"。

"对比"色样态是具有心理效应的。人们在观察室内空间中的色彩时，会自然地根据视觉经验将空间中的色彩样态与自身的视觉想象相结合，从而形成对空间色彩环境的主观印象。这种色彩对心理的作用，可以用人的色彩联想来证实。表 4.3 和表 4.4 分别罗列了各个年龄段的男性和女性在看到 11 种不同颜色后所分别联想到的各种词汇。从表格中我们可以看出：尽管是面对同一种颜色，不同性别、不同年龄阶段的人也会产生不同的视觉想象。

男性的色彩联想比较❶　　**表 4.3**

年龄 颜色	男性的色彩联想							
	儿童		青年		中年		老年	
白色	雪	白纸	雪	白云	清洁	神圣	洁白	纯真
灰色	鼠	灰尘	灰尘	混凝土	阴郁	绝望	荒废	平凡
黑色	煤	夜	夜	洋伞	死亡	刚健	生命	严肃
红色	苹果	太阳	红旗	血	热情	革命	热烈	卑鄙
橙色	橘子	柿子	橘子	肉汁	焦躁	可怜	甘美	明朗
茶色	土	树干	皮箱	土	雅致	古朴	雅致	坚实
黄色	香蕉	向日葵	月	雏鸟	明快	泼辣	光明	明快
黄绿色	草	竹	嫩草	春天	青春	和平	新鲜	跃动
绿色	树叶	山	树叶	蚊帐	永恒	新鲜	深远	和平
蓝色	天空	海洋	海	秋空	无限	理想	冷淡	薄情
紫色	葡萄	紫罗兰	裙子	礼服	高尚	古朴	优雅	古朴

女性的色彩联想比较❷　　**表 4.4**

年龄 颜色	女性的色彩联想							
	儿童		青年		中年		老年	
白色	雪	白兔	雪	砂糖	清楚	纯洁	纯白	神秘
灰色	鼠	阴天	阴	冬天	阴郁	忧郁	沉静	死亡
黑色	头发	煤	墨	黑西装	悲哀	坚实	阴郁	冷淡
红色	西服	郁金香	口红	红鞋	热情	危险	热烈	幼稚
橙色	橘子	人参	橘子	砖	卑鄙	温情	欢喜	华美
茶色	土	巧克力	栗子	靴子	雅致	沉静	古朴	素雅
黄色	菜花	蒲公英	柠檬	月	明快	希望	光明	明朗
黄绿色	草	叶	嫩叶	和服里子	青春	新鲜	新鲜	希望
绿色	草	草坪	草	毛衣	和平	理想	希望	公平
蓝色	天空	水	海	湖	永恒	理智	平静	悠久
紫色	葡萄	桔梗	茄子	紫藤	优雅	高贵	高贵	消极

在进行地铁站的室内设计时，运用这种“心理效应”营造地铁站“对比”色样态的例子有很多，意大利那不勒斯的博维奥（Bovio）广场地铁站就是其中之一。博维奥广场站运用了高纯度的红色和黄色作为墙面，刺激乘客的眼球；同时用黄、紫和红、绿这两对对比色的条带铺设地面，形成热情洋溢的装饰效果（参见图 4.50）；加上高反射的金属装饰条带，使整个地铁站内的空间光怪陆离、眼花缭乱，令人仿佛置身于五彩斑斓的糖果店中，浑然忘记了自己身处地下（参见图 4.51）。

2）“调和”色样态

“调和”色样态是指在地铁站的室内环境设计中，两种以上的颜色能够按照一定的次序排列组合，[233]形成和谐愉快的色彩搭配效果。“调和”的内涵包括两种：一种指“对比色”样态的调整与组合过程；另一种指将有明显差别的“色样态”或是“对比色”样态组织在一起时，通过分割颜色和降低纯度等手段进行处理后，所得到的和谐效果。

---

❶ 表格为作者自制；数据来源：冯文怀《基于知觉选择的室内空间自然元素运用研究》，辽宁师范大学，2013 年版，第 39 页。

❷ 表格为作者自制；数据来源：冯文怀《基于知觉选择的室内空间自然元素运用研究》，辽宁师范大学，2013 年版，第 39 页。

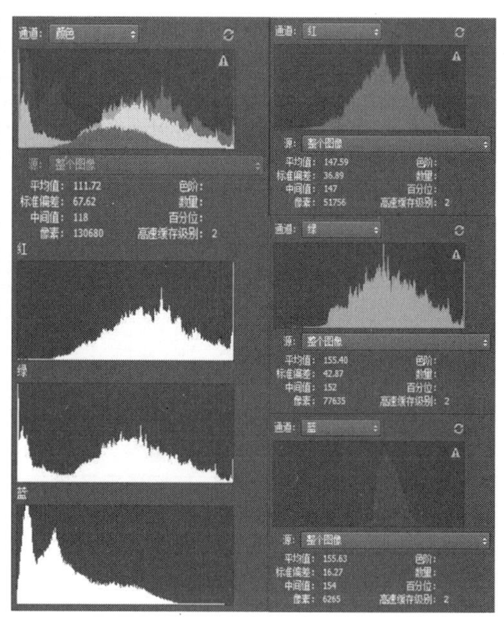

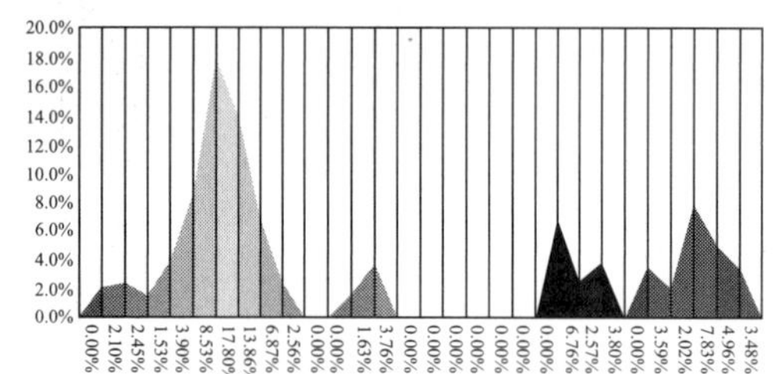

图 4.50　意大利那不勒斯博维奥广场地铁站的对比色样态

（照片来源：http://www.360doc.com/content/14/0307/12/5752064_358478435.shtml；分析图：作者自绘）

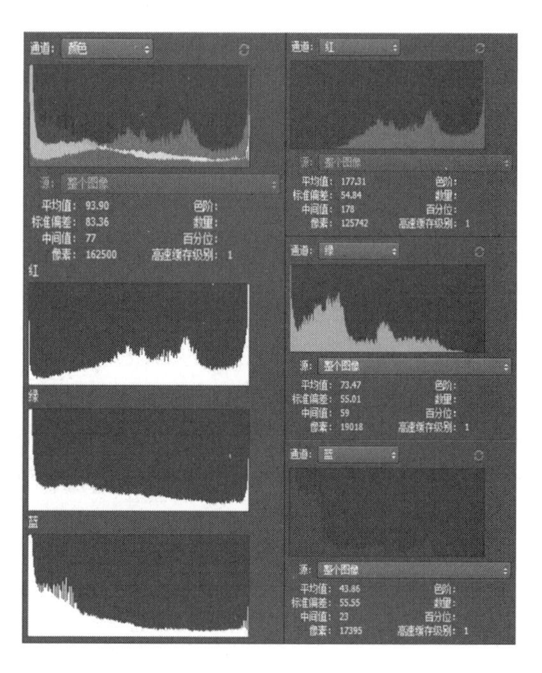

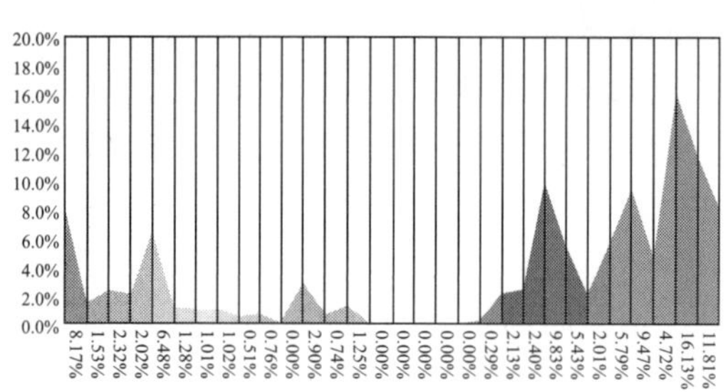

图 4.51　意大利那不勒斯博维奥广场地铁站的对比色样态

（照片来源：http://www.360doc.com/content/14/0307/12/5752064_358478435.shtml；分析图：作者自绘）

从美学理论而言，所有美的事物都是和谐统一的，这种和谐统一是构成“美”的根本法则，也是“调和”色样态所追求的终极目标。对“调和”色样态的解释有多种不同的观点：如“调和即相仿”、“调和代表节奏次序”、“调和等于力衡”、“调和就是漂亮典雅的颜色”、“调和是形色要素的和谐”等。[234]这些观点都从不同的角度反映出了对“调和”色样态的美感追求。一般来说，对于比较强烈的对比配色需要对其加强共性进行调和；对于过于柔和的配色则需要对其加强对比。

匈牙利布达佩斯的福尔姆圣盖勒特（Fovam ter Szent Gellert ter）地铁站，就是通过分割空间中的高纯度颜色，达到色样态的“调和”效果。福尔姆圣盖勒特地铁站位于美丽的多瑙河岸边，是一个集电车、巴士、地铁、船舶、行人于一体的多功能城市交通枢纽。车站的地下空间部分与19世纪佩斯老城建筑街道的横截面成正比，并且可以直接通往布达佩斯历史悠久的市中心。在地铁站的天棚和墙面上铺满了螺纹状的彩色条带，每个条带都由红、黄、蓝等纯色马赛克拼贴而成。为了降低这些纯色的刺激性对比，设计师在其间点缀了灰色的马赛克，以此来降低整个条带的对比度；同时在每个彩色条带之间增加了黑色的分隔带，进一步拓展空间中的整体色样态的“调和”效果（参见图4.52）。正是这种统一中富含变化的“调和”色样态表现手法，使福尔姆圣盖勒特地铁站的室内设计独树一帜，完美地体现了布达佩斯浪漫和传统相结合的折中主义风格。

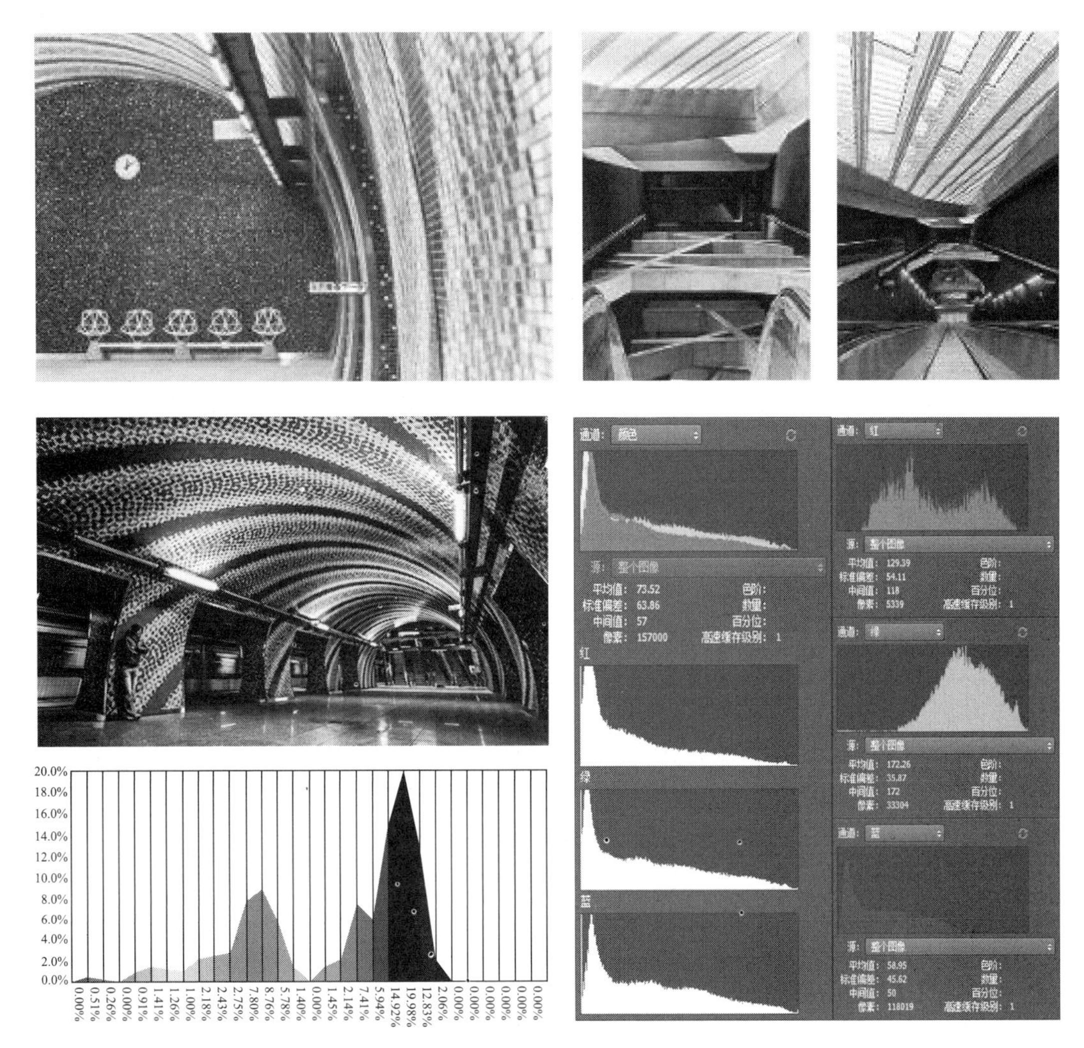

图4.52　匈牙利布达佩斯福尔姆圣盖勒特地铁站的调和色样态

（照片来源：http://www.spacekoo.com/?p=13931；分析图：作者自绘）

瑞典首都斯德哥尔摩的拉德哈赛特（Radhuset）地铁站也是“调和”色样态的代表，所不同的是，它通过降低空间中主色调的色彩纯度的手段，得到色样态的和谐效果。拉德哈赛特地铁站的天棚和墙面都做成了仿熔岩的效果，为了和地面的深褐色石材色调相协调，设计师将天花和墙面上的红色进行了降低纯度处理，将鲜艳的大红色变成了低纯度的赭石色（参见图 4.53）。这样无论是天花、墙面还是地面，都统一在整体的暖灰色调中，既不过分张扬，又有色彩层次，很好地表达了“调和”色样态的含蓄之美。

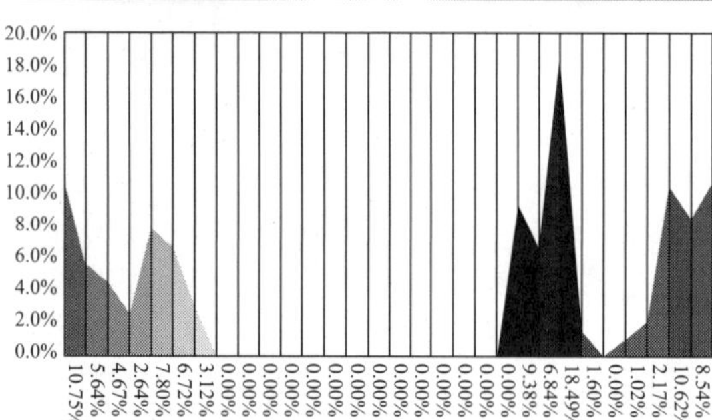

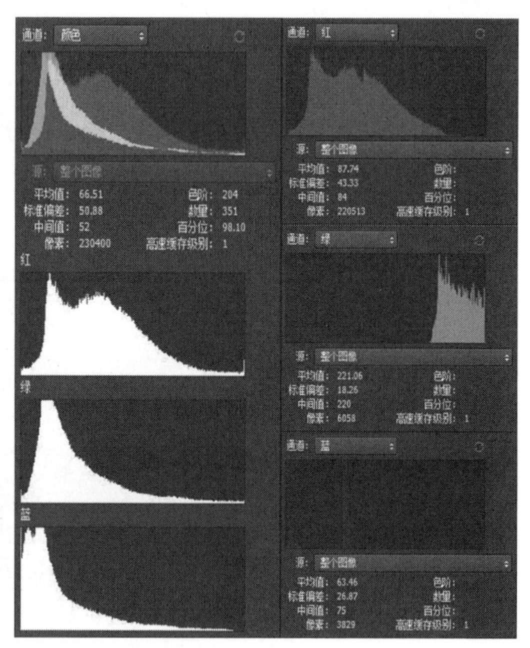

图 4.53　瑞典斯德哥尔摩拉德哈赛特地铁站的调和色样态

（照片来源：http://360.mafengwo.cn/travels/info_weibo.php? id=3128554；分析图：作者自绘）

3）“混合”色样态

“混合”色样态是指将多种颜色的光源通过直接照射或者反射等方式，在地铁站的空间中进行“混合”，从而形成的类似于彩虹般的五彩斑斓的色彩效果。因为这种“混合”色彩很容易吸引人的视觉注意，形成空间中的视觉焦点，可以非常便捷地提高和改善地铁站中的色样态，所以其往往会被应用在地铁站空间的重要位置。我国台湾地区高雄市的美丽岛（Formosa Boulevard）地铁站和德国慕尼黑的坎迪布拉特（Candidplatz）地铁站就是分别应用“光照混合”和“反射混合”两种手段，塑造出“混合”色样态的独特效果。

美丽岛地铁站（原名大港埔站）位于高雄市新兴区，为高雄捷运（台湾地区将地铁称为捷运）红线和橘线的交会车站，也是高雄地铁初期路网中唯一的换乘车站。美丽岛站由日本著名建筑师高松伸（Takamatsu Shin）设计，以祈祷为主题象征。车站内部最著名的是由意大利艺术家水仙大师（Narcissus Quagliata）耗时六年，亲手打造出的公共艺术作品——光之穹顶（Dome of Light）。光之穹顶顾名思义，是在地铁站的顶棚上用灯光和一千多块各式五彩玻璃组合成的艺术吊顶，也是全球最大的一体成型玻璃公共艺术品。穹顶可分成水、土、风、火四个区块，分别代表着从诞生、成长、荣耀、毁灭直至重生的生命轮回过程（参见图4.54）。整个玻璃吊顶作品流光溢彩、巧夺天工，将“混合”色样态绚丽斑斓的特点表现得淋漓尽致。正因为如此，美丽岛地铁站才被美国旅游网站“Bootsn All”评选为全世界最美丽地铁站的第二名。

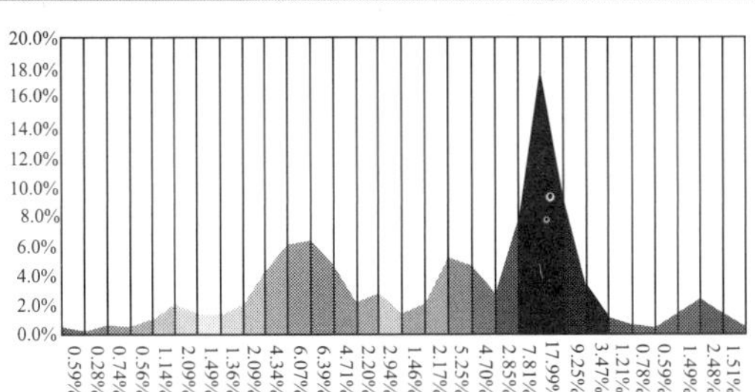

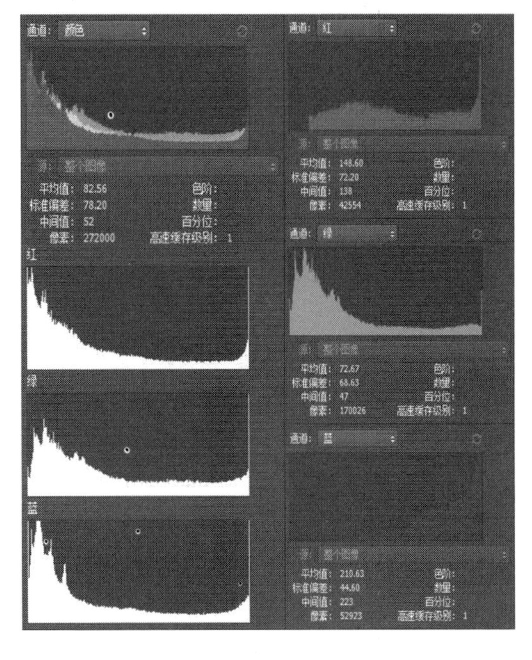

图4.54　台湾地区高雄市美丽岛地铁站的光照混合色样态

（照片来源：http://news.xhby.net/system/2015/04/18/024405396.shtml；分析图：作者自绘）

德国慕尼黑坎迪布拉特（Candidplatz）地铁站也是“混合”色样态的代表，所不同的是它是通过光线的“反射混合”手段，得到色样态的晕染效果。坎迪布拉特地铁站隶属于U-Bahn地铁系统中的U3和U6并行站点，该站点最大的特色在于采用七彩虹标色进行过渡处理，让整个空间绚丽多彩。车站的照明大胆采用了全通式设计，所有的灯光都没有采用灯罩，而是将光线直接照射在由赤、橙、黄、绿、青、蓝、紫等玻璃包裹的支撑柱上，再通过这些彩色玻璃的反射，在对面墙壁上形成了过渡均匀的“混合”彩虹色样态，而且还带有独特的类似于中国画的“晕染”效果（参见图4.55）。

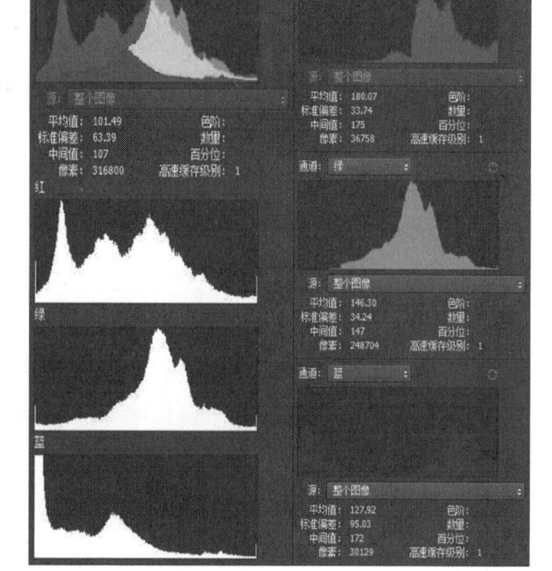

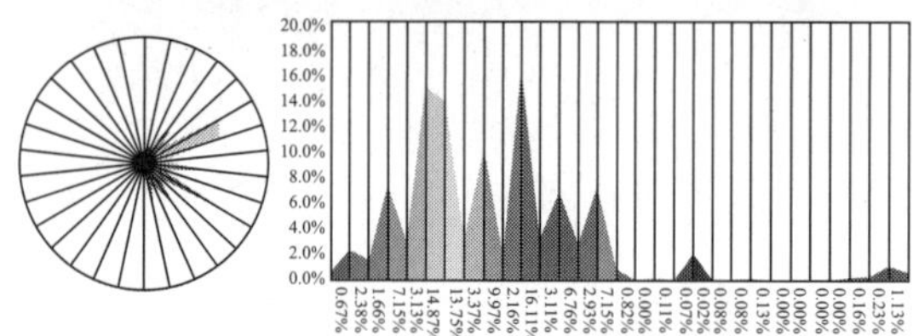

图4.55 德国慕尼黑坎迪布拉特地铁站的反射混合色样态

（照片来源：http://www.hiwiyi.com/tour_info/view-156843.html;分析图：作者自绘）

4）“主题”色样态

所谓的“主题”色样态是指在地铁站的室内环境设计中，围绕一个特定的“主题”，进行的有意识的色样态塑造。由于每个地铁站所要表现的“主题”千差万别，所以“主题”色样态的自由性很强，经常包含多种表现手法和形式。葡萄牙里斯本的奥莱雅斯地铁站和意大利那不勒斯大学地铁站都是塑造“主题”色样态的经典案例。

奥莱雅斯地铁站（Olaias Station）建成于1998年，是为了迎接当时的里斯本世界博览会，以及庆祝葡萄牙达伽马远航印度500年的发明创造成就而建。设计师托马斯·塔维拉（Tomás Taveira）以“色彩大爆炸”为主题，创造了一座神奇而又现代的艺术地铁站。因为托马斯·塔维拉是一名建筑师，而且他曾经与多位著名的葡萄牙艺术家有过密切合作，[235]所以在奥莱雅斯地铁站的室内设计中，他大胆地将高纯色的彩色玻璃运用在了天花板上，同时将玻璃片的形状设计成不规则的几何形，非常贴切地表现出了“色彩大爆炸”的主题（参见图4.56）。即使在20年后的今天看来，奥莱雅斯地铁站也堪称是件难得的现代艺术精品。

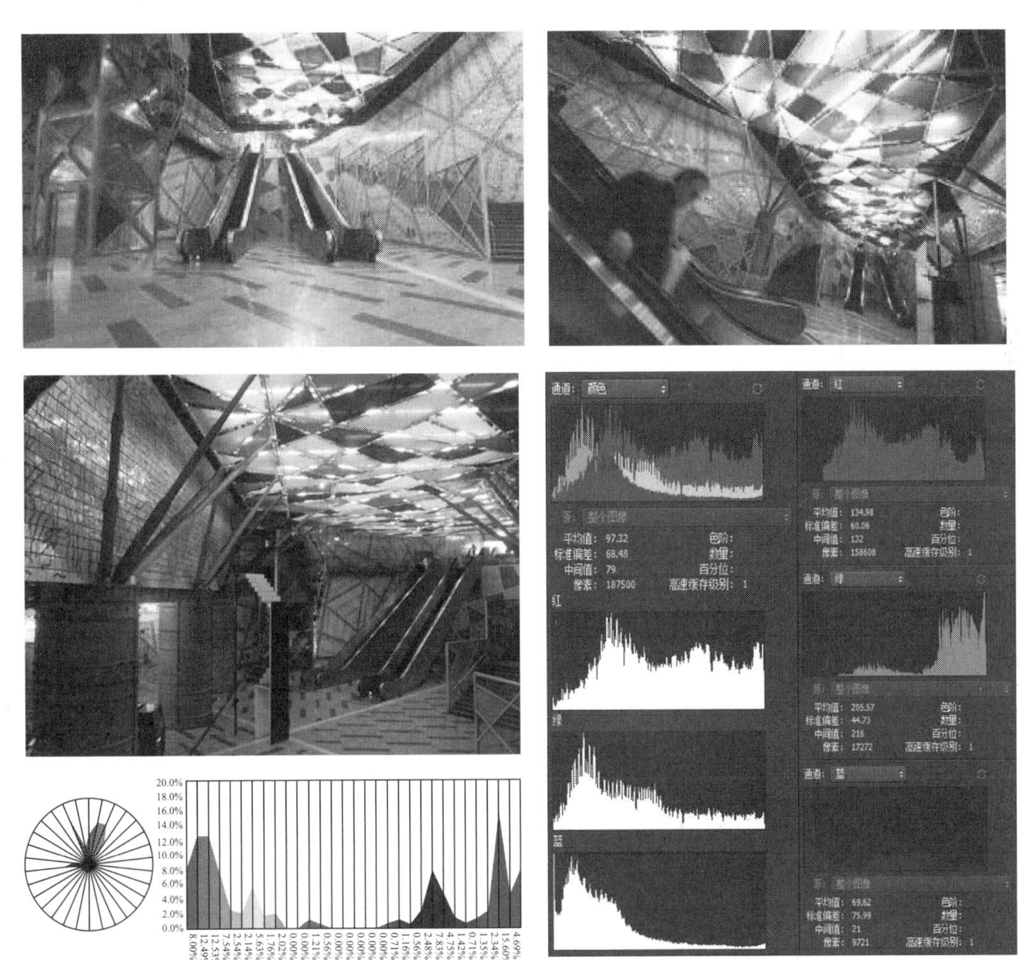

图4.56　葡萄牙里斯本奥莱雅斯地铁站的主题色样态

（照片来源：http://www.haokoo.com/zhoubianyou/149210.html；分析图：作者自绘）

4.4　“样态”创设——地铁站物景空间的构建模式

地铁站空间大多数位于地面以下，对室内空间环境有其特殊的要求，因此构建地铁站的物景空间，创设良好的空间“样态”就必然需要遵循一定的模式和规律。通过对相关空间要素的有效组织，达到使用者对空间样态的一致性认同。这样，使用者的主观“情境”才能和客观的空间“样态”相呼应，情景空间的塑造才能够得以实现。

4.4.1 空间感知模式

由于地铁站属于交通空间，使用者对车站物景空间样态的体验，大多数都是伴随着运动与身体知觉的反应同时完成的。从认知的角度理解，乘客身体在地铁站中通过全方位的感知，收集到空间中的各种媒介信息，在头脑中对其进行加工处理，并最终形成对客观物景空间样态的总体印象。因此，要提高使用者对地铁站物景空间的认识，可以从建立全方位的媒介感知通道开始。

空间感知不仅仅可以影响乘客对整个物景空间的印象，它还可以决定乘客对地铁站的方向定位。地铁站的使用者特别是首次进入车站的新乘客，必须适应和提高空间感知能力，以便快速地辨明方向，安全地抵达目的地。要在行进中迅速判断车站指示标识以及周围空间环境的形状，需要地铁站的设计者对物景空间进行有预见的考虑，提高准确的空间判断能力，避免观察、判断所造成的错觉和失误。

4.4.2 节奏均衡模式

在地铁站的室内环境设计中，要塑造出优秀的物景空间样态，美学上的节奏均衡原则也是必须遵守的条件之一。物景空间的节奏均衡主要是由空间界面与光的性质共同决定的。空间的形状、大小；界面的造型、色彩和纹理；以及光源的位置、强弱、照射方向等因素都会直接或间接地影响物景空间的节奏均衡。这种节奏和韵律会使人在视觉心理上产生相应的变化：既可以形成室内空间中的不同领域和趣味中心，产生强烈的空间层次感；还可以在视觉上影响人对空间的心理感受，形成明确的空间导向，出现抑扬、隐现、虚实、动静等不同性质的空间样态效果。

国内外许多优秀的现代化地铁站的室内设计都具有一个共同的优点——即在物景空间塑造上都很好地遵循了节奏均衡模式。这种空间的秩序和节奏的均衡大都体现在六个方面之中。包括：空间性质，空间尺度、空间层数、空间高度、空间亮度，以及色彩对比强度等。根据这一模式，笔者设计了一个理想的多功能地铁站的空间秩序方案（参见表 4.5）。方案的主体为地上 4 层（包含一个大型的共享空间），地下部分为 2 层。因为四个主要出入口都在一层，所以一层大厅是整个方案的设计重点：步入其中，犹如走进了一座展览馆，从不同的角度观察，都会有不一样的感受。整个大厅空间秩序井然、节奏均衡、舒适便捷，不但具有地铁站的完善功能，而且还具有一定的休闲性和趣味性。

多功能地铁站的空间秩序和韵律 **表 4.5**

特性＼位置	外部入口	大厅	过桥	售票区	休闲区	地下通道	等候区	站台
空间性质	重要	最重要	次要	重要	较重要	次要	重要	重要
空间尺度	较大	最大	小	大	较大	最小	大	大
空间层数	地上	1～4 层	地下 1～2 层	地下 1 层	1～4 层	地下	地下 1～2 层	地下 2 层
空间高度	较高	最高	高	较矮	高	最矮	矮	较矮
光线亮度	较亮	最亮	较亮	亮	亮	暗	亮	暗
色彩对比强度	较强	强	弱	较强	较强	弱	较弱	较强

4.4.3 主题发掘模式

地铁站物景空间构建的另一个模式是通过塑造主题展现空间样态。主题的概念最早源于音乐和文学作品，在音乐术语中主题最初是指乐曲中的主旋律，[236]它是表现乐曲思想的核心。后来这个术语被文学和艺术创作所用，一般特指通过形象创造表达中心思想。对地铁站的室内环境设计来说，“主题”主要是指在物景空间样态各要素中进行诱导设计，在合理的设计理念的指导下，通过设计概念、手法、表现形式的综合运用，营造出具有内涵和价值的地铁站室内环境，进而唤起人们的情感归属。

地铁站中的主题特指通过空间样态所表现出来的核心设计思想，是设计师从自己对生活的感悟和提炼中产生的一种思想。设计师通过对地铁站的观察、理解、分析，同时结合自身的设计手法表达出设计的主要意图，并将它渗透、贯穿于整个设计内容之中，最终形成设计主题。在地铁站的使用过程中，深刻的主题可以成为乘客理解设计思想的重要线索和说明，令其对空间样态产生共鸣，并最终形成感知认同。

4.5　地铁站物景空间的建构策略

地铁站物景空间的塑造关键在于处理好空间样态与乘客感受之间的关系，建立两者间的沟通桥梁，从而诱发乘客依循设计师所预设的相关情境，感受到物景空间的样态，从而实现设计预期的效果。对应物景空间的 3 个构建模式，地铁站物景空间的主要建构策略包括：空间引导策略、艺术转换策略和主题塑造策略。

4.5.1　空间引导策略

乘客对地铁站内物景空间样态的体验，通常是伴随着运动完成的，因此在进行地铁站内部环境设计时，需要考虑乘客的运动状态，将行进中的空间样态变化作为引导空间的手段。从视觉传达的角度来看，人眼更偏爱于较为复杂的刺激，在地铁站室内环境设计上，可利用形式适度复杂的空间样态，吸引乘客的注意，正确引导人流方向。[237]

北京雍和宫地铁站的站台设计就是利用地面高度差，以及材料和色彩的变化暗示空间样态的不同属性的。雍和宫地铁站是北京地铁 5 号线上最大的车站，也是 5 号线与 2 号线的换乘站。它地处二环路和雍和宫大街的交会处，东侧离雍和宫古建筑群仅有 19m，北侧距离北二环路 9m。由于车站处于北京的市中心，周围有雍和宫、国子监、地坛公园、首都博物馆和民族文化交流中心等游览胜地，所以车站的外部设计重点强调了对中国传统哲学思想文化的解读。其入口处的红色墙面和琉璃瓦的运用，使整个车站既能够贴近周围独特的地理和文化环境，又可以有效地指示出入口的位置，便于乘客快速寻找（参见图 4.57）。

雍和宫地铁站的内部空间引导设计策略也同样值得称道。车站的地下结构设计为 3 层四跨岛式，基坑深达 23m，局部宽度达到 33m，长 104.4m。它是北京地铁 5 号线中，唯一一座纵向设立三排柱子的站台。[238]出于对文物保护的考虑，施工时特意将往南方向的地铁挖深了一层。这样就形成了车站两侧站台中间有一个错层台阶的复合式站台结构（参见表 4.6）。站台立柱全部采用正红色，错层的台阶和护栏都采用汉白玉雕花制成，利用带有不同质感、色彩、肌理变化的墙体样态变化改善视觉环境；雕花护栏在错层之间一字排开，图案包括龙、牡丹等中国传统纹样，具有很强的民族性。汉白玉的栏杆和枣红色的圆柱形成鲜明的对比，不仅营造出车站雍容华贵的视觉效果，还可以吸引乘客的视觉注意，进行有效的空间引导。

图 4.57　北京雍和宫地铁站的出入口
（图片来源：作者自摄）

北京雍和宫地铁站的站台空间　　**表 4.6**

所在城市	车站名称	车站类型	结构形式	剖面示意图	站台照片
北京	雍和宫地铁站	暗挖站	多柱站		图 4.58　北京雍和宫地铁站的站台空间 [资料来源：作者自摄]
地铁站的空间样态特征					
雍和宫地铁站的地下结构设计为 3 层四跨岛式，基坑深达 23m，局部宽度达到 33m，长 104.4m。它是北京地铁 5 号线中，唯一一座纵向设立三排柱子的站台；出于对文物保护的考虑，施工时特意将往南方向的地铁挖深了一层，这样就形成了车站两侧站台中间有一个错层台阶的复合式站台结构					 图 4.59　北京雍和宫地铁站的站台空间 [资料来源：作者自摄]

地铁站的室内环境设计还可以利用天花的形态、色彩、材料质感以及照明变化增加空间的引导性；利用支撑柱的规则排列吸引人们的视线，强化地铁站的方向引导；还可以利

用空间中通透性的变化，如楼梯、扶梯、踏步等来暗示空间的导向性。上海地铁 12 号线上的天潼路站就是通过上述方法对地铁站内的人流进行有效引导的。

天潼路站于 2010 年 4 月 10 日启用，位于上海市虹口区河南北路和天潼路交会处，为上海轨道交通 10 号线和 12 号线的地下换乘车站。天潼路的站台层利用铝格栅天花的排列强化了空间的指向，在楼梯等处有意识地改变铝格栅的方向；同时用规则排列的浅卡其色柱子确定空间基调，而在换乘空间的主要人流交汇处特意将柱子改成较为醒目的白色，以暗示空间功能的变化，便于对人流导向的指引（参见表 4.7）。

上海天潼路地铁站的站台空间　　**表 4.7**

<table>
<tr><th>所在城市</th><th>车站名称</th><th>车站类型</th><th>结构形式</th><th>剖面示意图</th><th>站台照片</th></tr>
<tr><td>上海</td><td>天潼路地铁站</td><td>明挖顺筑</td><td>双柱站</td><td></td><td rowspan="3">
图 4.60　上海天潼路地铁站的站台空间
［资料来源：作者自摄］

图 4.61　上海天潼路地铁站的站台空间
［资料来源：作者自摄］</td></tr>
<tr><td colspan="5">地铁站的空间样态特征</td></tr>
<tr><td colspan="5">天潼路地铁站的站台层利用铝格栅天花的排列强化了空间的指向，在楼梯等处有意识地改变铝格栅的方向；同时用规则排列的浅卡其色柱子确定空间基调，而在换乘空间的主要人流交汇处特意将柱子改成较为醒目的白色，以暗示空间功能的变化，便于对人流导向的指引</td></tr>
</table>

天潼路地铁站不仅仅通过天花灯光和柱子颜色来引导人流，墙面、地面以及空间中的各种视觉标识也是指引方向的重要要素。站内的导向视觉标识符号包括文字类和图形图案类多种（参见图 4.62）。文字类标识具有直接、不易误解的优点，但是不适合外国人阅读；图形图案类标识具有直观明了的优点，指示效率很高。但是因为地铁站内的乘客大多数都是在行进过程中观看此类导向标识，无论是哪一种指示，都要尽量将其设计成行人的目光注意中心，并且要有良好的可见度，以提高空间引导的效率和准确度。

图 4.62　上海天潼路地铁站的站内标识

（图片来源：作者自摄）

4.5.2　艺术转换策略

在进行地铁站室内环境设计时，艺术转换也是一种常用的空间样态展现方式。它可以有效增加空间的艺术表现力，创造出优美动人的空间节奏和韵律，并赋予空间新的内涵。但是空间样态的种类很多，要想创造出艺术感十足的样态，就必须遵循人们的审美观，即形式美的法则。在形式美的诸多法则中，节奏和韵律是一个非常重要的方面，虽然并不能说所有的节奏都是完美无瑕的，但缺少规律颠三倒四的设计一定是丑陋的。节奏在人们的日常生活中非常普遍，[239]自然界中的所有物体都是按照一定的节奏和规律运行的。

室内空间样态与其他的艺术形式一样，都依靠节奏和韵律进行艺术表现，只是各种艺术形式的表现方式会有一些不同。比如在音乐中，韵律是指节奏有规律的振动，它能给人以美的感受；在舞蹈表演时，节奏和韵律是指舞者的身体扭动的动作；而在室内空间设计方面，节奏和韵律则是指各组合要素按一定的规律排列后形成的空间和平面上的感受，它存在于空间样态的形、光、色等诸多要素之中[240]（参见表 4.8）。

空间样态与其他艺术形式的比较　　**表 4.8**

	时间	空间	作品（主体）	受众	感官
空间样态	长久的	静止的	空间环境	步移景异 （不限定时间）	视觉为主
音乐	瞬间的	流动的	声音旋律	固定位置 （限定时间）	听觉为主
舞蹈	瞬间的	变化的	人体动作	固定视角 （限定时间）	视觉为主
共性	时间与空间的结合	动态感受（感官在时间上的切割——节奏）			

地铁站空间样态中节奏和韵律的艺术转换形式多种多样，常用的包括：对称、重复、渐变、特异等。正是这些艺术形式和造型的合理转换，打破了地下空间的沉闷和呆板，表现出特有的空间样态性格，赋予了地铁站超凡的精神和丰富的艺术内涵。[241]

1）对称

对称是建立秩序的最基本的空间样态形式，对称方式包括“左右对称、平移对称、旋转对称、膨胀对称”等（参见图 4.63）。德国法兰克福地铁站就是运用对称样态展现空间节奏和韵律的经典案例。一对巨大的支撑柱极具特色，如紫色蘑菇一般矗立在主通道的两侧；柱子的圆顶就像天外来客搭乘的飞碟，光彩夺目；搭配两端的自动扶梯和蓝色墙面，尽管只是采用了最基础的“左右对称”，但还是令整个地铁站的空间充满了科技范儿（参见图 4.64）。无独有偶，北京地铁 8 号线上的奥林匹克公园站就采用了膨胀对称的空间样态，通过大小不一的圆形天花和灯具造型的变化塑造出时尚现代的气息（参见图 4.65）。

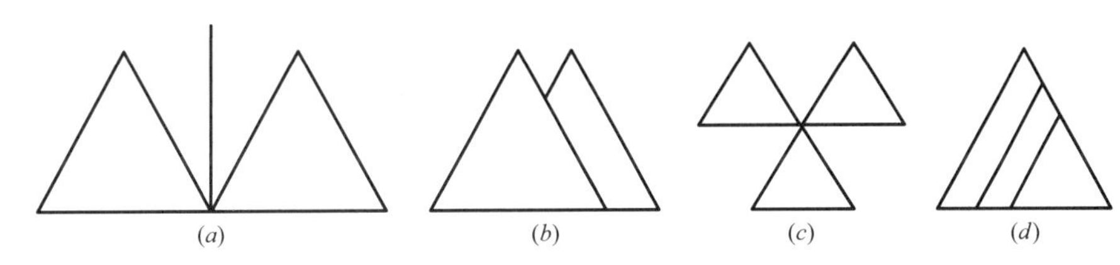

图 4.63　四种基本的空间样态对称方式

（a）左右对称；（b）平移对称；（c）旋转对称；（d）膨胀对称

（图片来源：作者自绘）

图 4.64　德国慕尼黑地铁站的左右对称空间样态

（图片来源：http://www.360doc.com/content/14/0307/12/5752064_358478435.shtml）

图 4.65　北京地铁奥林匹克公园站内的膨胀对称空间样态

（图片来源：作者自摄）

2）重复

重复是指将基本要素按照同一种方式或形式排列，所形成的空间样态，通常包括形状的重复、体积的重复、颜色的重复等。上海地铁 12 号线上的提篮桥站就是利用重复样态塑造空间艺术气息的。提篮桥地铁站位于上海虹口区东长治路与海门路口，于 2013 年 12 月 29 日正式启用。提篮桥站的站厅设计很有特色，吊顶设计成弧形的波浪起伏面，同时利用不断重复的铝格栅做成钢琴的“琴键”造型（参见图 4.66），与弧形的天花板巧妙融合，使空间样态在不断重复中富含变化，极具韵律和动感，完美展现了“申江行歌”的主题。

图 4.66　上海提篮桥地铁站的重复空间样态
（图片来源：作者自摄）

重复是在地铁站室内环境中经常出现的一种艺术转换形式。它可以有效地展现出空间的节奏和韵律，增加情景空间的艺术表现力，创造出优美动人的空间样态。重复包含秩序重复和密度重复两类，常出现在地铁站室内环境的墙面、天花、地面、装饰物以及陈设品等处（参见表 4.9）。

重复在地铁站室内空间中的运用　　　　表 4.9

分类	重复的运用（图示）	分类	重复的运用（图示）
地铁站室内墙面的秩序重复	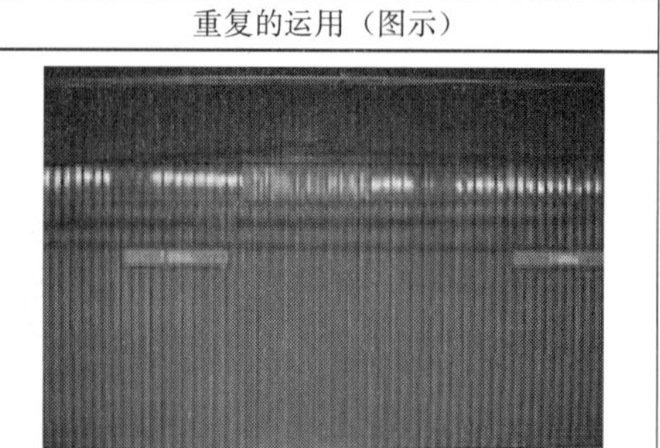 图 4.67　罗马 B 线地铁 libia 站 ［资料来源：作者自摄］	地铁站室内墙面的密集重复	 图 4.68　东京地铁泉岳寺站 ［资料来源：作者自摄］
地铁站室内墙面的秩序重复	 图 4.69　罗马 A 线地铁 Manzoni 站 ［资料来源：作者自摄］	地铁站室内天花、地面的密集重复	 图 4.70　东京地铁泉岳寺站 ［资料来源：作者自摄］

续表

分类	重复的运用（图示）	分类	重复的运用（图示）
地铁站室内装饰的秩序重复	 图 4.71　罗马 B 线地铁 Tiburtina 站 ［资料来源：作者自摄］	地铁站室内装饰的密集重复	 图 4.72　罗马 A 线地铁 Repubblica 站 ［资料来源：作者自摄］
地铁站室内装饰的秩序重复	 图 4.73　东京地铁品川站 ［资料来源：作者自摄］	地铁站室外装饰的密集重复	 图 4.74　东京地铁东京站出入口 ［资料来源：作者自摄］
地铁站室内陈设品的秩序重复	 图 4.75　东京地铁东京站室内 ［资料来源：作者自摄］	地铁站室内陈设品的密集重复	 图 4.76　美国哈佛广场地铁站 ［资料来源：http://www.wtoutiao.com］

续表

分类	重复的运用（图示）	分类	重复的运用（图示）
地铁站室内陈设品的秩序重复	图 4.77　罗马 A 线地铁 S. Giovanni 站 [资料来源：作者自摄]	地铁站室内陈设品的密集重复	 图 4.78　罗马 A 线地铁 Termini 站 [资料来源：作者自摄]

3）渐变

渐变是指将基本要素按照一定的形象规律，例如形体的大小、颜色的深浅、角度的变化、间隙的宽窄等进行有规律的排列所形成的空间样态形式。上海地铁 10 号线上的陕西南路站就是利用渐变样态展现空间节奏和韵律的。车站位于上海市黄浦区的陕西南路上，是上海地铁 1 号线和 10 号线的换乘站。陕西南路地铁站的车站大厅宽敞明亮，墙面有许多长短不一、凹凸不同的竖向装饰条带，在条带的后方是暗藏的发光灯带（参见图 4.79），这些灯带的长短和间距按照渐变的规律进行排列，使整个车站空间充满了动态的节奏之美。

图 4.79　上海地铁陕西南路站的渐变空间样态
（图片来源：作者自摄）

渐变也是在地铁站室内环境中经常出现的一种艺术转换形式。它可以直观地展现出空间的节奏和韵律，增加情景空间的艺术感染力，创造出优美动人的空间样态。渐变包含形状渐变、大小渐变、虚实渐变、视觉渐变、色彩渐变、灯光渐变等多种类型，常出现在地铁站室内环境的天花和墙面，多用于装饰空间，展现变化（参见表 4.10）。

渐变在地铁站室内空间中的运用　　表 4.10

分类	渐变的运用（图示）	分类	渐变的运用（图示）
形状渐变	 图 4.80　莫斯科地铁站 ［图片来源：http://gb.cri.cn］	形状渐变	 图 4.81　莫斯科地铁站 ［图片来源：http：//gb.cri.cn］
大小渐变	 图 4.82　美国纽约市政厅站 ［图片来源：http://www.lofter.com］	大小渐变	 图 4.83　德国慕尼黑 Marienplatz 站 ［图片来源：http://www.lofter.com］
虚实渐变	 图 4.84　意大利那不勒斯市 Toledo 地铁站 ［图片来源：http://w4ww.cpa-net.cn］	虚实渐变	 图 4.85　伦敦威斯敏斯特地铁站 ［图片来源：http://www.wtoutiao.com］

续表

分类	渐变的运用（图示）	分类	渐变的运用（图示）
视觉渐变	 图 4.86　伦敦地铁站 ［图片来源：http://www.wtoutiao.com］	视觉渐变	 图 4.87　伦敦地铁站 ［图片来源：http://www.wtoutiao.com］
色彩渐变	 图 4.88　台湾地区高雄市捷运美丽岛站 ［图片来源：http://blog.sina.com.cn］	色彩渐变	 图 4.89　慕尼黑 Candidplatz 地铁站 ［图片来源：http://news.ljlj.cc］
灯光渐变	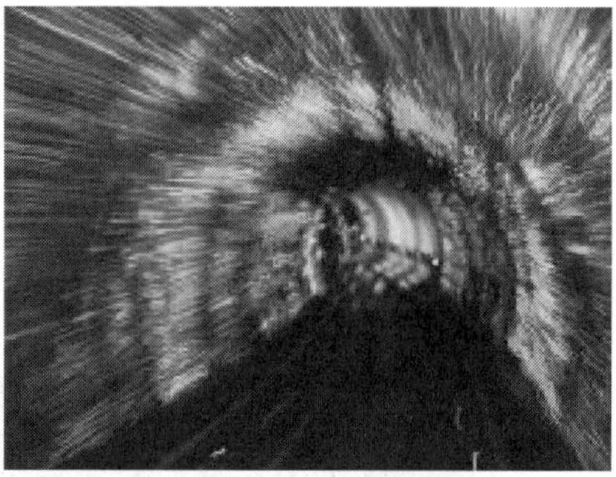 图 4.90　上海外滩观光隧道 ［资料来源：http://www.wtoutiao.com］	灯光渐变	 图 4.91　上海外滩观光隧道 ［资料来源：http://www.wtoutiao.com］

4）特异

特异是指基本要素在规律性的排列中，变异其中个别的基本要素特征，使其形成鲜明的反差，造成动感、趣味的空间样态形式。德国法兰克福的伯肯黑米尔·瓦特（Bockenheimer Warte）地铁站的出入口就是特异空间样态的典型代表。瓦特地铁站的出入口设计非常奇怪，看上去就像一节地铁车厢在人行道中间爆炸后一头扎入地下一般（参见图 4.92）。设计师泽比吉尼夫·彼得·皮尼斯基称，他在设计地铁站出入口时受到了比利时超现实主义艺术家雷尼·马格利特（Rene Magritte）的启发，使其不同于当地其他车站的简约风格。正是这种另类的出入口设计，使伯肯黑米尔·瓦特地铁站令人印象深刻、震撼不已。

图 4.92　法兰克福伯肯黑米尔·瓦特地铁站的特异空间样态
（图片来源：http://www.leyou78.com/group/28-2891/）

特异也同样是在地铁站室内环境中经常出现的一种艺术转换形式。它可以有效地聚焦乘客的视觉观察中心，增加情景空间的受关注程度，创造出独树一帜的空间样态。特异的类别有很多种，包含形态特异、大小特异、凹凸关系特异、色彩对比特异、风格特异、位置特异等（参见表 4.11）。

特异在地铁站空间中的运用　　**表 4.11**

分类	特异的运用（图示）	分类	特异的运用（图示）
地铁站出入口的形态特异	图 4.93　北京地铁国家图书馆站出入口 ［资料来源：作者自摄］	地铁站出入口的大小特异	图 4.94　北京地铁奥林匹克公园站出入口 ［资料来源：作者自摄］
地铁站内部空间的形态特异	 图 4.95　北京地铁奥林匹克森林公园南门站 ［资料来源：作者自摄］	地铁站内部空间的大小特异	 图 4.96　北京地铁奥林匹克森林公园站 ［资料来源：作者自摄］

续表

分类	特异的运用（图示）	分类	特异的运用（图示）
凹凸关系形成的特异	 图 4.97　北京地铁国家图书馆站 [资料来源：作者自摄]	色彩对比形成的特异	 图 4.98　北京地铁九龙山站 [资料来源：作者自摄]
风格不同形成的特异	 图 4.99　罗马 A 线地铁 Numidio 站 [资料来源：作者自摄]	位置不同形成的特异	 图 4.100　哈尔滨地铁站出入口 [资料来源：作者自摄]

4.5.3　主题塑造策略

主题塑造也是一种常用的地铁站物景空间样态的建构策略。主题塑造首先要分析构成地铁站主题的影响因子，再根据车站的具体特点和乘客的主观需求确立整个地铁站设计的主题定位。主题定位确定后，设计师会根据自身的构思和对乘客审美的把握，进一步确定地铁站的物景空间样态形式及其所蕴含的特点和内涵。需要注意的是，尽管地铁站的设计师通常都会考虑乘客群体对审美的客观认知程度，但其最终的设计成品——地铁站还是不可避免地带有设计师本人的主观烙印。对于同一个地铁站而言，可以有多种不同的主题设计方案，但是最终哪一个最合适，还得需要决策者（政府）和使用者（乘客）共同决定。[242]

在地铁站的室内环境设计中，主题塑造特指设计师通过某种恰当的方式和手法，将其对主题思想的理解通过特定的空间样态形式传达出来。主题塑造的结果，既可以是地铁站空间所呈现出来的界面样态，也可以是乘客对主题思想的认识和理解方式。香港的迪士尼地铁站以及意大利的那不勒斯大学地铁站就是运用了主题塑造方式，创造出独特空间样态的经典案例。

香港地铁的迪士尼专线，是借用主题表现塑造物景空间样态的典型例子。因为迪士尼是全球知名的动画及主题乐园品牌，其自身就具有非常丰富多彩的动画形象，所以香港地铁迪士尼专线的列车就自然地利用了许多迪士尼的经典造型。如专线列车的车窗和扶手均采用了广为人知的米老鼠剪影造型，有力地突出了迪士尼的品牌形象（参见图 4.101）。而地铁站的站台则选用了绿色的圆锥形支撑柱，不仅可以与一百多米外的迪士尼大门统一协调，更是用经典的米老鼠帽子形象，加深人的印象，明确表达了迪士尼游乐园的主题（参见图 4.102）。

图 4.101　香港迪士尼地铁专线的车窗和扶手
（图片来源：http://i7.hexunimg.cn/2014-01-24/161719197.jpg）

图 4.102　香港迪士尼地铁站的站台
（图片来源：作者自摄）

意大利的那不勒斯大学地铁站也是塑造“主题”样态的代表。那不勒斯大学地铁站不仅是一个客流量很大的公共交通设施，同时也是汇集了多种文化元素的学术社区。为此，埃及艺术家卡里姆·拉希德（Karim Rashid）为它提出了一个创新性的设计概念：“体现和交流新兴数字时代的知识、缩小全球景观的数字化语言以及第三次技术革命中的创新和移动化。”设计师将古埃及的图案和色彩与现代的灯光造型相结合（参见图 4.103），并以这种特殊的环境来缓解乘客的紧张感。行走在地铁站中，人们如同在古老的埃及金字塔和现代的数字博物馆中自由穿行，可以迅速地将大脑从“忙碌状态”切换成专注的“心灵状态”。

图 4.103　意大利那不勒斯大学地铁站的主题样态
（图片来源：http://slide.news.sina.com.cn/s/slide_1_2841_27606.html#p=4）

第5章 情景空间的场景因素

The Scene Factor of Scenario Space

“意义其实是功能非常重要（恐怕是最重要）的一个因素，它在需求、评价、环境偏爱乃至环境特征中举足轻重。意义自然引出人的活动与交往，以及边界、提示、转变、规则体系、特定人群是否参加等。它们都是空间组织的一部分，却又可以从中分离出去。此外，意义还包括基于理想、规范等，在组织交流时用到的规则之属性。这些特性丰富多彩，并因文化而异。”[273]

——阿摩斯·拉普卜特（Amos Rapoport）

《文化特性与建筑设计》，2004 年

5.1 场景与“景域”

“景域”在本书中代表“情景空间”概念的场景维度，是与人景维度——“情境”和物景维度——“样态”相并列的“情景”要素之一。“景域”不仅包含场所中“域”的因子，还包含人们对这些因子的解读——即对“景”的认知。当然这种认知是一个抽象的整体概念，它不是指某个个体对场景的印象，而是指群体对于客观环境的总体印象和认同感。

5.1.1 “景域”的概念

“景域”一词为本书作者翻译而来，其词根来源于拉丁语的 geniusloci，原义为“地方的守护神”，此概念最早在罗马教区时期就已经出现，对当时的宗教、文学和艺术等众多领域具有特殊的含义。本书取其关于人和建成环境的“存在”（being）的概念，也就是使用群体对环境的认同。在建筑现象学中，它特指“建筑赋予人立足于生存的手段。”[129]因为“景域”是群体对环境的认同，所以它也最能够展现空间环境的文化意义，可以让个体彻底融入到“以有意义的互动为基础的有序的世界”中[137]。

本书引入“景域”概念的目的是希望将地铁站环境设计中的“人景”、“物景”以及这两者间的互动关系进行综合的研究和探讨，并用场景的视角对“景域”进行再讨论。关注当前城市发展和地铁站室内环境设计实践中出现的新问题，对群体认同与地铁站建成环境中具体化（concretize）的“场景”进行分析，并最终提供一条从理论到实践的地铁站情景空间的建构策略。

5.1.2 群体认同的概念

群体认同和“景域”既有密不可分的联系，又有很大的区别，属于相关的两个不同概念。要解释“群体认同”的概念，首先要理清“认同”的概念。

“认同”一词是由英文词汇 identity 翻译而来，最早起源于拉丁文词语 idem，[244]其原意与 the same 相似，暗示事物的同一属性[245]。identity 作为学术词汇最早是由西格蒙德·弗洛伊德（Sigmund Freud）提出并且使用的[246]。弗洛伊德指出认同“是一个心理过程，是个人向另一个人或团体的价值、规范与面貌去模仿、内化并形成自己的行为模式的过程，[247]认同是个体与他人有情感联系的原初形式”[248]。因此，“认同”在弗洛伊德的学说中不仅是人的主观内省，更是主体和客体逐渐同步的过程。

当然，本书中的“群体认同”并不是弗洛伊德哲学上的“认同”，两者间还是有所区别的。哲学上的群体成员的认同，既有主动的自觉性，也有被动的从众性。自觉性主要表现为：群体内密切的人际关系会对个人具有较强的吸引力，为了在群体中实现个人的价值，成员会主动地与群体发生认同。而从众性则主要表现为：在群体压力下，为避免被群体抛弃或受到冷遇而被动产生的从众行为，[249]尽管有时候这种行为并不一定是完全正确的。而在本书中，所谓的“群体认同”概念无论是在内涵上还是在外延上，范围都要比哲学上的概念小很多。通常情况下，群体中具有相同认知的各个成员会有共同的兴趣和爱好，因此在对空间环境的认知上，会保持一致的看法和情感。因此，本书中的“群体认同”概念非常具体，主要是指群体中的成员在对空间环境的认知和评价上所保持的一致性情感。这种情感的一致性是以空间认知为基础的，所以本书中的“群体认同”会与每个人的教育背景、文化习惯以及所处的时代和地域有关系。

5.1.3 景域与场景空间

场景空间和“景域”同样有着密不可分的联系，但是两者又是有区别的两个概念。要理解“场景空间”首先要理清什么是“场景”。“场景”一词对应英文的“Scene”，常见于戏剧、影视、绘画、诗歌等艺术门类，是构成这些艺术作品的基础。

场景在戏剧和影视作品中常作为基本元素而出现，主要是“指在一定的时间、空间内发生的一定的任务行动或因人物关系所构成的具体生活画面，相对而言，它是人物的行动和生活事件表现剧情内容的具体发展过程中阶段性的横向展示”[250]。简而言之，场景可以为剧中人物的活动提供具体的时空环境情况，许多的场景组合在一起就构成了情节，可以展示人物性格并推动故事不断向前发展。而在绘画艺术中，场景更是表现作者思想和着力刻画的重点。比如北宋画家张择端的《清明上河图》，就是通过散点透视构图法，以全景长卷的形式描绘了中国 12 世纪的城市生活场景。生动记录了北宋汴京的面貌以及当时社会各阶层人民的生活状况，既是当时汴京繁华的见证，也是北宋城市经济情况的写照。（参见图 5.1）而在小说、诗歌等文学作品中，生动的场景描写同样具有强大的感染力，可以使读者内心产生强烈的共鸣。例如马致远的《秋思》就是描写场景的典型例子：“枯藤老树昏鸦/小桥流水人家/古道西风瘦马/夕阳西下/断肠人在天涯”。作者仅仅用了十几个的词汇，就把秋日傍晚的典型场景一一呈现在读者面前，将作者游子悲秋的心情展现得淋漓尽致[251]。

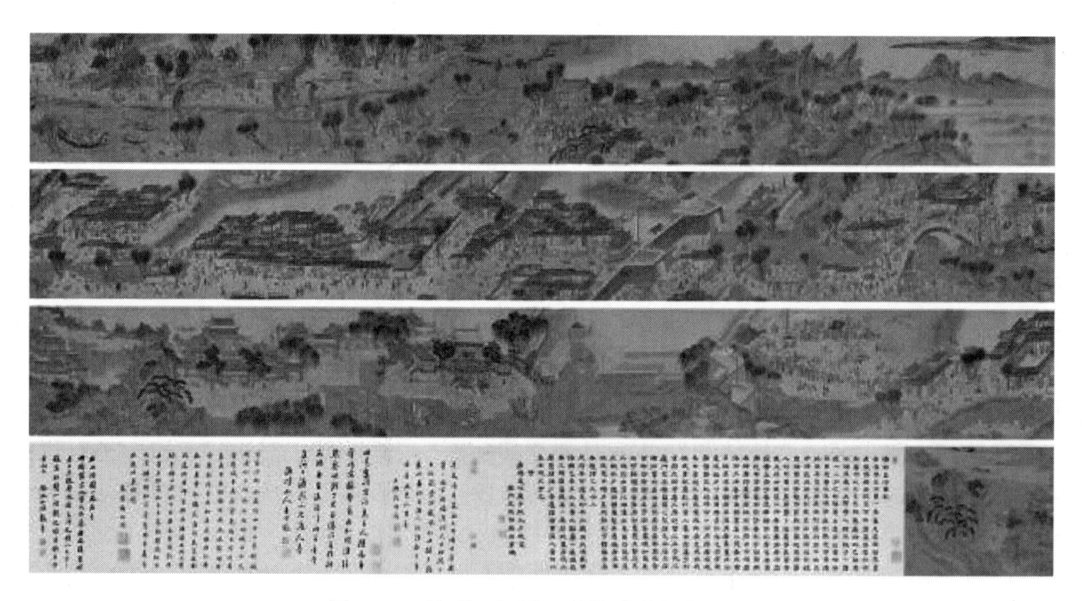

图 5.1 《清明上河图》所描绘的场景空间

（图片来源：http://www.paimaiguoji.com/Product/825674739.html）

综上所述，在各类艺术作品中，场景作为一种表达故事内容和展现故事情节的方式，其本身就是画面（绘画艺术）或者是类似于画面的动态图像（戏剧、影视等艺术形式）。人物在这些场景中通常会扮演两种角色：一种是场景之中的表演者，另一种则是场景之外的观赏者。这两类角色在上述的艺术形式中通常都是处于相互分离的状态，观赏者一般会游离于场景之外，并通过阅读（诗歌、小说）或观看（戏剧、影视、绘画等）场景来理解作者所要表达的故事情节。

“场景空间”的概念是将“场景”概念引入到建筑设计领域。设计者通过借用其他艺术表现形式，将各种空间想象成场景画面，然后再加以组织归纳，并最终形成一个有机的整体，再通过空间主体（人）的运动和参与来理解和观看这些场景。“场景空间”中的“人”不再是传统艺术表现形式中“场景”意义上截然分开的“观赏者”和“表演者”，而是将这两者融合为一体——即在建筑场景空间中，“人”既是“表演者”也是“观赏者”；既可以看“场景”，也身处于“场景”之中被“观看”。

“景域”在本书中代表“情景空间”概念的场景维度，是与人景维度——“情境”和物景维度——“样态”相并列的“情景”要素之一。“景域”不仅包含场所中“域”的因素，还包含人们对“域”的解读——即对“景”的认知。“景”的深层含义是指它不仅仅作为一种场景空间的表达方式，而是包含社会、文化、习俗、人的行为和心理等因素共同作用于场景空间所形成的现象。简而言之，“景域”是指人们在人造环境的基础上，增加社会、文化、心理等要素后，所构成的多元化的生活场面。它既可以反映场景空间中的文化、制度、习俗、行为、心理等要素，同时也对这些要素构成直接影响。（参见图 5.2）

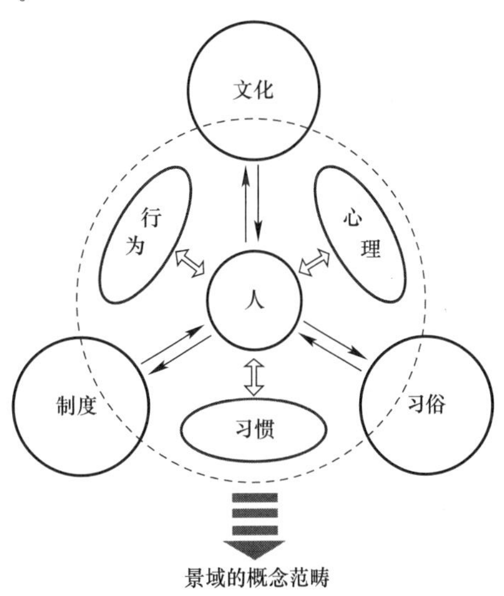

图 5.2 景域概念示意图

（图片来源：作者自绘）

由图 5.2 可见“景域”的深层含义更加契合“场景空间”的研究范畴。在概念外延上“景域”不但指单纯的物质空间，而且包括了空间的使用者——“人”，更囊括了人所产生的行为、心理和习惯。所以说在本书中，“景域”的概念涵义比较宽泛，它不光包含客观的“场景空间”，还包含了“人”对空间的印象和影响。在研究范围上，“景域”将空间的使用者——“人”作为构成和影响场景的重要因素，这对于研究场景空间的氛围和评价具有深刻的启迪作用。这种作用主要表现在以下两个方面：

其一，景域作为一种塑造空间的设计理念，更加强调关注于空间中的“人”及其人的行为表现，即从场景空间的使用者出发来思考空间塑造；其二，景域作为一种评价体系，要求透过物质的空间和形式的表象，关注真正的空间实质，借以获得对场景空间的最真实的认识和评价。

5.2 “景域”的认同特征

人们对“景域”的认同具有很多独特的特性。因为影响“景域”的要素比较多，包括时代性、地域性、文化性与文脉性等，所以“景域”的特征也会呈现出多元化、变异化、有机化和延续化的倾向。这些倾向与“景域”的影响要素是一一对应的关系，两者共同构成了“景域”认同的多样化特征。

5.2.1 时代性与多元化

“景域”的认同受“时代”要素的影响具有多元化的特征。人们对“景域”的认同是在“特定时间段”内发生的对社会个性和特征的认同，它是一种由外而内的评价。不同时代的“景域”具有各自不同的形式特点，它会受到所处时代的流行性潮流的影响，并最终形成属于那个时代的流行风格，与特定的场景相呼应，能够令体验者真切感受到场景空间的时代烙印。“时代”要素作为隐形的约束力量，会影响群体对“景域”的认同态度。比如对生态型景域的追求，会使模仿野生状态的场景空间在城市中心区域的室内环境中再现。如在大都市中央商务区的高层建筑室内空间中，采用墙体绿化等手段刻意营造出的田园风格室内环境。（参见图 5.3）

图 5.3　带有垂直绿化的生态景域室内环境
（图片来源：作者自绘）

“景域”是历史的投影，是在一个稳定的场景空间中生成的历史和文化。完全超越时空的“景域”是不可能存在的，因为任何一种“景域”都具有时代和文化属性，每个民族都是在其特定的“景域”环境中逐渐形成了自己的文化类型和生活方式。即使是同一个民族也会因为文化的发展和生活环境的变迁，在不同的历史时期呈现出不同的文化形态，即所谓的“文变染乎世情，兴废系乎时序”[252]。文化传统是沿袭历史而来的，作为文化的载体，景域亦是如此。[253]

在建筑室内环境的发展过程中，“景域”的构成要素会随着时间而自我适应和更新，少部分要素会被淘汰，但大部分的要素会因为所呈现出的积极意义而变得更加有活力。因为自身带有时代性的特征，“景域”在不同的历史时期总会传承那个时代的先进性，在“景域”的众多组成要素中将会产生自然的“优胜劣汰”，即适应环境发展的积极要素将被巩固和传承；而消极要素则会被淘汰并且逐渐消失。所以说，景域的演进会随着所处时代的社会经济发展和科技进步作出适应性的调整，呈现出必然的时代性特征。

“景域”的多元化是指景域各构成要素之间，特别是隐性的文化交换的多元化。文化信息的交换，并不是强势的文化对弱势文化的完全替换，而是两者的相互影响和渗透，最终会形成一种互相影响、共同繁荣的局面，此时“景域”的多元化特征将成为空间环境的主体。地铁站室内环境中许多有趣的多元文化并存现象正是来源于此，例如莫斯科地铁 10 号线上的罗马站（Римская Rimskaya）就是俄罗斯和意大利友好的象征，在 4 位地铁站的设计师中有 2 位是意大利人，于是大量的意大利建筑手法渗入到俄罗斯的地铁建筑中，形成了两种文化交织混合的特殊风格。如出站口附近的罗马角，就特意摆放了几个古罗马建筑常用的科林斯式柱式，在倒放的柱子上还有两个正在忙碌的小男孩——他们是传说中创建罗马城的两兄弟。（参见图 5.4）不仅如此，罗马地铁站里还设有莫斯科地铁站内非常罕见的喷泉，以及陶瓷的圣母和圣子雕塑。所有的这些都是在意大利罗马常见的“景域”元素，这些在当地地铁车站环境中融入异域文化符号的做法，恰好体现了“景域”的多元化特征。

(*a*)

(*b*)

图 5.4　莫斯科地铁 10 号线上的罗马站

（*a*）出站口附近的罗马角；（*b*）通道上方的圣母和圣子雕塑

（图片来源：http://forum.xitek.com/forum-viewthread-tid-565094-extra--action.html）

5.2.2　地域性与差异化

“景域”的认同受“地域”要素的影响具有差异化的特征。“景域”的认同是建立在地区差异的基础之上的，它是对自然环境和人文环境的共性提炼。[254] 人类对领土的占有欲望，使地域特征作为与认同相关的领土属性归属到“景域”的范畴。设计师通过研究空间环境的不同特征表现景域的特色和情趣。这些景域特色不仅体现出地域特征，还蕴含了文化内涵。景域的传承本质上是对文化传统、民族习性和价值观的继承。作为文化的载体，它不仅能够展现地域性特征，同时也存在着一定的差异化。景域中各构成要素的地域性和差异化是其自身的首要特征，这些特征与生态学理论的结合实际上就构成了“景域基因”的概念。

景域的地域性最典型的表现是在文化遗产方面。景域类文化遗产的地域特点代表了景域在形成过程中与当地本土要素间的连带关系。“对所有文化的尊重，要求充分考虑文化遗产及其文脉关系。”[255] 文物保护的地域性为景域的继承和发展提供了详实的依据。[256]

景域的差异化指的是在景域系统的更迭过程中，系统内部各要素“更新”后所产生的不同，它和文化的变异发展紧密相关。在文化的传承过程中，系统内部各构成要素在进行着不间断的信息和物质的交换，随着时间的流逝，景域的基因在各种要素的影响和改变下逐渐进化，体现出明显的生物遗传性。但是一些子系统中的构成要素，如制度框架、社会条件等会随着环境发生变化，此时景域系统内的某些要素将被取代，其结果就表现为景域的变异化特征。

5.2.3　文化性与有机化

“景域”的认同受“文化”要素的影响具有明显的有机化特征。“文化是在行为和人造物中体现出来的习惯性的理解。"[257]作为一种群体意识，景域的各个表现方面都受到文化要素的约束和引导。在相同的文化背景下，景域的形式、空间等诸多方面都会表现出一种趋同性；并且，各个景域要素之间关系紧密、互为因果，表现出一种有机的整体性特征。

景域的有机性表达了系统内部各要素在能量、物质、信息交换的同时，相互联合共同作用的特质。系统论认为：系统是一个由子系统或多个要素相互作用构成的有机整体。其整体功能并不仅仅是各单个部分的简单叠加，而是大大超出了各个子系统之和——即亚里士多德所说的"整体大于部分之和"。系统论的创始人贝塔·朗菲曾有论述："亚里士多德的论点'整体大于部分之和'是基本的系统问题的一种表达，至今仍然正确"。对景域而言，这种系统论观点仍然适用。在景域的各个子系统中，无论是空间、形态、格局等显性要素，还是社会、文化、心理、行为等隐性要素，之间都存在着不可分割的紧密联系。这些要素通过相互作用形成一个有机的整体系统，体现出了景域的有机化特征。

格式塔心理学认为：部分之间的现象关系是整体的函数。这种观点刚好印证了景域随着文化的发展而进化的现象。这种进化也反映了景域系统中各个要素间的顺序和结构——即景域的文化性和有机化。许多心理学家都曾经通过实验证明：人类的知觉是首先感知各要素所表达出的全局思想，然后才去仔细分辨具体的表述。人类的大脑更倾向于将简洁、对称、均衡"看作"是"美好"的模式，这种结构被视为"图"与"底"的关系，即所谓的格式塔关系。"景域"中各要素之间的文化性和有机化特质，也是这种关系的体现[258]。

5.2.4　文脉性与延续化

"景域"的认同还受"文脉"要素的影响具有一定的延续化特征。文脉即文化的脉络，包括传统观念、生存样式、行为模式等核心内容，可以通过各种显性或隐性的符号和方式显露出来。景域的文脉性是一种基于历史角度的认同行为，被广泛应用在特定人群和地区的文化传递中，具有延续化的特征[259]。

在景域的文脉性要素中，除了整体性的历史发展趋势外，更多的是以室内空间中某个局部的"片段"展示其文脉特征。从文化基因的角度看，为了便于用"小中见大"的方法研究景域的延续和演化，本书借鉴生物学和医学中的"切片"概念，导出"景域切片"的概念，将多个不同的"景域切片"按照时间轴串联排列，就会形成一个相对清晰的景域演化脉络，本书称其为"景域链条"。

1）"景域切片"模型的设想

景域切片系统是由显性和隐性两个分系统组成的。其中显性分系统又可分为自然环境和人工环境两个子系统；隐性分系统又分为社会文化和行为心理等子系统。各个子系统内还包含更加复杂的层级，所有这些要素共同构成完整的"景域切片"模型体系。在景域切片系统中无论是各个分系统、子系统还是更小的层级和要素，都包含了丰富的信息量。作为建筑空间中的文脉要素之一，景域像许多生命体一样，时刻都处于进化的历程中，并且系统中的所有要素都会随着时间的延续而不断发展。

当把景域作为存活的有机体对待时，可以借用生物医学的方法对其进行分解研究。我们可以将景域按照时间顺序分解成许多相对完整的片段，提取其中的任意一个出来，就会形成那个时间片段上的"景域切片"，生成景域切片系统的模型。（参见图5.5）通过这个模型，可以看出“景域切片系统”的双重含义：其一，系统可以清晰地表示出某一个时间片段的“景域切片”完整模型。其二，系统还包含了景域的文脉性，它可以表示出这个切片形成之前和未来一段时间之内的，“景域切片”中的各个系统、分系统、子系统的层级结构和要素之间的物质、能量和信息交换。“景域切片”的重要意义在于其反映了景域表征性与内涵性的双重关系，将两者有机地联系在一起，使景域在形式上显现于某些文化符号，在意蕴上内涵于特定的文脉传承。

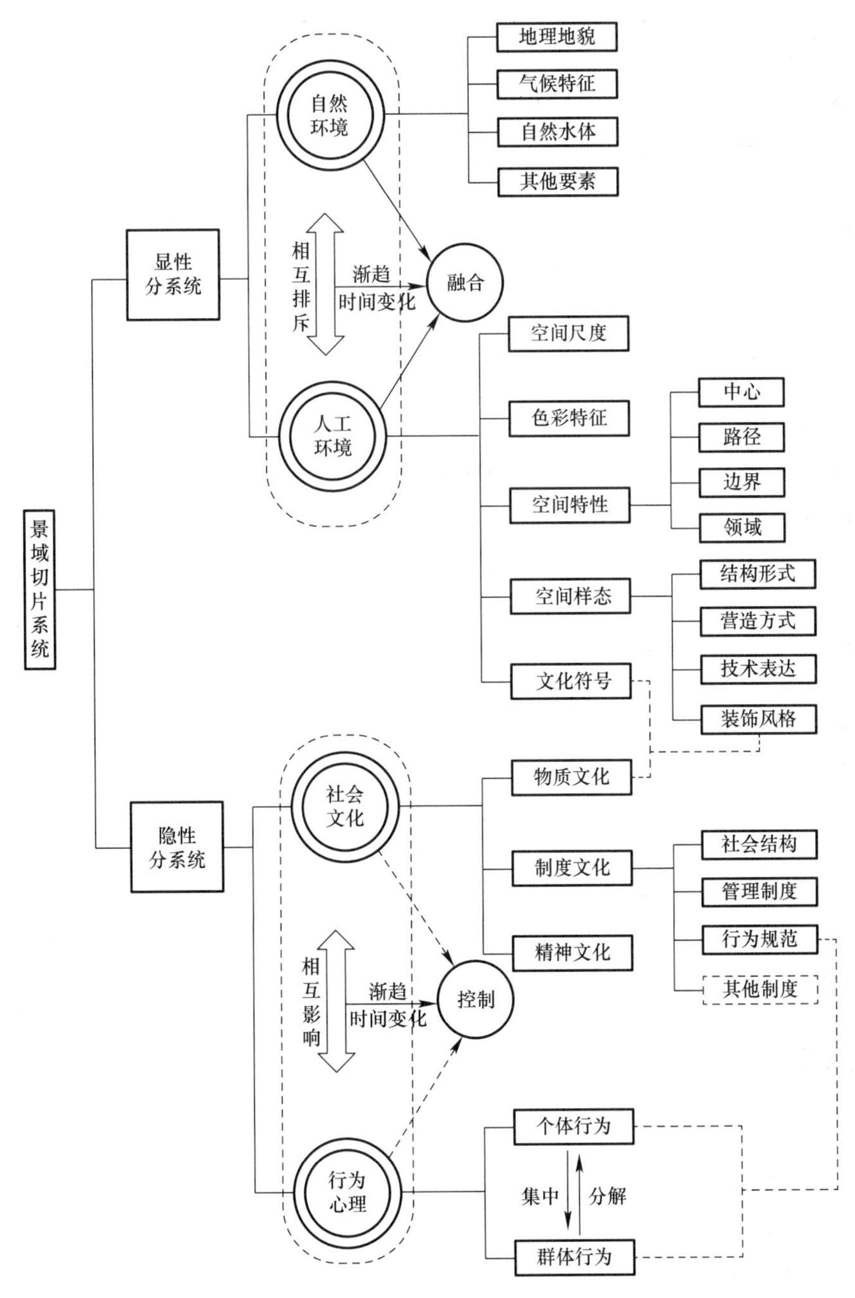

图 5.5 景域切片系统示意图

（图片来源：作者自绘）

“景域切片”的主要内容包含显性和隐性两类。显性内容包括自然环境和人工环境，其中自然环境又包括地形地貌、自然水体、气候特征等内容；人工环境是指在自然环境中的一切人造构筑物，如建筑室内空间的结构及样态、空间尺度、色彩特征、空间特性（包括领域、路径、边界、中心等），以及建筑室内空间中的技术表达、营造方式、装饰风格等。隐性内容主要包括社会文化和心理行为，会涉及到物质文化、制度文化、精神文化以及社会的组织结构、经济形态、行为规范、管理制度等内容，还包含思维习惯、审美方式、伦理价值、民俗信仰等意识形态方面的内容。“景域切片”中的各个构成要素是景域文脉不断发展的基础。景域的各种演化模式如延续、更新、替换、融合等，从本质上理解，都是这些内部要素之间的物质和信息的交换。

2）“景域文脉链”的演进

将不同的“景域切片”按照时间或空间的次序进行排列就会形成“景域文脉链条”，它既是理解景域文脉性运行规律的重要中介，也是表述景域延续化的重要概念。

在“景域切片系统示意图”（参见图5.5）中不难看出，各个层级的要素之间都包含了大量的信息物质交换。其实，“景域切片”作为一个比较大的开放系统，本身就可以被视为另一个更大系统的分系统。系统中各构成要素之间通过物质和信息的交换，相互影响、循环往复，共同促使“景域文脉链”的不断前行。

“景域切片”系统会像生命体一样不断进化，这使“景域文脉链”呈现出了独一无二的特征：随着时间的变化，系统中各要素在时刻不停地进行着信息沟通和物质传递，使景域呈现出明显的时代性和多元化的特征；各要素自身又包含了丰富的历史文化信息，传达了特定民族的精神观和价值观，令景域呈现出一定的地域性和差异化的特征；系统中各文化要素之间既相互联系、协同发展，又相互影响、相互制约，[260]使景域呈现出文化性和有机化的特征；系统中各构成要素之间不断的吐故纳新、自我更迭、发展演进，使景域呈现出动态性和延续化的特征。

景域并非处于静止不动的状态，它会随着时间和环境的改变而不断的演进和进化。在这个过程中，任何一个室内空间或单体建筑，都只能够表现一个特定时间范畴内的民族传统文化和群体认同习惯，因此“景域切片”只能称之为“时间片断原型”。随着时间的演进，一系列的“景域切片”按照先后顺序衔接，才能形成“景域文脉链”。这个“文脉链”既传承了景域的过去，又预示了景域的未来。

“景域切片”系统和“景域文脉链”的模型，深刻揭示了景域演化和运作的内部机制，是理解和分析景域理论的钥匙，也是研究景域概念及其特征的重要手段。

5.3 地铁站场景空间的功能作用

场景和场地不同，场地主要关注地铁站的物质空间；而场景则融合了个体感知以及社会、历史、文化等多方面的内容。场景空间作为地铁站室内环境设计中的重要表现途径之一，[261]具有表达社会群体意见和判断的特点。它虽然表面上是以个体感知为基础，但是却受到群体活动规律的约束，表达的是社会群体的整体认同结果。场景空间的主要功能包括：定位功能、叙事功能、识别功能和演进功能。在地铁站室内空间的具体使用过程中，乘客会在无意识的情况下受到场景空间功能的制约，被景域氛围所感染，很自然地按照群体规范进行相似的活动。

5.3.1 定位功能

场景空间的定位功能是指通过景域的隐性要素——文化符号来展现地铁站室内空间的氛围与灵魂。地铁站中场景空间的定位功能包含两层含义：狭义上是指乘客所在的具体地下空间位置的确定；而广义上则是指地铁站场景空间的文化定位。每一个地铁站在最初建成时就具有一定的使用功能，但在城市化高度发展的今天，地铁站的场景空间和特征，不仅可以使乘客非常直观地判定自己所处的地下空间位置，而且这些场景中的文化符号也已经成为每个城市的文化展示窗口，对提升地铁站所在城市的文化品质有着不可忽视的作用。

因为地铁站属于相对较为封闭的地下公共空间，在空间方向判断和定位上具有其先天的劣势，这就更加需要塑造特色鲜明的室内场景空间，令使用者印象深刻，并且能够迅速地与地面上的景物以及方向产生联系，以帮助乘客确定当前所处的地下位置。西安地铁系统就在这个方面进行了有益的尝试。西安地铁在全国首先使用“一站一标”的设计理念——即为每个车站设计一个独立的标识，并将其放在立柱、屏蔽门、导向牌等地铁站的显著位置上，以方便乘客快速确定所处地下方位。和西安地铁的“城墙”标识一样，各个车站的独立标识也采用“城墙章”式的矩形图案，[262]配合站名的颜楷字体设计，既方便乘客辨别，又带有历史名城西安自身的厚重历史文化印记。（参见表5.1）美中不足的是，西安地铁车站的英文翻译有许多直接采用了汉语拼音，可能会对部分国外乘客造成理解障碍。

地铁站的文化定位要求场景空间在历史和现实之间找到一个平衡点，这样才能形成居民的群体认同，令地铁文化的发展事半功倍。如今各大城市都争相发展文化产业，纷纷将“文化品味”作为城市的推广名片。在地铁站的室内环境设计过程中，利用场景空间展现文脉的传承，对于那些历史文化名城而言，不失为推广其博大精深历史文化的绝佳手段。城市中的重要文化遗产（古代遗址、传统建筑、历史街区等）作为景域的重要体现和显性表达，都应将所隐含的精神气质贯穿于城市的地铁文化氛围之中，使景域空间“纵向地记载着城市的史脉和传承，横向地展示着城市宽广深厚的阅历，并在纵横之间交织出城市独有的个性。”[263]

西安地铁各车站独立标识一览表❶ **表5.1**

序号	地铁站名称	英文站名	所在线路	特色标识	标识含义
1	后卫寨	HOUWEIZHAI	1号线		标识以古寨大门和士兵铠甲外形为主要设计元素，该区域在过去为驻兵守卫的古村寨
2	三桥	SANQIAO	1号线		标识以古桥为元素进行设计，表现站点的历史文化风貌，传达历史遗韵

❶ 作者根据网络上搜集到的信息整理自制。

续表

序号	地铁站名称	英文站名	所在线路	特色标识	标识含义
3	皂河	ZAOHE	1号线		标识是对皂河景观进行提炼设计而成，明确地传达出站点信息
4	枣园	ZAOYUAN	1号线		标识以丝路贸易为设计元素，体现该地过去曾是丝绸之路沿途经过之地，传达站点信息
5	汉城路	HANCHENGLU	1号线		标识结合站名特点、历史典故进行提炼，清晰、明确地传达了站名信息
6	开远门	KAIYUANMEN	1号线		标识以史料记载和历史遗迹为元素进行提炼和设计，明确地传达出站名信息
7	劳动路	LAODONGLU	1号线		标识以八大产业及劳动路特有的生态林带为设计对象，表现该地科技与文化蓬勃发展的特征
8	玉祥门	YUXIANGMEN	1号线		标识以玉祥门和祥云为元素，体现站名的同时，也为纪念冯玉祥将军解西安城之围的历史功绩
9	洒金桥	SAJINQIAO	1号线		标识以历史典故为设计元素，该地古时为运输粮食要道，散落的粮食如同黄金一般
10	北大街	BEIDAJIE	1号线		标识以站点周围的现代建筑为设计元素，清楚明晰的传达站点信息
11	五路口	WULUKOU	1号线		标识以现代建筑——火车站和西安城门为设计元素进行设计，表现站点的地理区位
12	朝阳门	CHAOYANG MEN	1号线		标识选用地标建筑朝阳门和朝阳为设计元素，清晰明确地表现站名信息，体现朝阳门是每天第一个见到阳光的城门[264]
13	康复路	KANGFULU	1号线		标识以医疗卫生符号为元素进行设计，体现该站点的现代区域功能等特征
14	通化门	TONGHUA MEN	1号线		标识以史料中记载的车马出行为主要设计对象，准确传达出通化门的站点信息

续表

序号	地铁站名称	英文站名	所在线路	特色标识	标识含义
15	万寿路	WANSHOULU	1号线		标识以地铁站周边的万寿寺塔为主要表现元素，简明扼要地传达出地铁站的地理位置和商业特点
16	长乐坡	CHANGLEPO	1号线		标识以长乐坡“望春厅”为元素进行设计，体现该站点的地域环境信息
17	浐河	CHANHE	1号线		标识以浐河大桥为设计元素，以浐河自然风光为设计题材进行设计，传达站点地域环境信息
18	半坡	BANPO	1号线		标识以半坡博物馆为设计元素进行设计，明确地传达出站点信息
19	纺织城	FANGZHI CHENG	1号线		标识以汉服和线轴为设计元素进行设计，传达站点地域环境信息
20	北客站	BEIKEZHAN	2号线		标识以西安火车北站的外观原型为主要设计元素，明确地传达出站点信息
21	北苑	BEIYUAN	2号线		标识以亭台和小桥等皇家的典型要素为设计元素，体现了北苑古时皇家园林风景草木茂盛的美景
22	运动公园	YUNDONG GONGYUAN	2号线		标识以西安城市运动公园主体建筑——西安市体育馆为设计元素，清楚明晰地传达站点信息
23	行政中心	XINGZHENG ZHONGXIN	2号线		标识以西安市行政中心主体建筑为设计元素，恰到好处地呈现出古长安的恢弘大气以及政治地位
24	凤城五路	FENGCHE NG 5-LU	2号线		标识以飞临汉阙的凤凰为主要设计元素，体现了西安北城经济中心的蓬勃生命力

续表

序号	地铁站名称	英文站名	所在线路	特色标识	标识含义
25	市图书馆	SHITUSHU GUAN	2号线		标识以西安市图书馆主体建筑为设计元素，颇具未来感，明晰地传达站点信息
26	大明宫西	DAMING GONGXI	2号线		标识以大明宫含元殿及其西侧的栖凤阁为设计元素，重现大明宫盛世的景象，和谐巧妙地勾勒出西安的历史风貌与现代文明
27	龙首原	LONGSHOU YUAN	2号线		标识以龙头为主要设计元素，围绕“龙”这个主题，把一种器宇轩昂的姿态毫无保留地展现出来
28	安远门	ANYUAN MEN	2号线		标识以西安“长安永定”的北门（安远门）箭楼为主题进行设计，体现了作为“古城第一门”的箭楼雄姿仍然不减当年
29	北大街	BEIDAJIE	2号线		标识以陕西出版发行大厦主体建筑为设计元素，明确地传达出站点信息
30	钟楼	ZHONGLOU	2号线		标识以西安标志性建筑——钟楼为主要设计元素，明确地传达出站点信息
31	永宁门	YONGNING MEN	2号线		标识以西安城墙大南门（永宁门）闸楼为设计元素，体现了大唐繁盛时期的至尊地位
32	南稍门	NANSHAO MEN	2号线		标识以西安标志性建筑物——小雁塔为主要设计元素，表现站点的地理区位
33	体育场	TIYUCHANG	2号线		标识以陕西省体育场主场馆为主要设计元素，明确地传达出站点信息
34	小寨	XIAOZHAI	2号线		标识以西安国际贸易中心主体建筑和小寨环形天桥为设计元素，凸显古城西安的文化魅力

续表

序号	地铁站名称	英文站名	所在线路	特色标识	标识含义
35	纬一街	WEI 1-JIE	2 号线		标识以陕西广播电视台主体建筑为设计元素，像一个穿越历史感受未来的使者表达永恒的西安之美
36	会展中心	HUIZHAN ZHONGXIN	2 号线		标识以西安曲江国际会展中心 A 馆建筑为主要设计元素，彰显了独特的西安地域文化特征
37	三爻	SANYAO	2 号线		标识以日月、祥云图案、变体的太极等为设计元素，体现了“天地合一”、阴阳相生、万物轮回的朴素哲学观念
38	凤栖原	FENGQIYUAN	2 号线		标识以凤凰的尾羽为设计元素，仿佛再现“鸣凤栖原”的神话传说，体现该站点的地域信息
39	航天城	HANGTIAN CHENG	2 号线		标识以发射塔、火箭、宇宙中的繁星为设计元素，体现了从古至今人们对浩瀚宇宙的探索，表达了人们对于美好未来的向往
40	韦曲南	WEIQUNAN	2 号线		标识由树林、远山、白云等设计元素组成，让人有种融入大自然的惬意，再现“绿色西安”的自然之美

5.3.2　叙事功能

地铁站场景空间的叙事功能简而言之就是讲述城市的历史，揭示城市的本质和源流。场景空间的信息展开和传承主要表现在两个方面：显性的物质层面和隐性的意识传承。每座城市在漫长的发展过程中，都会形成一些带有特定历史时代的文化印记，这些印记就是场景空间中可以被直接读取的“历史年轮”。正如哲学家拉尔夫·瓦尔多·爱默生（Ralph Waldo Emerson）所说的那样“城市是靠记忆而存在识别的”。文化的印记会随着时光的流逝日渐丰腴，并和当地的地域文化相互渗透，最终形成城市特有的文化标志。尽管其表现形式多种多样，但都是每个场景空间中不可缺少的重要要素。

很多优秀地铁站的室内外环境设计，就是通过场景空间的叙事功能展现城市各个时期的文化遗存的，如位于上海地铁 4 号线和 12 号线交汇处的大连路站，就将地铁站的叙事功能表现得淋漓尽致。大连路地铁站的 2 号出口坐落于上海市杨浦区的下沉广场上，出入口的对面就是著名的国歌展示馆，因此地铁站的下沉广场也被人们亲切地称为国歌广场。（参见图 5.6）行走其间，嘹亮的《义勇军进行曲》不时地传入耳畔，令人立刻感到了庄严肃穆，仿佛置身于那战火纷飞的年代，亲身经历了国歌的诞生以及一路从上海传唱至全国的过程。就像冯骥才所描述的那样：“城市和人一样也有记忆，也有从出生、童年、青年到成熟的完整生命历程，这些丰富而独特的过程全都默默保存在它巨大的肌体里。一代代人创造了它之后纷纷离去，却把记忆留在了城市中。”[265]大连路地铁站 2 号出口的下沉广场，像一部厚重的历史档案，忠实地记录着上海的过往和沧桑。[266]那些战争年代留下的记忆，已经深深地融入到特定的场景空间之中，生动地诠释了大连路地铁站的叙事功能特征。

图 5.6　上海地铁大连路站外下沉广场
（图片来源：作者自摄）

每一个城市都在日夜不停地谱写着自己的故事，[267]历史越悠久，城市文化的积淀就越深厚，其叙事功能也就越强大。[268]地铁站的场景空间塑造也需要与城市的性格、历史、记忆相吻合，因为这些场景空间不仅是城市的历史延续和文明脉络，也昭示了城市的特征和源流。正如吴良镛先生所言：“历史城市的构成，更像一件在生活中永远在使用的绣花衣裳，破旧了需要顺其原有纹理加以织补……这样，随着时间的推移，它即使已经成了一件‘百衲衫’，但还是一件艺术品，仍然蕴含有美。”

5.3.3　识别功能

场景是认知空间环境的重要方式，带有明显的环境识别功能。凯文·林奇在他的著作《城市意象》中所提出的“城市识别地图”也同样适用于地铁站的场景空间。林奇认为城市识别的 5 个基本要素是路径、边缘、区域、节点和标志物，但是在地铁站的室内场景空间中，识别的基本要素与之并非完全相同，其中的“边缘”在室内场景中被围合空间的“边界”所代替，“节点”被“中心”所代替，“区域”被“领域”所代替。因此，地铁站室内场景空间中的识别要素是：路径、边界、领域、中心以及标志物。（参见图5.5）这五个要素不仅体现出场景空间的显性空间特征，同时也深刻展示了地铁站的文化内涵和当地的城市风貌。正如英国前首相温士顿·丘吉尔（Winston Leonard Spencer Churchill）所说："我们造就了建筑，而建筑又造就了我们。"[268]作为地下建筑的一种，地铁站在塑造场景空间时，也同样继承和延续着当地的文脉特征和城市风貌。作为景域系统的重要元素，场景空间是反映一个城市独特性和精神力的窗口。地铁站不只是交通功能的简单叠加，更是公共艺术和空间环境的融合，它能够突出展示城市的历史传统。因此可以毫不夸张地说，地铁站具有极大的城市识别功能，它的形象在很多时候决定了人们对城市的第一印象。

地铁站场景空间的识别功能，取决于地铁所在城市文化遗产的丰富程度，涉及到城市的文化资源和历史积淀。文化遗产代表了城市的历史底蕴和文明含量，也是城市能够被识别，并且区别于其他城市的显著标志。以社会学的角度而言，文化遗产可以被看作场景空间的信念和标志，代表了场景空间的主旨。如今地铁站场景空间中的文化遗产通常不具备以前的应用价值，也可能没有特别珍稀的学术价值，但是它已经作为城市文化的一部分被市民所接受，成为识别城市场景空间的特有标识。

意大利罗马地铁A线就是利用文化遗产塑造场景空间，并借此提高其城市识别度的。罗马是世界著名的历史文化之都，地下埋藏着许多古迹，而罗马地铁A线要穿过罗马最重要的历史中心区，所以施工时遇到历史古迹和文化遗产的情况不可避免。罗马地铁在设计施工时，非常注重对沿线的历史文物及遗迹的保护，并尽力将其融入到地铁站的场景空间之中，形成罗马地铁特有的历史沧桑感。比如在地铁A线的Repubblica站施工时偶然发现了历史遗迹，设计师将其予以保留，并巧妙地做成了站内的展示橱窗，令过往的乘客可以随时观赏。（参见图5.7）这种对城市文化遗产的重视和保护，不仅可以满足人们对昔日文化的缅怀，更是从物质和精神层面延续城市的文脉，使本地居民和外来游客都能触摸到罗马传统文化"不能消失的未来心跳"。

图5.7　罗马地铁Repubblica站的历史遗迹展示橱窗

（图片来源：作者自摄）

5.3.4　演进功能

场景空间具有演进功能作用。所谓的"演进功能"是指场景空间可以随着时间、环境和使用人群的变化而不断的迭代更新，它对地铁站的发展起着极大的推动作用。地铁文化是场景空间的重要构成要素，也是推动地铁站场景空间迭代更新的基础和动力。如今，越来越多的使用者认识到：地铁站的价值不仅仅取决于基本的使用功能，更取决于它能够为城市的文化发展贡献什么。地铁文化正是城市文化演进的承载者和记录者；地铁文化的内涵是地铁站魅力的真正所在，决定着地铁站场景空间和城市环境的未来方向。

如今，地铁站场景空间的演变已经与城市的经济、管理和未来发展方向密不可分。地铁站场景空间的改善和地铁文化的发展已经成为解决城市发展的重要因素之一。场景空间所表达出的地铁文化，作为一种社会资本，其发展水平往往代表着一个城市文明的最高水准。先进的地铁站文化是城市发展的动力，是乘客共享的心灵港湾，它的演进变化深深地影响着城市的凝聚力。[269]地铁站承载了人们对本土文化的寄托，熟悉地铁文化以后，乘客对地铁站场景空间的认可度将大幅提高。这种自发的优越感会逐渐形成城市的凝聚力，使人们更加积极地投入到城市发展建设之中，这也是地铁站场景空间具有演进功能的根本原因。

地铁文化作为一种城市演进和发展的推动力量，深深地影响着地铁站场景空间的塑造，它不仅指引着车站的未来设计方向，同时也给城市发展注入了新的活力，增强了城市的生命力。作为场景空间理论体系的组成部分，地铁文化是城市最为宝贵和独特的文化优势之一。[270]在当今世界各地的著名城市中，大多都拥有深厚的地铁文化底蕴。地铁文化作为一种特殊资源，不仅可以塑造享誉世界的城市经典形象，也为城市文化繁荣提供了独特的艺术土壤。要提高地铁文化必须认真分析它的特点，将其在地铁站的场景空间中发扬光大。

法国巴黎就是将城市文化与地铁站场景空间完美结合，并不断推动地铁文化演变发展的典范。提到巴黎地铁，人们自然就会联想到它浓厚的艺术范儿。就像让·皮埃尔·热内（Jean-Pierre Jeunet）的电影《天使爱美丽》中的经典场景一样：女主角艾米莉循着歌声来到地铁里，见一盲眼老人捧着留声机放着一首经典的歌："没有你带来的欢趣，我怎能活下去……"她掏出零钱放入老人的钱箱里，然后，看到了一见钟情的男子尼诺，开始了既浪漫又有几分搞笑的恋情……像文艺作品中所表现的一样，在巴黎地铁站中总能不经意地碰到那些融入城市历史和文化的场景空间。比如，在 13 号地铁 Varenne 站的站台一侧就矗立着罗丹著名雕塑作品——思想者，（参见图 5.8）相隔不远处就是另一尊，几乎等同于罗丹原作的巴尔扎克雕像。（参见图 5.9）当身处在这样的地铁场景空间中，游客会情不自禁地被大师的艺术语言所感染，心里琢磨着这车站与罗丹有什么渊源呢？走出地铁站后才恍然大悟，原来罗丹博物馆就在身边不远处。

图 5.8 巴黎地铁 Varenne 站内的思想者雕塑

（图片来源：http://news.ifeng.com/gundong/detail_2014_01/03/32692366_0.shtml）

图 5.9　巴黎地铁 Varenne 站内的巴尔扎克雕塑
（图片来源：http://www.jsdada.com/bowen/xcf_69677.html）

5.4　“景域”创设——地铁站场景空间的构建模式

“景域”是“情景空间”概念的场景维度，是“景”与“域”的高度统一，是人们对场景空间的解读和认识。在地铁站的室内环境设计中，创设“景域”就等于建构“情景”空间中的“场景”维度。在这个过程中，需要遵循 3 个模式和规律：情感认同模式、环境认同模式、文化认同模式。通过对空间要素的有效组织，达到乘客对“景域”的一致性认同。使乘客的主观“情境”和客观的空间“样态”在场景空间中和谐统一，形成“情”“景”交融的“景域”。[271]

5.4.1　情感认同模式

“景域”必须有其内在的精神特质，即乘客对场景空间在情感上的认同。因为它可以直接反映出人类的内心感受，所以会比场景空间具有更深切的主观特征。如果说“景域”的实体环境——场景空间着重于满足人类的安全感，那么“景域”的精神环境则是关注于归属感的建立。就像亚历山大指出的一样，景域的精神是一种“无名特质”，是“一个极为重要的特质，它是人、城市、建筑或荒野的生命与精神的根本准则。这种特质客观明确，但却无法命名。”[272]

对于地铁站室内空间而言，乘客的情感认同对判断和接受场景空间起到至关重要的作用。由于大多数乘客的情感认同标准具有一定的惯性和稳定性，因此设计师可以利用这一作用，为地铁站的“景域”创设提供直接帮助。按照乘客心理需求和精神想象所发展出的设计思路，将更容易使建成的场景空间获得一致的情感认同，特别是在地铁站的细节表现方面，由于空间的使用评价会更多地依赖于乘客平日的生活经验和主观感受，所以乘客的建议往往具有指导性的意义。

地铁站景域空间按照乘客的心理情感认同分类，大致可分为 6 种类型，分别是：平坦型、崇高型、动感型、放射型、流动型和繁杂型。（参见表 5.2）一般而言，按照多数人的情感认同标准进行设计是相对稳妥而有效的方式，采用此种方式设计出的地铁站场景空间，会提供绝大多数乘客都能够接受的标准体验模式，使个体的行为方式和感知过程按照一定的规律进行，令乘客个人的感知结果与群体意见逐渐靠拢，最终达到对地铁站景域空间的情感认同。

地铁站景域空间引发的心理联想 **表 5.2**

序号	分类	心理图示	地铁站照片
1	平坦型	 图 5.10　平坦型景域空间心理图示 ［图片来源：作者自绘］	 图 5.11　罗马 B 线地铁 Tiburtina 站 ［图片来源：作者自摄］
2	崇高型	 图 5.12　崇高型景域空间心理图示 ［图片来源：作者自绘］	 图 5.13　东京地铁东京丸之内站出入口 ［图片来源：作者自摄］
3	动感型	 图 5.14　动感型景域空间心理图示 ［图片来源：作者自绘］	 图 5.15　罗马 B 线地铁 S. Agnese 站出口 ［图片来源：作者自摄］

续表

序号	分类	心理图示	地铁站照片
4	放射型	 图 5.16 放射型景域空间心理图示 [图片来源：作者自绘]	 图 5.17 罗马 B 线地铁 Tiburtina 站 [图片来源：作者自摄]
5	流动型	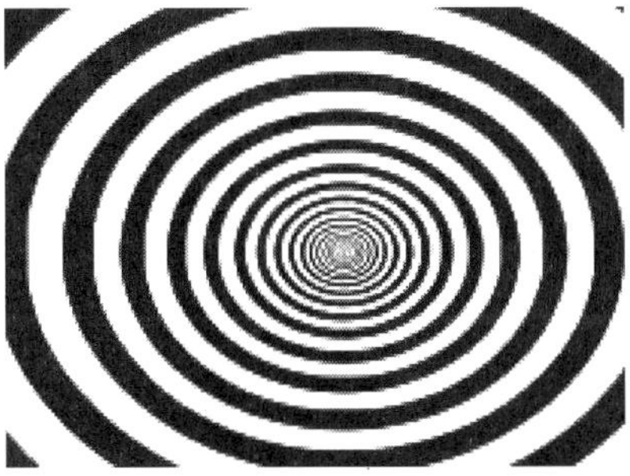 图 5.18 流动型景域空间心理图示 [图片来源：作者自绘]	 图 5.19 罗马 A 线地铁 Manzoni 站 [图片来源：作者自摄]
6	繁杂型	 图 5.20 繁杂型景域空间心理图示 [图片来源：作者自绘]	 图 5.21 罗马 A 线地铁 Numidio 站 [图片来源：作者自摄]

5.4.2 环境认同模式

“景域”的创设必须符合空间的特质，即乘客对场景环境的认可。正如亚里士多德所言：“空间是所有场所的总和，是一种具有方向且定性的动场。”[273]“景域”是由多个场景空间共同构成的系统，它与场景的关系是全部和局部的关系，场景是景域按照乘客的各种行为模式而进行的分解，建立“景域”就是对场景空间中的多个不同环境进行设计与整合，形成使用者对这种环境的普遍认同。

对于地铁站室内空间而言，乘客对环境的认同度决定了其对场景空间的接受程度。场景空间就是以丰富的可被知觉的信息为乘客提供大量的“场景”。这在一定程度上符合文丘里（Robert Venturi）的“少就是乏味”（Less is a bore）的理论。景域中的“环境”是围绕乘客行为产生的，它体现的是两者之间的空间关系。在不同的地铁站场景空间中，“环境”和“行为”的“地位”是不尽相同的，环境产生的认同敏感度也存在差别，有时被认同的是行为，有时被认同的是环境本身。但无论被认同的是哪个方面，都会涉及到场景空间的形式语言和空间秩序，对“景域”的设计尤为重要。

5.4.3 文化认同模式

“景域”的创设必须符合文脉的特质，即使用群体对场景空间在文化上的认同。社会学理论认为，人并非是以个体状态独立存在的，而是作为社会组织或群体中的一个成员存在的。因此，个体往往会在不知不觉中感受到群体的压力，表现出与群体一致的行为倾向。[274]这个理论也同样适用于“景域”空间的文化认同方面。在地铁站的行为表现中，一致性的行为加强了乘客间相对脆弱的联系。对于个体乘客而言，“景域”此时已经具象为场景空间环境，场景中的文化符号会限制个体对“景域”的感知表达，所以每个乘客所表现出的对地铁站“景域”的认同，会很自然地受到乘客群体对场景空间文化认同的影响。

诺伯舒兹在《建筑中的意图》中曾说：“物质环境（physicalmilieu）的另一方面即是建筑对人类活动（action）的参与。……活动，则由社会因素决定，参与的实体（如建筑物）因此显示出社会的意义（social meanings）。建筑成为‘社会环境’（social milieu）的一部分。”[138]同样，地铁站的室内环境也是诺伯舒兹所说的“社会环境”的一部分，在此环境中，群体的活动必然会表现出社会性和文化特征。地铁站的场景空间要想获得乘客的认可，就必须满足绝大部分乘客的文化习惯和社会情境。做到了这一点，地铁站中个体乘客的行为就会受到群体的影响，对地铁站的文化环境产生认同，“景域”与乘客形成的互动才能在场景空间中显著提高。

5.5 地铁站场景空间的建构策略

“景域”是情景空间的场景维度。因此，塑造地铁站的场景空间需要遵循“景域”的创设原则。根据上一节“景域”的3个构建模式——情感认同模式、环境认同模式和文化认同模式，地铁站场景空间的建构策略也需要从这三个方面入手。人是场景的灵魂，没有了人，场景空间也就失去了存在的意义。在建构场景空间时，人的情感是必须要考虑的要素，通过精神认知归一策略可以使空间更具“人情味”。意大利著名建筑师阿尔多·罗西（Aldo Rossi）认为：城市环境不仅是个空间，还是一种场景。地铁站的场景空间建构也要考虑对环境的认同，通过多种手段塑造人们的“空间印象”。当然，场景和场地是两个概念，场地指的是地铁站的物质空间，而场景则融合了人们的主观印象和社会文化的要素。在建构地铁站的场景空间时，还要遵循文化认同模式，保护和发扬城市的文化特性和历史积淀，通过多元文化融合策略提升场景空间的“归属感”，从而创造出合理、有序、个性化的地铁站场景空间。[305]

5.5.1 精神认知归一策略

人通过在空间中的行为和感知来认识场景，因此在构建地铁站场景空间时，必须要考虑人的情感和行为，通过精神认知归一策略使空间更具“人情味”。“人情味”即英文的Humanity，是指充分关注人的精神认知和身心体验，以人为本的设计观念。设计师在整个设计过程中，更加注重人们的参与、环境的品质、精神的认知，而不是仅仅关注物质空间。

精神认知是场景空间的必备属性之一，它的重要性甚至可以与空间功能相提并论。在地铁站设计风格走向多元化的今天，精神认知始终是设计师追求的目标之一，因为它既是塑造场景空间必不可少的要素，也是人们心理需求的直接反映。近年来，塑造“场景空间”的呼声越来越响，许多有责任感的设计都在反思地铁站室内设计的“标准化、统一化”所带来的问题，开始重新关注乘客的心理情感和精神认知。他们提倡通过精神认知归一策略提升场景空间的熟悉度与可识别性，使地铁站室内空间更具有亲和力和凝聚力。精神认知归一策略主要是指通过对精神认知的四条主要途径——中心、路径、边界和领域的设计，分别强化场景空间的四个主要情感建构要素：凝聚力的表达、起点和终点的联系、内外空间的区分以及归属感的建立。

1）凝聚力的表达——中心

地铁站场景空间的“中心”就是表现空间的“凝聚力”。这里的“中心”在凯文·林奇（Kevin Lynch）的描述中就是节点。“中心就是观察者可以进入并作为据点的重要焦点，最典型的是作为路线的交汇点和具有某些特征的焦点。”[276]地铁站的室内空间可分为从周边环境向内汇聚和以中央为核心向外围扩散两种形式。无论是哪一种形式，“中心”作为空间的焦点，对乘客而言都具有非常强烈的“吸引力”；当越来越多的乘客将“吸引力”汇聚在一起时，这种“吸引力”就变成了场景空间的“凝聚力”。

事实上“凝聚力”在场景空间中并不是一成不变的，它会受到距离因素的影响：乘客距离“中心”越近，场景空间的“凝聚力”就越大；反之，距离“中心”越远，“凝聚力”就相对越小。如此，在场景空间中就形成了一组相对的概念：“中心”和“边缘”。“中心”是形成地铁站场景空间的重要元素，它对“凝聚力”的表达有十分重要的意义。如北京地铁8号线与10号线的交汇点——北土城站，其设计灵感就来源于中国传统瓷器珍品——青花瓷。北土城地铁站的出入口以白底青花瓷器纹样为视觉“中心”，特色鲜明，非常有“凝聚力”，因此该站在2008年开通时就作为奥运支线的一部分，直接服务于北京奥运会。（参见表5.4中：图5.24；图5.25）

2）起点和终点的联系——路径

塑造地铁站场景空间的“路径”必然需要强化空间起点和终点之间的“联系”。这里的“路径”是具有方向性的，它能够明确自己和场景空间的归属关系。“路径”在地铁站的场景空间中通常可分成两种类型：穿越型和连接型。两者的区别在于与“主体空间”之间的关系以及乘客怎样使用“路径”到达目的地。如果“路径”在“主体空间”内部，乘客选择此“路径”时必须穿行于“主体空间”，那么这种“路径”就是穿越型路径；反之，如果“路径”处在两个“主体空间”之间，乘客选择此“路径”时不必再穿行“主体空间”，那么这种“路径”就是连接型路径。需要注意的是，无论是哪一种“路径”，都是乘客通过特定路线到达“主体空间”的方式。

在地铁站的场景空间中，路径会使人非常容易地辨识出“起点”和“终点”。意大利罗马地铁B线上的S. Agnese车站，就是利用路径表现出入口起点和终点间联系的优秀案例。因为S. Agnese站的出入口处在一个开放的下沉广场边，洞口本身并不十分明显，所以设计师利用路径的心理认知规律，通过步行台阶的颜色变化和高度差，强化起点和终点之间的联系，使初次到访的外地游客也能够非常容易地找到S. Agnese地铁站的出入口。（参见表5.4中：图5.26；图5.27）

在实际生活中，行走在地铁站中的乘客很少抬头，很多都是低头看地前行。所以路径的宽度、选材以及铺装形式对乘客的心理和行为都有影响。路径宽度较大时，乘客的行走速度相对比较随意，既可以快速通过，也可以中途停下观察某个场景的“中心”；当路径较窄时，乘客则无法停留，只能被迫前行。路径表面的材料对人的行走行为也会产生影响。路面越滑，行走的步幅越小，步频越低，每分钟行走的距离就越近。路径的铺装形式对人的行为和精神认知同样会产生影响：流畅的曲线铺装会使人感觉轻松随意；带转折的直线铺装则会令人产生约束感，暗示行为的庄严肃穆；而不规则的三角形铺装会带给人紧张感，令多数人产生不安。（参见图5.22）在进行地铁站场景空间的路径设计时，有意识地利用这些精神认知规律会产生意想不到的效果。

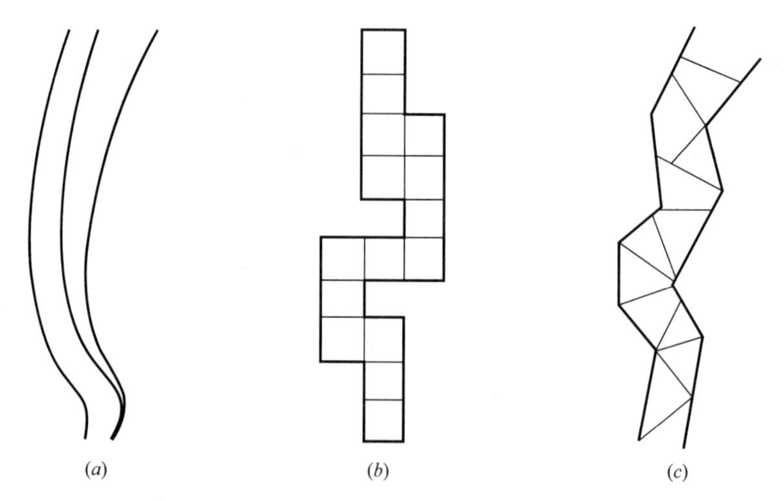

图5.22　不同路径铺装形式对人精神认知产生的影响

（*a*）轻松随意型；（*b*）庄严肃穆型；（*c*）紧张不安型

（图片来源：作者自绘）

3）内外空间的区分——边界

“边界”代表的是地铁站内外空间的区分和过渡。“内与外”是人类心理的感受，内外空间的交汇处就是“边界”。“场景”是依托于空间而存在的，空间一旦形成，边界就必然会存在。在地铁站的室内环境中，乘客的活动多集中在边界处：人们习惯于沿着“场景”的边缘行走，这样既可以增加安全感，又可以观看到“场景”的全貌。也就是说在精神认知层面，地铁站内外空间的对立因素会在“边界”中相互整合，使“边界”同时兼具了内外两种空间的不同优点。东京地铁品川站就在车站内外空间的边界区设立了一个巨大的

“过渡空间”。乘客行走其间，既可以感受到室内空间的安逸和舒适，又可以享受到室外空间的阳光和美景。（参见表5.4中：图5.28；图5.29）

在捕捉场景空间中暗含的图形“边界”时，拓扑学具有其特有的优势和敏锐性。拓扑学（topology）又被译成“位相几何学”，是指“空间”在连续性的变化下不变的性质。在建筑空间上，表现为相关性、连续性、模糊性与流变性；在室内设计领域，其直观地表现就是内外空间的边界。拓扑还有一个非常形象说法——橡皮几何学。因为如果设想所有图形都是用橡皮环做成的，就能够把这些图形进行拓扑变换：将一个圆形的橡皮环往各个不同方向拉伸，就会变成椭圆形、正方形和不规则的云形；此时的橡皮环作为图形已经丧失了所有的几何特性，但它却仍然保持了“分隔内外图形”的“边界”特征。在这种情况下椭圆形、正方形、云形的位相是相同的，也是同胚的。（参见图5.23*a*）如果原始图形是非闭合的圆，在拓扑变形时就成了C或U形，此时就没有边界和内外之分了，图形在平面上连成一体，C和U的位相是相同的，但与图a中的圆形和正方形的位相就不同了。（参见图5.23*b*）

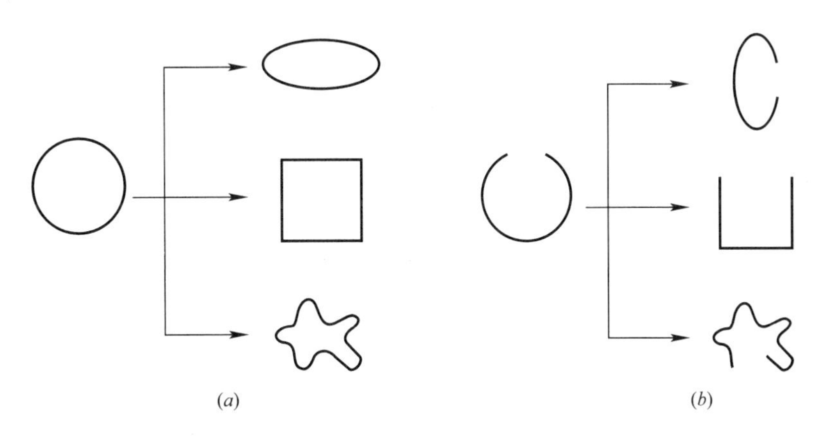

图5.23 橡皮环的拓扑形变示意图

（图片来源：作者自绘）

4）归属感的建立——领域

塑造地铁站场景空间的“领域”就是建立空间的“归属感”。领域这一概念来自个体生态学，原指动物拥有、控制和使用一定范围和空间并防御外敌入侵的行为。人的“领域”是指在人们的精神认知中具有共同性和同一性特征的专有控制区域。就像帕特兰·罗素（Bertrand Russell）所描述的那样：“领域是个体、群体使用和独占的一个区域界限，领域包含了关于空间问题的心理概念，表征了占有者的态度和区域占有者的准备状态。”[277]“领域”可以分成可见领域和不可见领域两种。可见领域具有明显的限定性边界：如墙壁、屏风、围挡等，可以起到防御物理性入侵的作用。而不可见领域主要是指人们的心理界限：如人们对家乡这一特定“领域”的归属感，不会因为远离故土而消失，只要主观上认定家乡存在，人类的意识中就会自然产生亲切感。[275]

人和动物的“领域”特征完全不同。（参见表5.3）动物的领域通常都是以家族群体为核心，地点相对比较固定，领域的边缘有明显的标记（粪便、尿液等）；而人类的领域通常都是以个人的身体为核心，可以随着身体而移动，领域的界限无法用肉眼识别。人的“领域”也被叫做“个人空间”，因为它的特点是可以随身携带，因此又称做“社会循走空间”。[278]当这个区域受到侵犯时，会引发人类的某些强烈反应，如对侵入行为进行抗议或躲避等。建筑区别于其他艺术形式（绘画、雕塑等）的根本特征之一，就在于它可以满足人类的领域性需求。事实上，生活中的这种需求随处可见。比如在公共场所人们总是试图与陌生人保持一定的安全距离；此时，个人的“领域”正是以身体为中心，均匀地分布在空间之中。在餐厅就餐时，大部分人更愿意选择靠边的座位，而不选择在中间位置就坐，其根源就在于中间座位的个人“领域”更容易被侵犯。

人和动物的“领域”特征对比 **表 5.3**

人类的“领域”（个人空间）	动物的“领域”（领地）
以个人的身体为核心	以家族群体为核心
可以随着身体而移动	地点相对比较固定
领域的界限无法用肉眼识别	领域的边缘有明显的标记（粪便、尿液等）
对侵入行为进行躲避或抗议	与入侵行为斗争或逃避

人与动物在“领域”上的最大不同之处在于：人的“领域”具有社会性。人不仅在物质空间中确立各自的“领域”，而且还运用社会知识对不同“领域”间的联系和精神背景作出解释。从心理学上看，人类的“领域”行为与自身希望获得某种信息平衡有关。人类大脑的正常运转需要依赖于眼、耳、口、鼻、四肢等传递的大量信息，没有这些连续的知觉信息流，大脑的中枢神经将无法发出指令。信息是剖析人类“领域”行为的重要依据，人类需要“领域”的根源是要寻求一种信息平衡，从而满足心理上的静谧。

地铁站的场景空间塑造也是如此：北京地铁 7 号线的广渠门内站的站内空间就是通过建立“领域”空间的精神认知，来增加乘客对地下空间的心理归属感的。广渠门内地铁站的主通道空间，利用左右两侧的支撑柱排列给人以熟悉的延伸感；天花设计选用对称的三角形，非常类似于别墅中常用的坡屋顶形式；再加上竖向的吊灯和栏杆，整个空间给人以非常强烈的“家”的心理暗示，令人在此空间“领域”中自然地产生一种“熟悉性”和“归属感”。（参见表 5.4 中：图 5.30；图 5.31）

地铁站景域空间的精神认知表达 **表 5.4**

序号	分类	认知图示	地铁站照片
1	凝聚力的表达——中心	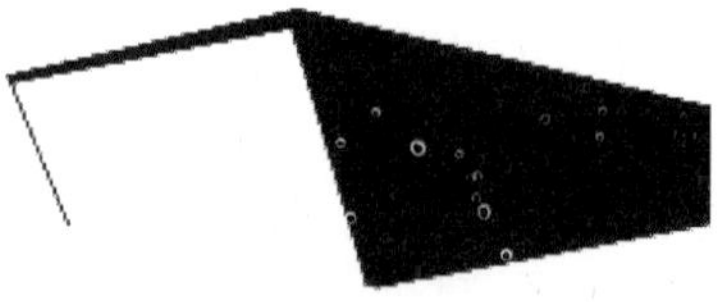 图 5.24　中心的精神认知图示 ［图片来源：作者自绘］	 图 5.25　北京地铁北土城站 ［图片来源：作者自摄］

续表

序号	分类	认知图示	地铁站照片
2	起点和终点的联系——路径	 图 5.26　路径的精神认知图示 [图片来源：作者自绘]	 图 5.27　罗马地铁 B 线 S. Agnese 站出口 [图片来源：作者自摄]
3	内外空间的区分——边界	 图 5.28　边界的精神认知图示 [图片来源：作者自绘]	 图 5.29　东京地铁品川站 [图片来源：作者自摄]
4	归属感的建立——领域	 图 5.30　领域的精神认知图示 [图片来源：作者自绘]	 图 5.31　北京地铁 7 号线的广渠门内站 [图片来源：作者自摄]

5.5.2　空间印象塑造策略

地铁站的空间之所以能够形成“景域”，是因为有“人”的参与。物质空间通过感官作用在人的头脑中形成了空间的各种“印象”，这些主观的印象和客观的物质空间相叠加才形成了场景空间。因为地铁站大都是线性空间，在水平维度上的延展性比较明显，为了能够保持较好的空间连续性，设计师都会非常重视对空间印象的塑造。一般来说，对地铁站的空间印象塑造主要表现在以下 4 个方面：空间氛围的塑造、环境情趣的塑造、空间尺度的塑造和环境艺术的塑造。

1）空间氛围的塑造

空间氛围即围合空间的“心理场”，是空间印象的重要组成部分，它对确立空间的整体印象具有不可忽视的作用。我国传统风水学的理论中的“气”和“形”就与“空间氛围”相关。“气”指场景中的“气氛”，是人的各种感官（视觉、听觉、嗅觉和触觉）所感受到的景域的“心理场”；“形”则是指围绕空间场的“环境体”，是具有一定空间组织结构的物质，是产生“气”的基础。古人将“气”和“形”看成是一个不可分割的整体：“气者形之微，形者气之著，气隐而难知，形显而易见”[279]。《黄帝宅经》❶中有“内气萌生，外气成形；内外相乘，风水自成”的描述[280]。“气”者“隐而难知”，正代表了场景空间中“心理场”的特征：虽然看不见，却可以形成特定的“氛围”，能够被人们的心理所感知。“形”者“显而易见”，代表了场景空间中“环境体”的特征：既可见又可测，具有物理场的各种几何特性。两者共同作用于场景空间，以形成空间氛围的环境功能和特殊效果[281]。

在地铁站的室内环境中空间氛围的营造主要分成两类：一种是通过形态塑造氛围，另一种是通过色彩塑造氛围。日本东京地铁东京丸之内站的室内氛围塑造就属于前者。丸之内地铁站的站房为文艺复兴式“赤炼瓦”红砖建筑。原本整座站房均为3层，但是在第二次世界大战末期，站房曾遭轰炸严重毁损，战后修建为现在的形态。如今的丸之内站主体为2层，但是在中央部分加盖了作为第三层的坡屋顶，并且将南、北两侧的八角状屋顶也加盖为3层。每一层的建筑形态和开窗形式均有区别，有意识地塑造出日本文艺复兴时期的空间氛围。（参见表5.5中：图5.32）

德国慕尼黑的玛丽安广场（Marienplatz）地铁站则属于典型的通过色彩塑造氛围的地铁站。车站内部通道的墙面和顶棚采用鲜艳的橘黄色，连接站台的出入口则选择稳重的黑色，两者对比鲜明而醒目，再加上米黄色的地面和高明度的照明，使地铁站的室内环境气氛既有传统厚重的神秘感，又洋溢着清新前卫的时尚气息。设计师将看似矛盾的色彩氛围和谐地融合在一起，形成了独具特色的风格，令置身其中的乘客仿佛忘记了自己是在地下空间。（参见表5.5中：图5.33）

2）环境情趣的塑造

“环境情趣”是由行为、心理变化和主观体验组成的非常复杂的概念，它是指能够使人们获得快乐和愉悦感的空间环境。环境情趣是空间印象的重要组成部分，[281]对人们建立空间印象具有不可忽视的作用。研究发现“积极的情绪对认知活动起着协调、组织或推动的作用；消极的情绪则起着破坏、瓦解或阻断的作用。”[282]由此可见，“情趣”包含了情绪中的积极、快乐的方面，但是情趣又不完全等同于快乐的情绪，它具有更持久的稳定性，是由快乐的情绪所引发的稳定的态度和观念[283]。

在地铁站的室内空间中环境情趣的塑造主要分成两类：一种是通过装置塑造情趣，另一种是通过装饰塑造情趣。西班牙巴塞罗那的垂叁斯（Drassanes）地铁站就是利用有趣的装置塑造环境情趣的。在垂叁斯地铁站的站台上，两位年轻的设计师爱德华多·蒙内

---

❶ 《黄帝宅经》相传黄帝所作，讲述了人与住宅的和谐，人与天地的和谐，人与自然的和谐，人与宇宙的和谐。它的学说是以太极、阴阳、三才、四象、五行、六神、七政、八卦理论为主，强调“宅以形势为身体，以泉水为血脉，以土地为皮肉，以草木为毛发，以舍屋为衣服，以门户为冠带，若得如斯，是事严雅，乃为上吉”，是中国传统文化的经典。

(Eduardo Gutiérrez Munné）和霍尔迪·费尔南德斯·里奥（Jordi Fernández Río）特意安放了一个叼着烟斗上“大号”的建筑工人雕塑。整个雕塑形象充满了喜感，让人们在嬉笑的同时，也能够感受到地铁建筑工人工作的艰辛。（参见表5.5中：图5.34）而加拿大多伦多地铁的博物馆站则是通过装饰塑造地铁站情趣的代表。多伦多的博物馆地铁站刚好位于皇家安大略博物馆的下方，因此车站内设有简单的展览活动空间，包括博物馆系列收藏的复制品：图腾柱、玛雅雕像、埃及石棺等，就连墙上博物馆站的站名也是用铝板透雕象形文字图案拼接而成的。（参见表5.5中：图5.35）正是这些独特的情趣设计，使博物馆站在多伦多的地铁环境中独树一帜，成为当地地铁站一道亮丽而独特的风景。

3）空间尺度的塑造

空间尺度也是空间印象的组成部分，它对人们建立空间印象具有十分重要的作用。“人是一切事物的尺度，我们用物体与人的关系来判断其大与小，或按我们所以为的大小来对事物进行辨别。”[284]人类因为很难把握那些与自身尺度反差巨大的物体，所以会对那些巨大的物体和空间产生疏远感。因此，地铁站在进行空间尺度的塑造时应以人与空间的关系为核心，寻求乘客对不同空间尺度的最佳接受程度，从而使车站的室内环境设计在人的尺度感上达到平衡，创造出尺度宜人的地铁站空间。

在大型综合性地铁站设计中，有时会面对大空间、大体量的处理问题，此时就需要考虑环境的受用主体——乘客的心理感受和需求，往往要使用化整为零的处理手法。罗马地铁B线上的利比阿站（Libia）就通过此种方法将原本巨大的采光天井进行分割组合，得到了更容易被人接受的内部空间尺度和层次。乘客在乘坐电梯时，会随着移动逐步发现和接受空间的体量变化。（参见表5.5中：图5.36）而罗马地铁A线上的共和国广场站（Repubblica）的售票大厅，则是宜人尺度在室内设计中的成功案例：800多平方米的售票验票大厅，内部净高仅3米，身处其中感觉非常轻快舒适，设计师对空间尺度的纯熟把控，轻易地塑造出了环境的亲昵气氛。（参见表5.5中：图5.37）

4）环境艺术的塑造

环境艺术也是影响和建立乘客空间印象的重要组成部分，因此在设计地铁站室内场景空间时应充分考虑乘客的行为模式和心理特点，对乘客必经的站厅、站台、通道、廊柱、扶梯等空间和区域因地制宜地进行环境艺术塑造。在艺术塑造过程中，可以根据所要达到的不同艺术效果，选择既不易损坏又便于清洁的材料，如传统材料中的石材、金属、马赛克、珐琅板、瓷砖等；或者是直接利用新技术，如数位影像技术等作为艺术创作载体，创造出既能够符合地铁站空间特性和人们的审美习惯，又可以与乘客进行交流互动的高品质环境艺术。

在地铁站的室内空间中环境艺术的塑造主要可分成两类：一种是通过装饰塑造艺术，另一种是通过装置塑造艺术。罗马地铁A线上的共和国广场站（Repubblica）就是通过装饰墙塑造艺术环境的代表。实验证明：人类的眼睛沿水平方向运动比沿垂直方向运动快而且轻松，所以人类一般会先看到水平方向的物体，然后才会看到垂直方向的物体。同样，地铁站内乘客的视觉中心会更多地停留在墙壁上，因此墙面的艺术化处理就成为乘客最容易注意到的地方。罗马的共和国广场地铁站很好地利用了这一规律，将站厅的主墙面设计成了现代时尚的彩色马赛克拼贴画，再加上背部的暗藏灯带照明，使墙面在质感、色彩、形态、肌理等多个方面得到明显的改善，在提高人们对空间认知度的同时，也创造出了艺

术性的环境氛围。(参见表 5.5 中：图 5.38)

通过装置提升空间的艺术环境，也是许多地铁站常用的塑造手段。装置艺术的特殊表现手法，可以在不改变地铁站属性的前提下，创造出全新的空间艺术氛围。这种艺术转换过程是以原有的空间为依托，通过临时元素烘托主题，给人以全新的艺术感受。2015 年 3 月，上海同济大学地铁站就被鲜艳的色彩所覆盖，通道两侧分隔出了很多临时展位，布满了同济大学设计创意学院各位同学的装置艺术品，为冷峻的空间添加了许多明快的色彩。(参见表 5.5 中：图 5.39)

地铁站空间印象的塑造 **表 5.5**

印象类别	分类	地铁站照片	分类	地铁站照片
空间氛围塑造	形态氛围	 图 5.32　日本东京地铁东京丸之内站 [图片来源：作者自摄]	色彩氛围	 图 5.33　德国慕尼黑地铁玛丽安广场站 [图片来源：http://www.quanjing.com/imginfo/iblabc01381030.html]
环境情趣塑造	装置情趣	 图 5.34　西班牙巴塞罗那 Drassanes 地铁站 [图片来源：http://www.leyou78.com/group/28-2891/]	装饰情趣	 图 5.35 加拿大多伦多地铁博物馆站 [图片来源：同 5.34]
空间尺度塑造	拓展尺度	 图 5.36　罗马地铁 B 线 Libia 站 [图片来源：作者自摄]	宜人尺度	 图 5.37　罗马地铁 A 线 Repubblica 站 [图片来源：作者自摄]

续表

印象类别	分类	地铁站照片	分类	地铁站照片
环境艺术塑造	装饰艺术	图 5.38　罗马地铁 A 线 Repubblica 站 ［图片来源：作者自摄］	装置艺术	图 5.39　上海同济大学地铁站的设计展 ［图片来源：作者自摄］

5.5.3　多元文化融合策略

随着经济的发展和生活水平的提升，人们对地铁站的要求也水涨船高，不再满足于对基本使用功能的完善，开始追求人文环境的塑造和精神文化质量。[279] 而在如今的大城市中，为了追求地铁交通的高效率，大量“国际化”的风格纷纷涌现；乘客所熟悉的带有历史积淀的地域文化形态被人为的忽视；加上现代人过于依赖网络沟通，“线下”交往空间极具减少，导致乘客对地铁站的空间环境感到陌生、冷漠。为了避免此类问题的出现，需要在地铁站环境设计中尽量展现人们所熟知的文化要素，通过多元文化的融合，塑造出既方便高效又富含文化气质的地铁站室内环境。

1）历史文化的塑造

历史文化要素是彰显城市历史文脉和建立空间“场景”的捷径，在地铁站的多元文化融合与塑造中，历史文化也是其重要的表现方面。传统的生活“场景”中含有很多人们对往事的回忆，它们已经镌刻在人们的心中，代表了那个时代特有的象征意义。历史文化遗产是全人类的瑰宝，有些历史遗迹的体量可能很细小，但却是情景空间中最具魅力的核心。因此，在进行地铁站情景空间设计时，应尽可能地保护和发扬那些长期沉淀而成的历史文化特征，并结合地下空间环境，创造出合理、有序、个性化的地铁站空间场景。

如果对博物馆和历史文化感兴趣，那一定要去雅典地铁感受一下。雅典新地铁的市中心段既是地铁建设工程也是希腊有史以来最大的考古发掘项目。该发掘工作历时 10 年，整个工程覆盖面积达 79000 多平方米，共发掘出五万多件古文物，时代跨越五千年。其中不仅包括历史文献中曾有记载的雅典古城墙、古河道、古马路、古墓地、古民宅、古用具、古作坊等遗迹；甚至还发掘出了过去无人知晓的古粮仓、古地界、古排水管、古垃圾场等，为此希腊地铁专门设置了历史遗迹展示区和展示墙。（参见表 5.6 中：图 5.40；图 5.41）千年尘埃下的古希腊社会随着地铁的轰鸣与乘客们不期而遇，那份惊喜与自豪使雅典地铁站的 6 个站台成为世界上绝无仅有的地下历史博物馆。

意大利的罗马作为众所周知的历史文化名城，其地铁站的环境同样非常注重对悠久历史的展示与发扬。罗马地铁 A 线中的曼阻尼（Manzoni）地铁站的大厅一角，就设有专门的历史文物展台，其中展示了在罗马地铁建设过程中所发掘出的考古文物，包括各种古罗马的生活用品、建筑的基座、大理石柱头等珍贵文物原品。每件展品下方都有意大利文和英文的注释标签，详

尽的介绍了古罗马帝国的经济、政治、宗教及日常生活。(参见表 5.6 中：图 5.42；图 5.43)

北京地铁的圆明园站和西安地铁的玉祥门站也是塑造历史文化的经典车站，二者都是利用浮雕壁画墙的形式来表现特定的历史事件。北京地铁 4 号线的圆明园浮雕墙就采用了大水法的经典艺术形象，使历史的厚重感油然而生；同时还将有关圆明园的关键历史时间和事件镌刻在展示墙上，提示人们不要忘记那段中华民族被侵略、被烧杀、被掠夺的屈辱历史，为过往的乘客补上了一堂生动的爱国主义教育现场课。(参见表 5.6 中：图 5.44)

无独有偶，西安地铁一号线上的玉祥门站也是利用壁画展示特定的历史事件：站内的《万古长青》壁画就是以冯玉祥将军解围西安的历史事件为背景创作的。1926 年 4 月到 11 月，军阀刘镇华的镇嵩军将西安城严密围困 8 个月，致使城内百姓饿死 4 万多人，直到被冯玉祥率军击败，西安才得以解救[285]。为纪念冯将军的丰功伟绩，百姓特意将城门称作玉祥门，地铁站的名字也来源于此。因此，车站内的壁画以冯玉祥将军的形象和仙鹤松柏为表现主题，在纪念特定历史事件的同时，也是用浪漫主义的手法暗喻冯将军的爱国精神流芳千古。(参见表 5.6 中：图 5.45)

2) 民族文化的塑造

在室内环境设计面向全球化的今天，任何一种风格在全球层面上的流动，往往都首先发生在某一个地区或者是某一民族中，都伴随着设计思想的流动而向外传播。故此可以推导出室内环境设计领域的全球化一定是起源于某一个民族，因为某些因素的传播才走向世界的，所以才有“只有民族的才是世界的”说法。地铁站的多元文化融合也同样离不开民族文化，它是塑造特色场景空间的重要元素。只有深刻理解民族文化的内涵，充分继承一个民族传统文化的精华，才能在此基础上进行创新，塑造出民族情、国际观与时代感相结合的地铁站情景空间。

继承传统文化的前提是要深刻理解民族文化的内涵，只有真正地掌握其内在本质精神，才会设计出既能够发扬优秀传统文化，又可以与现代手段相结合的完美作品。[286]莫斯科地铁站就是继承民族传统文化的经典之作，一直享有“地下艺术殿堂”的美誉。在苏联时期，政府认为共和国应该建有世界上最宏伟漂亮的地铁站，因此投入大量的人力、物力对莫斯科地铁站进行建设，形成了莫斯科地铁恢宏而又不失柔美的民族特色[29]。

早期建成的莫斯科地铁站均有其独特的风貌[287]。苏联时期的设计师非常善于利用历史事件和著名人物进行地铁站的主题装饰，他们用各色的大理石、花岗岩、陶瓷和彩色玻璃拼贴成浮雕壁画，搭配豪华的照明灯具，构成了富丽堂皇的“地下宫殿”。[29]共青团地铁站就是其中最负盛名的一座，因为地处莫斯科最繁忙的交通枢纽——共青团广场旁边，所以这座环线上的华美地铁站也成为了莫斯科地铁的标识。(参见表 5.6 中：图 5.46) 直至今天，它那巨大而宽敞的空间，精美的室内装饰，仍然广受好评。

由于莫斯科地铁的布局是由市中心呈放射状延伸，辅以环形线路，密布于整个城市地下，[288]所以许多的地铁站都处于市中心区域，周围有红场、克里姆林宫等著名广场和建筑。因此绝大多数地铁站的外部设计都尽最大可能保留了传统的墙面和造型，同时又在室内环境中增加了浓厚的斯大林时代色彩，使古老的莫斯科地铁站具有鲜明的个性和民族特色。如 1972 年建成的红色街垒 (Barrikadnaya) 地铁站，就是为纪念 1905 年俄国起义工人在此设立街垒抵抗沙俄军队的历史而建。这一站所在的地区曾在 1918 到 1990 年间被称为红色街垒区，地铁站的站名也由此而来。车站通道内的柱墩和墙面镶贴了大量的红色大理石，与白色拱顶和地面的花岗石形成鲜明对比，整体风格深沉肃穆。(参见表 5.6 中：

图 5.47）在莫斯科的地铁站中，大到墙面和天花，小到壁灯座和踢脚线，到处都可以找到俄罗斯民族的建筑痕迹，现代地铁的高效率与民族文化的形式美，在这里达到完美的融合[29]。

希腊雅典地铁在民族文化塑造上同样有其独到之处。雅典人将地铁设计艺术看作是民族物质文化发展的象征，认为它像哲学一样能够给人以深刻的启迪。所有坐过雅典新地铁的人都会对地铁站里的古希腊文物有深刻印象，其中的许多都是珍贵的文物原品。每件展品下方都用希腊文和英文注明年代、名称以及更加详尽的说明，像博物馆一样将古代希腊的生活展现在乘客面前。在大名鼎鼎的雅典“卫城”地铁站中，就有一处大型的雕塑群，那是雅典娜贞女神殿东三角顶上的大型古代人物艺术雕塑的复制品，描绘的是雅典娜“横空出世”的场面。在雕塑的最下层，还有这座伟大神殿中楣浮雕的复制品，描写的是古代雅典每 4 年举行一次的大型泛雅典娜节上，人马列队游行的盛大场面。（参见表 5.6 中：图 5.48）市中心的“宪法广场”（Syntagma）站同样有展示希腊民族历史文化的标志：高 7m 长 40m 的考古学示意墙——生命之层。（参见表 5.6 中：图 5.49）正是这些独具民族特色的地铁站设计，使希腊地铁成为展现社会历史和人生哲学独一无二的舞台。

继承和发扬民族传统文化不是复古主义，不能生搬硬套。要在学习了解传统符号所负载的文化特征与民族特性的基础上，取其精华、求其精髓，再结合设计理念、创新思维，重新审视民族文化的同时提炼出崭新的内涵。我国的许多城市非常注重地铁站的民族文化展示与建设，北京、西安等城市都在此方面进行过大量有益的尝试。这些尝试不是简单地把优秀而丰富的民族文化挪来一用，而是在继承的基础上进行二次创新[289]，带给人们更多的思维方法和更新的生活方式。如北京地铁 8 号线上的奥林匹克公园站的出入口，就采用了中国传统的喜庆红色和太平鼓的造型；（参见表 5.6 中：图 5.50）而位于 10 号线上的北土城站，则利用传统的青花瓷纹样和色彩作为设计元素，塑造出浓郁的中国民族风格。（参见表 5.6 中：图 5.51）

西安地铁也利用城市自身丰厚的历史底蕴，将传统的民族文化与现代设计理念相结合，[290]塑造出地铁站的民族特色。如西安地铁龙首原站内的《书法龙》装饰浮雕，将现代的金属加工工艺手段与中国传统的书法艺术巧妙融合，塑造出动人的民族文化氛围。（参见表 5.6 中：图 5.52）同样，位于西安地铁运动公园站内的《扇舞》装饰画，也是在深刻理解和掌握剪纸文化内涵的基础之上，结合车站旁运动公园的使用特点，创造出令人耳目一新的表现形式，做到了对传统民族文化的继承有余[291]、把握有度。（参见表 5.6 中：图 5.53）

地铁站的多元文化塑造　　**表 5.6**

分类	地铁站照片	地铁站照片
历史文化塑造	 图 5.40　希腊地铁历史遗迹展示区 [图片来源：http://blog.sina.com.cn/s/blog_4910bb430100mron.html]	 图 5.41　希腊地铁历史遗迹展示墙 [图片来源：http://blog.sina.com.cn/s/blog_4910bb430100mron.html]

续表

分类	地铁站照片	地铁站照片
历史文化塑造	 图 5.42　意大利罗马 A 线地铁 Manzoni 站 [图片来源：作者自摄]	 图 5.43　罗马 Manzoni 地铁站内的历史文物展台 [图片来源：作者自摄]
	 图 5.44　北京地铁圆明园站的大水法浮雕壁画 [图片来源：作者自摄]	 图 5.45　西安地铁玉祥门站《万古长青》壁画 [图片来源：作者自摄]
民族文化塑造	 图 5.46　俄罗斯莫斯科共青团地铁站 [图片来源：http://www.leyou78.com/group/28-2891/]	 图 5.47　俄罗斯莫斯科红色街垒地铁站 [图片来源：http://forum.xitek.com/forum-viewthread-tid-565094-extra--action-printable-page-4.html]

续表

<table>
<tr><th>分类</th><th>地铁站照片</th><th>地铁站照片</th></tr>
<tr><td rowspan="3">民族文化塑造</td><td>
图 5.48　希腊雅典地铁“卫城”站内雕塑
[图片来源：http://news.xinhuanet.com/world/2014-09/15/c _ 126985474 _ 2.htm]</td><td>
图 5.49　希腊雅典地铁雕塑墙
[图片来源：作者自摄]</td></tr>
<tr><td>
图 5.50　北京地铁奥林匹克公园站出入口
[图片来源：作者自摄]</td><td>
图 5.51　北京地铁北土城站
[图片来源：作者自摄]</td></tr>
<tr><td>
图 5.52　西安地铁龙首原站《书法龙》装饰浮雕
[图片来源：作者自摄]</td><td>

图 5.53　西安地铁运动公园站《扇舞》装饰画
[图片来源：作者自摄]</td></tr>
</table>

3）地域文化的塑造

地域文化要素同样是彰显城市文脉特色和建立空间“场景”的捷径。虽然现代资讯的共享使人们的生活方式和审美取向日渐趋同，进而导致了地铁站设计风格趋同化现象的出现；[292]但是那些保持了当地居民生活特色、历史文脉、人文氛围和浓厚归属感的地铁站空间仍然倍受青睐。要克服地铁站设计风格趋同化现象所带来的问题，塑造地域文化不失为一个非常有效的解决途径。在塑造地域文化的过程中，单纯重复或模仿那些地域文化的“符号”和“样式”显然是行不通的，设计师一定要深入其中，领会当地历史文脉的“精神”和“灵魂”。外在的表现形式固然重要，但内在的文脉和设计思想才是使地铁站室内环境设计走向成功的基础。

利用地域文化塑造地铁站室内环境的案例有很多，南京的珠江路站、西安的半坡站、多伦多的博物馆站就是其中具有代表性的典范。珠江路车站是南京地铁第一个特色车站，位于地铁 1 号线珠江路和中山路的交界处，为地下 2 层岛式车站，与规划中的南京地铁 13 号线换乘。珠江路站内的艺术墙主题为“民国叙事”，作品以老照片式的手法，再现了民国时期南京的繁华景象：秦淮河、中山陵、雨花台、明孝陵、总统府等许多著名景点都一一在列，透过主题墙人们能够真切感受到“六朝古都”那份浓厚的历史和独特的地域文化魅力。（参见表 5.7 中：图 5.54；图 5.55）

值得一提的是，珠江路地铁站还有一个更加“甜蜜”的名字叫做“糖果车站”。其名字来源于一个真实感人的故事：南京地铁刚开通不久时，一对夫妇从马鞍山带着孩子到南京看病，搭乘地铁返回时路过珠江路站，当时生病的孩子哭闹着非要吃糖果，令父母非常尴尬。此时，旁边地铁站的工作人员将买给自家孩子的糖果送给了得病的小孩，并祝愿他早日康复，这让本来伤心不已的父母异常感动。从此以后，珠江路地铁站的所有员工都会在上班时带着糖果，送给那些有需要的孩子。事情传开后，地铁公司决定将珠江路地铁站称为“糖果车站”，并为之揭牌，同时坚持每天不定时地向车站内的儿童派发糖果，拿到糖的小朋友们都亲切地把珠江路站叫做“糖果车站”。[293]这甜蜜的名字和感人的故事也在当地传为佳话，塑造了新时期南京地铁独特的地域文化。

西安地铁 1 号线的半坡站和加拿大多伦多地铁的博物馆站也都是利用地域文化塑造地铁站室内环境的优秀案例。因为两者都是位于著名的博物馆附近，所以两座地铁站都以当地博物馆最著名的地域文化特色展品为设计切入点，效果奇特，令人印象深刻。如半坡地铁站内的文化墙就绘制了半坡遗址出土的“人面鱼纹盆”，还有半坡先民日常生产的形象，以及常用的尖底陶罐、陶盆等生活器皿；（参见表 5.7 中：图 5.56；图 5.57）而多伦多博物馆站更是直接使用了当地印第安土著的图腾柱作为地铁站支撑柱的装饰，将浓郁的北美地域文化注入到了地铁站的室内环境之中。（参见表 5.7 中：图 5.58；图 5.59）

4）主题文化的塑造

主题文化的塑造可以轻松自然地表现地铁站室内环境的多样性，它不仅反映了“人”与“场景”的和谐关系，而且能够造就出丰富多彩的“情景空间”。各种迥异的地铁站“主题文化”不仅会成为乘客们最为印象深刻的记忆，也可以造就出地铁站自身无法磨灭的印记。然而地铁站的主题文化塑造也有其特有的困难：如地铁站空间相对狭小封闭；自然光照先天不足；过往乘客流动性大；站内不适宜长期停留观看等。这就需要设计师在主题文化的表达上更加注重概念性，要让人在短时间内就能够看懂，不能讲长故事，更不能色调过于灰暗。

利用主题文化塑造地铁站室内环境的案例也有不少，伦敦的贝克街站（Baker Street）、南京的大行宫站、西安的钟楼站和开远门站、美国的肯德尔站（Kendall）都是其中具有代表性的地铁站。贝克街（Baker Street）位于伦敦的市中心，著名的海德公园旁边。贝克街221B这个门牌每天都会吸引世界各地的游客目光，因为他是著名推理小说中的大侦探——福尔摩斯的“故居”。贝克街地铁站的室内环境设计也充分利用了这位大侦探的知名度，地铁站内到处都能感受到大侦探的气息：在圆形的站台隧道里，每隔几步就可以看见印有不同剧情的彩色瓷砖，还有巨大的福尔摩斯剪影贴纸。每个福尔摩斯迷到了这里，都会抑制不住地举起相机，试图捕捉到这位大侦探日常生活的蛛丝马迹。（参见表5.7中：图5.60；图5.61）

中国古代文化艺术源远流长，利用这些优秀的民族文化传承塑造独特的主题文化是我国地铁站的独特优势。在塑造主题时对传统艺术形象的运用一定要把握好继承与创新的关系，掌握民族传统文化的精髓，不能够仅限于对形式和造型的拷贝，更应注重对古典美学思想精髓的理解与传承。[324]如南京地铁大行宫站就利用其特殊的区位优势，塑造了独特的“红楼梦”主题文化。大行宫站位于原江宁织造署遗址范围内复建的“金陵红楼梦文化博物苑”附近，因此其3号线站厅艺术墙的主题设计为“金陵十二钗”。“江宁织造署”就是现在“江宁织造博物馆”的前身，它也是《红楼梦》中大观园的原型。将《红楼梦》中著名的“金陵十二钗”聚集于与江宁织造博物馆毗邻的大行宫地铁站内主题墙上，不失为十分贴切的主题表达。墙上十二钗画像的椭圆形边框均由汉白玉雕琢成，它的外形就是《红楼梦》里男主人公贾宝玉所佩戴的那块宝玉，既塑造了“红楼梦”的主题文化，又隐喻了贾宝玉和十二钗之间千丝万缕的联系。（参见表5.7中：图5.62；图5.63）

西安地铁钟楼站内也有一面体现陕西特色文化的“大秦腔”主题墙。秦腔（Qinqiang Opera）又称乱弹，是中国汉族最古老的戏剧之一，起于西周，成熟于秦，发源于西府地区（今陕西省宝鸡市），流行于我国西北的陕西、甘肃、青海、宁夏、新疆等地区。钟楼地铁站的主题墙利用现代手段展现了秦腔中最有艺术魅力的部分。在主题墙的前半部分是形态各异、栩栩如生的彩色戏曲人物浮雕，向我们讲述着一个个跌宕起伏的传奇故事；而整幅作品的后半部分则是4个活灵活现的秦腔戏曲脸谱背景，他们刻画自然，庄重大气，既注视着前面舞台的小天地，也向地铁乘客揭示了戏如人生的哲理。（参见表5.7中：图5.64；图5.65）西安地铁开远门站《丝路风情》文化墙也是塑造主题的经典之作。这幅40多m^2的巨幅拼贴画，是由130多块大理石，历时4个多月拼接而成。光是石材的颜色就多达25种，同时采用了先进的激光切割技术，配以现代的手工掐丝和打磨工艺，使每块石材间的接缝均小于4mm。完成后的作品恢宏大气，完美地展现了盛唐时期古丝绸之路上的繁忙景象。（参见表5.7中：图5.66；图5.67）

当然，主题文化的塑造方式并不仅仅局限于以上几种，其表现的形式十分丰富。如美国的肯德尔地铁站（Kendall）就是利用多变的声音装置表现科技主题的。肯德尔地铁站坐落于美国马萨诸塞州剑桥市（大波士顿地区）的麻省理工学院（Massachusetts Institute of Technology，简称MIT）旁边。因为麻省理工是以工科和技术而著名的大学，有“世界理工大学之最”的美誉，所以肯德尔地铁站的室内环境设计也以代表科技的声音装置为特色。肯德尔站在站台的两条列车轨道之间设置了3组独特的金属乐器装置，每件乐器都以一位已故的著名科学家命名：以毕达哥拉斯（Pythagoras）命名的是两排垂吊的钢管与吊锤，有点类似我们中国的编钟，当吊锤撞击钢管时，能发出B小调的颤音；（参见表5.7中：图5.68）以伽利略（Galileo Galilei）命名的是大块的金属板，有点像乐队中的“铜铲”，当它振动时能发出雷鸣般的声音；而以开普勒（Johannes Kepler）命名的是一个重达125磅的金属环，当上面的铁锤砸下来时能发出清脆的响声。（参见表5.7中：图5.69）要操作这3组独特的乐器，就必须摇动设置在两边站台墙上的金属杠杆，再由这些金属杠杆带动铁锤敲击乐器发声。每一个过往的乘客都可以成为乐手，在等车的时候去摇上几下。保罗·马蒂斯（Paul Matisse）的这种独特设计使肯德尔地铁站颇受欢迎，当地人都亲切地称这3组音乐雕塑为“肯德尔技术乐队”，在表达喜爱的同时也彰显了麻省理工学院的理工科技背景。

地铁站的特色文化塑造 **表5.7**

分类	特色文化认知图示	地铁站照片
地域文化塑造	 图5.54 “六朝古都”南京的中山陵 [图片来源：http://www.nipic.com/show/3/33/7185848k663bd156.html]	 图5.55 南京地铁珠江路站 [图片来源：作者自摄]
	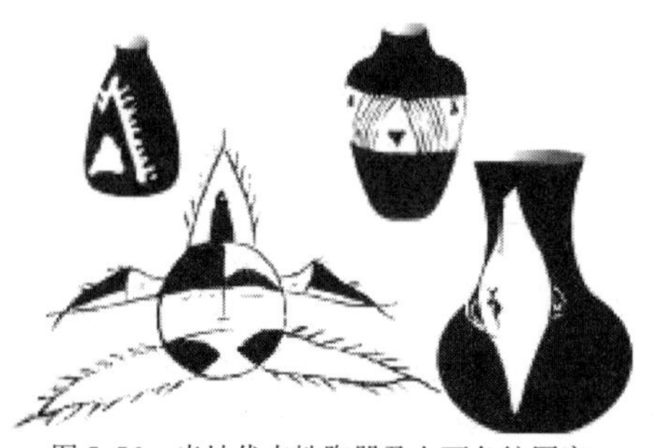 图5.56 半坡代表性陶器及人面鱼纹图案 [图片来源：作者自绘]	 图5.57 西安地铁1号线半坡站 [图片来源：作者自摄]

续表

分类	特色文化认知图示	地铁站照片
地域文化塑造	 图 5.58　加拿大当地土著的图腾柱 [图片来源：http://blog.voc.com.cn/blog.php?do=showone&type=blog&itemid=698826]	 图 5.59　加拿大多伦多地铁博物馆站 [图片来源：http://cd.auto.sina.com.cn/am/2013-05-24/402-13122_11.html]
主题文化塑造	 图 5.60　大侦探“福尔摩斯”像 [图片来源：作者自绘]	 图 5.61　伦敦地铁贝克街（Baker Street）站 [图片来源：作者自摄]
	 图 5.62　“红楼梦”中的金陵十二钗 [图片来源：http://news.folkw.com/www/qqfs/084832834.html]	 图 5.63　南京地铁大行宫站 [图片来源：http://www.cdjsgc.com]

续表

分类	特色文化认知图示	地铁站照片
主题文化塑造	 图 5.64 《大秦腔》戏剧人物 [图片来源：作者自绘]	 图 5.65 西安地铁钟楼站《大秦腔》主题墙 [图片来源：作者自摄]
	 图 5.66 《丝路风情》主题壁画印象 [图片来源：作者自绘]	 图 5.67 西安地铁开远门站《丝路风情》文化墙 [图片来源：作者自摄]
	 图 5.68 美国肯德尔地铁站内的 “毕达哥拉斯”音乐装置 [图片来源：作者自摄]	 图 5.69 美国肯德尔地铁站内的 “开普勒”音乐装置 [图片来源：作者自摄]

5.6　技术进步的两面性：当代地铁站室内环境面临的新问题

如今我国地铁站的室内环境设计领域呈现出一派前所未有的繁荣景象：建成和投入使用的项目越来越多；设计的形式和色彩也越来越复杂、多变。引起这种情况的原因多种多样，但其中有两点是无法忽视的主要诱因：

其一，随着我国城市化进程的加快和人口的相对集中，许多大城市的交通拥堵越来越严重，而地铁具有输送能力大、快速准时、全天候、节省能源和土地、污染少等特点，恰恰可以改善此类城市问题。[29]因此地铁成为很多大城市发展规划中解决交通问题的不二选择，这也直接导致了地铁站室内环境设计项目的增多，造就了这一领域的繁荣。

其二，随着技术的进步和设计手段的丰富，越来越多的设计师开始尝试借助各种计算机辅助设计软件的帮助将自己的创作想法在虚拟空间中实现标准化，这也直接导致了以参数化设计为代表的“第二次国际式风潮”在地铁站室内环境设计形式上的流行。再加上各个城市为了便于辨识和管理，多以不同的颜色定义和区分多条地铁线路，当建设地铁的城市和地铁线路越来越多时，就会不可避免地出现辨识色彩的高度趋同化。

这两个诱因最终都直接或间接地导致了当前我国地铁站所面临的新问题：高速建设与发展进程中出现的不良局面——室内环境的非理性发展：“去精神化”和地方特性的流失问题。地铁技术的快速发展也是一把双刃剑，它在带给人们高效率的同时，往往也夹杂着破坏性的成分。因为这些全新的技术和手段虽然增加了人类建造和使用地铁的效率，但同时也极有可能成为地铁站室内环境设计“去精神化”的帮凶。如果我国地铁站的室内环境只是一味追求建设的经济性和高效率的话，那么长远来看，无疑会使得我们许多地域文化和民族特色渐趋衰微，标准化的设计生产将会使地铁站的室内环境日趋雷同。在这样的背景下，塑造地铁站的“情景空间”，既十分必要又颇具挑战。

“情景空间”作为地铁站室内环境设计范畴中的内容，它的最终目的是为乘客创造特定的空间环境，将乘坐地铁变成一种舒适的享受。在本书中“情景空间”是一个复杂的多维度概念：它既包含涉及心理学和行为学的“人景”维度——“情境”；也包含涉及建筑学和类型学的“物景”维度——“样态”；还包含涉及社会学、文化学和环境美学的“场景”维度——“景域”。对于地铁站而言，“情景空间”既是一种物质空间（指“物景”维度：“样态”）；也是一种精神空间（指“人景”维度：“情境”）；还是一种空间的“特性”（指“场景”维度：“景域”）。“情景空间”理论因为自身所带有的文化色彩，决定了其关注点既囊括了客观的物质世界和主观的精神世界，又提供了理解民族和地域的方式，它帮助设计师将平淡的地下空间环境转化为具有人文关怀的地铁站室内空间场所。

室内空间有表达环境“特性”的任务，如何在当代地铁站的室内环境中实现“情景空间”理论的主张？如何建立地铁站室内环境的“意义”和“归属感”？本书主张塑造地铁站的“情景空间”时必须同乘客的生活环境和文化背景相结合，使“情景”的精神价值在设计的全过程中得以连续贯彻。这种思路将“情景空间”分解为本体观、客体观和群体观三个层面。本体观是“人景”，属于哲学范畴，它关注的是地铁站室内环境中个体的认知行为；客体观是“物景”，属于技术范畴，它关注的是地铁站室内环境中物质环境的建立；群体观是“场景”，属于科学范畴，它关注的是地铁站室内环境中“人”与“环境”的互动关系。“情景”是带有文化价值和地域特性的，它依附于人景、物景和场景而存在，并最终将这三者转化为乘客对地铁站空间环境的体验认知，因此可以说塑造“情景”体验是一条将理论变为现实的有效途径。

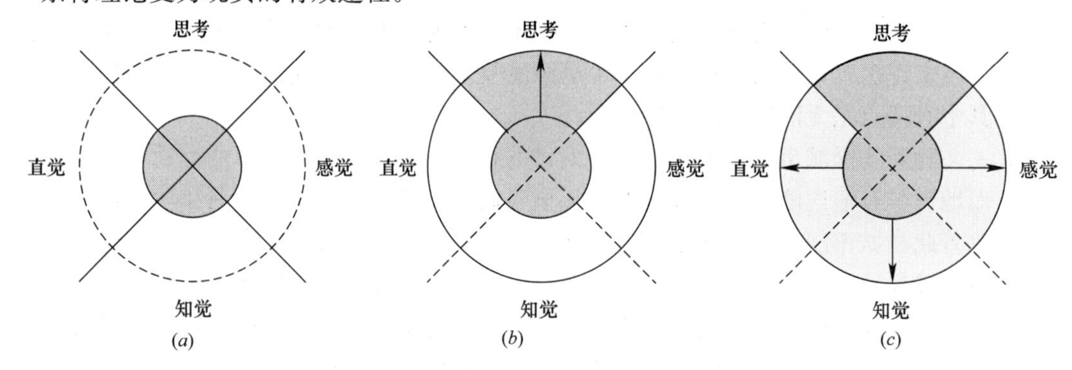

图 5.70 人类意识的演变过程❶
(a) 前现代；(b) 现代；(c) 超现代

反思是当代室内设计的本质之一，是一种有意识的实际创造活动。本书认为“情景空间”是一个超越历史的概念，也是一个能够超越狭隘的“意义”范畴的概念。而地铁站室内环境的“情景”就存在于这些“反思”之中，它已不再单纯指主观的“思考”或客观的“环境”，而是变为一个复杂的多维度系统。在多元和开放的理论体系之下，“情景空间”的建立也是多途径的，它不仅涉及意义和文脉，也涉及形式、功能、结构、意志等许多范畴，它是当代社会和当代城市环境的意义集合。地铁站的“情景空间”不仅包含客观上的地铁站室内环境；也同样包含主观上“人”在室内环境中的“感受”；还包括社会文化和群体意志，以及人们对地铁站所进行的“自上而下”“由内而外”的环境塑造行为。现代城市地铁站的发展史，也是一部“情景空间”的进化史和“城市意志”的变迁史，从德国哲学家简恩·盖博瑟（Jean Gebser）的人类意识结构演变过程中，能够更加清晰地看到“情景空间”作为开放的理论系统，对于当代地铁站室内环境的重要意义。（参见图 5.70）在前现代时期，绝大部分的理论是以直觉的方式去理解“情景空间”；现代主义则注重思考，更加关注建造的理性过程；而至当代，多样化和反思成为主题。塑造“情景空间”的方式也必然体现出一种整合的思维，既要重视“直觉”，也要关注“理性”，用阿尔瓦·阿尔托（Alvar Aalto）的话说，即是“进入人性和心理领域”。

5.7　面向未来的哲学思考：开放系统的延续

“情景空间”是一个包含人景、物景和场景的多维度概念，其理论架构涉及多个学科的交叉，相对而言比较繁杂。这在一定程度上决定了“情景空间”的不可预设性，导致对其所进行的研究，也不得不面对一种在困惑中前行的事实。正如尼古拉斯·雷舍尔（Nicholas Rescher）所描述的那样：“真实世界是复杂性的复本，……对其细节满意地认知掌握既是不可行的也是不可能的；如此复杂的领域，我们在任何时候都不能提供某种真

❶ 图片来源：Carl Fingerhuth《向中国学习——城市之道》，中国建筑工业出版社，2007 年版。

实的、足够适当的认知模型，因此我们对世界的认知控制注定是有缺陷的；我们既不能够完全描述它，也不可能充分解释和预言它。”[295]

剑桥大学的哲学奇才路德维希·维特根斯坦（Ludwig Josef Johann Wittgenstein，又译：维特根施泰因）曾指出“把精神说清楚是一个巨大的诱惑”。借用他的这一说法，本书认为把当代地铁站室内环境中所有关于“情景空间”的问题全部清晰准确地描述出来也是一个巨大的诱惑。当代地铁站情景空间的多元化发展趋势已经是一种客观存在的现象，它不再仅仅局限于对“物景”空间的思考，而是进入人性和心理领域：越来越注重对“人景”和“场景”的塑造。在这样一种背景下，情景空间所涉及的理论也不可避免的多样化，要想在这些千头万绪的观点中，厘清头绪并找出规律，进而在某种程度和形式上对其进行解释，就变得更加困难重重。甚至有些学者认为：这样做本身就是“以一种决定论取代另一种决定论。而这恰恰是复杂性理论对经典科学理论的批评并且要尽力克服的。”[296]当然，鉴于“情景空间”问题的多元性和复杂性，其规律不可能是单一的，它很可能是针对不同类型形成的一个规律系统。本书也并非是要解决“情景空间”理论所涉及的所有问题，而是想用情景空间的视角来解释当代地铁站室内环境中的一些现象，进而至少获得对地铁站“去精神化”问题的一种相对明晰的认识和解决之道。

情景空间的复杂性以及当代地铁站室内环境的诸多特征很难通过一本书详尽叙述清楚。对于研究者来说，它更像是一种无法回避的挑战。那么面对地铁站情景空间可能存在的多元化和复杂性，我们将如何给出合理的解释呢？有的学者认为它“肯定不会是通常意义下的单一解释理论，而可能是解释理论的无限长链。如果此外再无其他有效理论的话，或许我们可以对这个链作连续近似，我们成功的最好希望是离散的、逐条稳定持续的积累。”[297]由此可见，情景空间的本质特征决定了我们对其的探索不会一蹴而就，更适合的做法是把它融入到一个可以自我修正的开放性理论系统之中，使对其理论发展的研究逐渐完善，并逐步趋近于终极的正确解释。

在科学技术飞速发展的今天，地铁站室内环境设计领域对情景空间的探索已经成为不可逆转的现实。面对乘客日益多元化的需求，“情景空间”理论的提出仅仅是对原有思维模式的扩容，还是将以一种全新的姿态而存在？它将对我国当前以及未来的地铁站室内环境设计产生多大的影响？这些都是值得深入思考的问题，需要我们在审时度势的基础上作出冷静的应对。事实证明，我国当前的地铁站室内环境设计既不可能再次回到现代主义大一统的“国际风格”中；也不大可能被技术进步所裹挟，在艺术审美上强求千篇一律。顺应时代发展，与时俱进应该是一个恰当的选择。“21世纪是中国人的世纪”[298]我们应该从“天下一致而百虑，同归而殊途”[299]的古典哲学思想中汲取智慧，允许多样性与差异性的存在，充分发挥开放理论系统的源动力与创造力，使地铁站“情景空间”的塑造有不同的实现途径。同时在探求不同地域、文化背景下的“殊途”时，也需兼顾整合与统一，合理地把握技术进步中的积极因素，将其与地铁站“情景空间”的建构相结合，进而实现技术与艺术的完美统一。

“情景空间”到底是什么？作为一个可以不断自我完善的开放理论系统，这个问题将会有无限的答案。因此，对于建成环境特别是地铁站的室内环境而言，我们应该尽量避免将“情景空间”变成一种单纯的理论设想，发展它的最好方式就是将其付诸实践，并在实践与反思的过程中不断进行完善。

附录A 世界各城市地铁信息汇总表

亚洲

序号	国家/地区	城市	地铁标识	线路图	当地名称	中译名称	通车年份	线路数	车站数	长度（km）	特色
1	中国	北京			北京地铁		1971（于1969年竣工，但直到1971年才试运营）	18	318	527（北京城铁77.07千米未计入）	中国首条地下铁道线。2013年，北京地铁总客运量突破了36亿人次，跃居全球第一
2		天津			天津地铁		1976	4	92	136	天津地铁是中国大陆第二个地铁系统
3		香港			港铁		1979	7	171	218.2	2007年12月2日，地铁与九铁的车务运作正式合并；同时，地铁公司也易名为港铁公司
4		上海			上海地铁		1993	15	337	548（不包括磁浮线33千米）	中国大陆投入运营的第三个城市轨道交通系统。目前，上海地铁总里程长度为世界第一

续表

序号	国家/地区	城市	地铁标识	线路图	当地名称	中译名称	通车年份	线路数	车站数	长度（km）	特色
5	中国	广州			广州地铁		1997	9	148	270	中国大陆投入运营的第四个城市轨道交通系统
6		长春			长春轨道交通		2002	2	49	48.2	2002年10月30日长春轻轨3号线（轻轨）试运营，1号线（B型车）将于2014年完工
7		大连			大连轨道交通		2002	2	27	106.15	3号线快轨2002年11月8日通车。7号线快轨（开发区一九里）于2009年12月28日通车，均为C型车，不属于地铁线
8		武汉			武汉地铁		2004	3	79	96.7	1号线是我国中西部地区第一条城市轨道交通线。2号线是国内首条穿长江而过的地铁

续表

序号	国家/地区	城市	地铁标识	线路图	当地名称	中译名称	通车年份	线路数	车站数	长度（km）	特色
9	中国	重庆		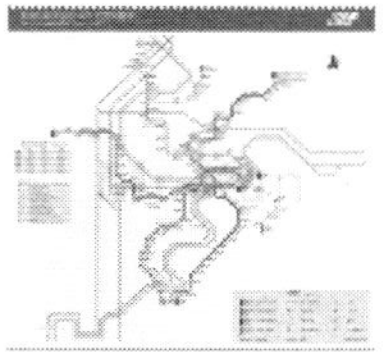	重庆轨道交通		2004	5	121	202	轨道交通2号线是中国西部地区首条城市轨道交通线，也是中国首条跨座式单轨交通线路
10		深圳		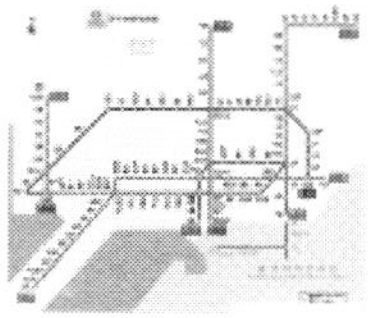	深圳地铁		2004	5	131	178.8	罗湖站以总建筑面积5.3万m^2的规模居中国国内地铁车站之首
11		南京		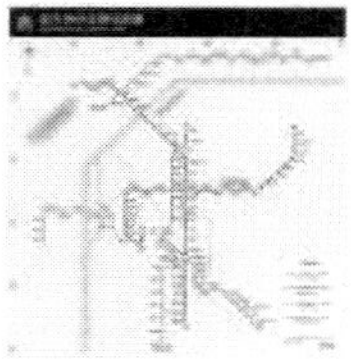	南京地铁		2005	5	92	180	综合造价每公里3.92亿元，为国内地铁建设中综合造价最低
12		沈阳			沈阳地铁		2010	2	44	64.96	中国东北地区首条地下铁道线
13		成都		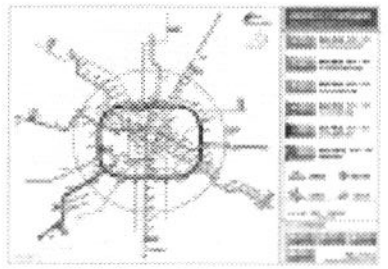	成都地铁		2010	2	49	60.86	中国中西部地区，首座开通地铁的城市

续表

序号	国家/地区	城市	地铁标识	线路图	当地名称	中译名称	通车年份	线路数	车站数	长度（km）	特色
14	中国	佛山		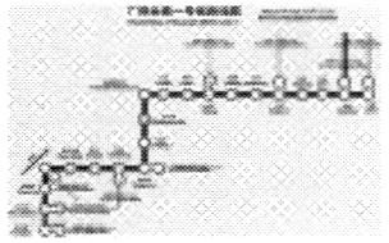	佛山地铁		2010	1	11	14.78	全国第一条通入地级市的地铁线路
15		西安		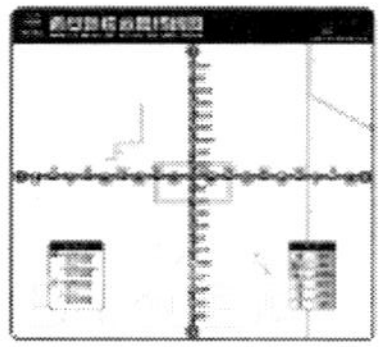	西安地铁		2011	2	40	51.9	中国西北地区首个、中国大陆第十个运营大运量轨道交通系统的城市
16		苏州		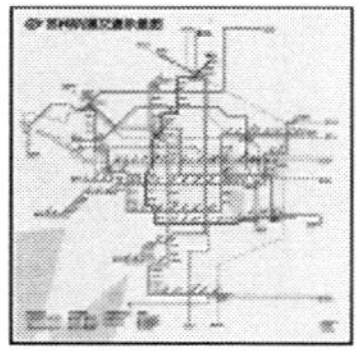	苏州轨道交通		2012	2	46	52.3	1号线停车线采用对称道岔设计，为国内首次
17		昆明		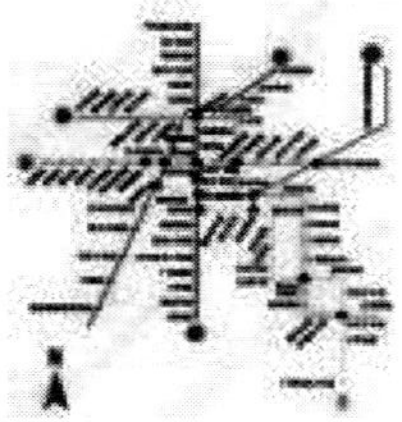	昆明轨道交通		2012	3	33	60.1	规划中的昆明地铁5号线：历史悠久，其前身是于1910年通车的滇越铁路以及滇缅铁路

续表

序号	国家/地区	城市	地铁标识	线路图	当地名称	中译名称	通车年份	线路数	车站数	长度（km）	特色
18	中国	杭州	杭州地铁 HANGZHOU METRO	 杭州地铁线路图	杭州地铁		2012	1	43	75.9	全球首个覆盖4G网络的地铁系统
19		哈尔滨	哈尔滨地铁 HARBIN METRO	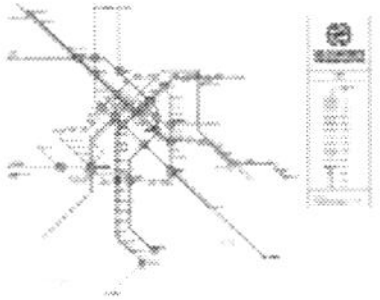	哈尔滨地铁		2013	1	18	17.73	其中部分路段利用了既有的“7381”人防工程进行改造
20		郑州		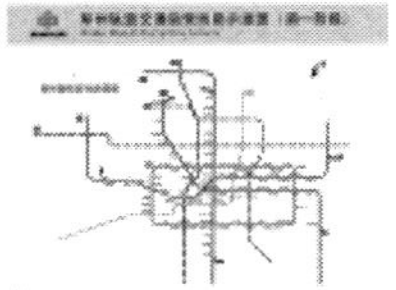	郑州地铁		2013	1	20	21.95	为中原地区第1个开通地铁的城市
21		长沙	长沙轨道交通 Changsha Metro	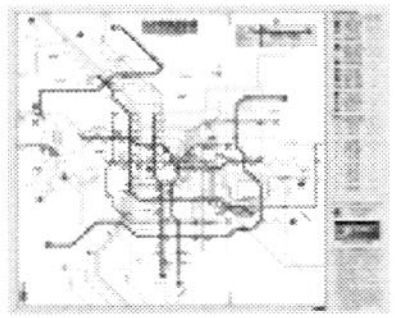	长沙特铁		2014	1	19	22.26	总体结构布局为“米字形构架”，整体上呈主副中心轴带放射形态
22		宁波			宁波轨道交通		2014	11	20	20.9	宁波轨道交通网络规划以跨三江（姚江、甬江、奉化江）、连三片（三江片、镇海片、北仑片）、沿三轴（商业轴、水轴、公建轴）为指导思想构成骨架

续表

序号	国家/地区	城市	地铁标识	线路图	当地名称	中译名称	通车年份	线路数	车站数	长度（km）	特色
23	中国	无锡			无锡地铁		2014	2	43	55.75	无锡成为自深圳、苏州、宁波后第 4 个独立拥有地铁的非省会省辖市
24		昆山			上海轨道交通 11 号线		2013	2	3	6	全国第一条跨省地铁。全国第一个拥有地铁的县级市
25		台北			台北捷运		1996	11	116	134.6	包含：台北、新北、桃园
26		高雄			高雄捷运		2008	11	37	51.4	高雄都会区大众捷运系统（简称高雄捷运）是台湾地区第二个营运的大众捷运系统，以高雄市为中心，同时向高雄县等县市提供服务

续表

序号	国家/地区	城市	地铁标识	线路图	当地名称	中译名称	通车年份	线路数	车站数	长度（km）	特色
27	日本	东京			东京地下鉄/とうきょうちかてつかぶしきかいしゃ	东京地铁	1927	13	168	195.1	不含JR系统及直通运转区间；在日本首都圈和京阪神地区，JR和不少私铁公司亦有些与上述路线作直通运转之路线
					都営地下鉄/とえいちかてつ	都营地铁	1960		106	109	
					东京临海高速鉄道/とうきょうりんかいこうそくてつどう	东京临海高速铁道	1996		8	12.2	
28		大阪			大阪市営地下鉄/おおさかしえいちかてつ	大阪地铁	1933	8	125	129.9	大阪地铁的线路可以以“三横五纵”来简要描述
29		名古屋			名古屋市営地下鉄/なごやしえいちかてつ	名古屋地铁	1957	6	83	89.1	名古屋市营地下铁的名城线在名古屋大学的校内设置了一个车站（名古屋大学站，编号M18）
30		札幌			札幌市営地下鉄/さっぽろしえいちかてつ	札幌地铁	1971	3	49	48	三条营运路线全部采用胶轮路轨系统

续表

序号	国家/地区	城市	地铁标识	线路图	当地名称	中译名称	通车年份	线路数	车站数	长度（km）	特色
31	日本	横滨		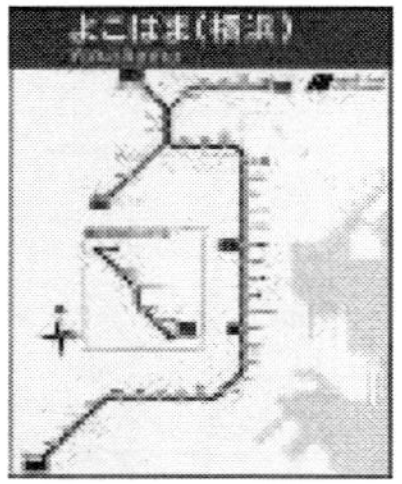	横浜市営地下鉄/よこはましえいちかてつ	横滨地铁	1972	3	48	53.5	是关东地区的唯一市营地铁
					横浜高速鉄道みなとみらい 21 线/みなとみらいにじゅういちせん	横滨高速铁道港未来线	2004		6	4.1	
32		神户		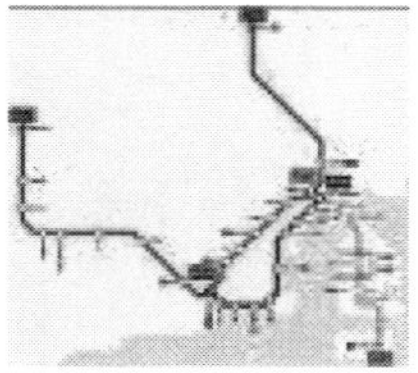	神戸高速鉄道/こうべこうそくてつどう	神户高速铁道	1968	3	12	15.1	神户地铁运营状况不良，2005 年累计亏损 40 亿 8110 万日圆，截止 2005 年累计欠债 1119 亿 7999 万日圆
33					神戸市営地下鉄/こうべしえいちかてつ	神户地铁	1977		25	38.1	
34		京都		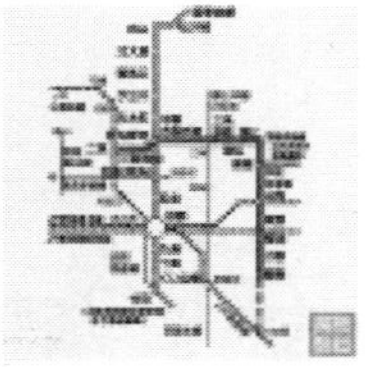	京都市営地下鉄/きょうとしえいちかてつ	京都地铁	1981	2	31	31.2	由于京都是古都，在施工时常会挖到古迹，导致进程延误，亏损加重
35		福冈		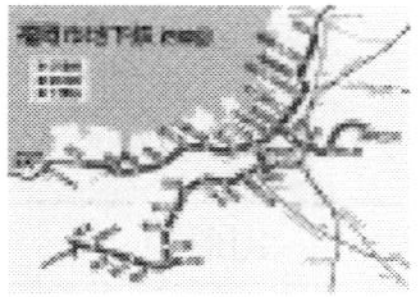	福冈市営地下鉄/ふくおかしこうつうきょく	福冈地铁	1981	2	35	29.8	空港线（1 号线）是前往福冈机场的主要交通工具

续表

序号	国家/地区	城市	地铁标识	线路图	当地名称	中译名称	通车年份	线路数	车站数	长度（km）	特色
36	日本	仙台			仙台高速铁道/せんだいしこうそくてつどうな	仙台高速铁道	1987	2	30	29.94	2011年3月11日，地铁系统因东日本大震灾影响受到损坏并且停运，经整修后，在2011年4月29日恢复运行
37		埼玉县			埼玉高速鉄道線/さいたまこうそくてつどうせん	埼玉高速铁道	2001	1	8	14.6	与埼玉高速铁道线浦和美园站共构
38		广岛			広島高速交通/ひろしまこうそくこうつう	广岛高速铁道	1994	1	22	18.4	系统使用的是自动导引捷运系统（AutomatedGuidewayTransit，AGT）设计，在日本各地的地下铁系统中，仅有广岛与北海道的札幌市营地下铁使用同类技术
39	韩国	首尔（地铁+广域铁道）			수도권전철/首都圈電鐵	韩国首都圈电铁	1970（Seoul Metro）1994（SMRT）1974（Korail）	19	553	922.9	首尔地铁又称韩国首都圈电铁是世界上单日载客量最大的铁路系统之一，车站数量仅次于纽约地铁；世界前五大载客量的铁路系

续表

序号	国家/地区	城市	地铁标识	线路图	当地名称	中译名称	通车年份	线路数	车站数	长度（km）	特色
40	韩国	釜山		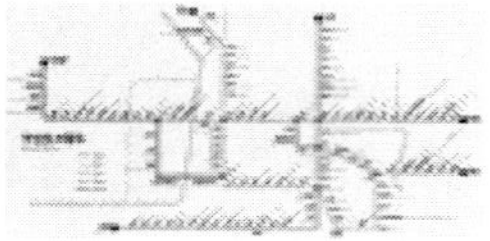	부산지하철/釜山都市鐵道	釜山地铁	1985	4	128	131.9	釜山是全世界第65个拥有地铁的城市
41		大邱		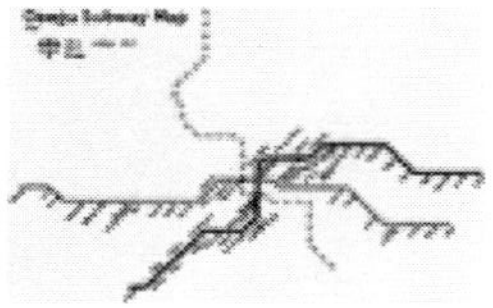	대구지하철/大邱都市鐵道	大邱地铁	1997	2	56	118.2	2003年2月18日，大邱捷运中央路站发生重大纵火事件，此事件造成上百人伤亡，韩国举国震惊，亦突显该捷运系统公安之漏洞
42		仁川		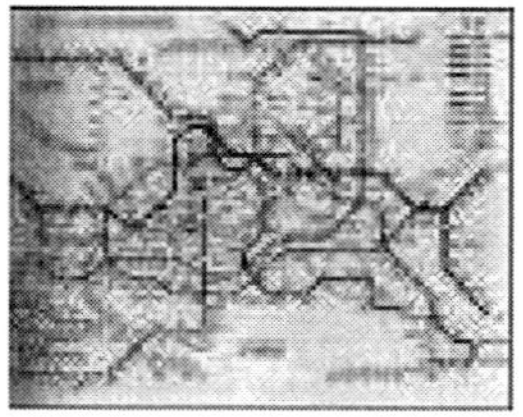	인천 도시철도/仁川都市鐵道	仁川地铁	1999	3	29	29.4	韩国第四条地铁系统
43		光州		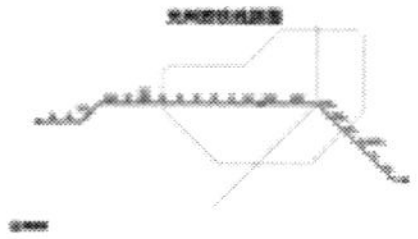	광주지하철/光州都市鐵道	光州地铁	2004	1	20	20.1	韩国全罗地区光州市的捷运系统，由光州都市铁道公社营运
44		大田			대전도시철도/大田都市鐵道	大田地铁	2006	1	22	22.74	设有1面2线的岛式月台，是个地下车站

续表

序号	国家/地区	城市	地铁标识	线路图	当地名称	中译名称	通车年份	线路数	车站数	长度（km）	特色
45	朝鲜	平壤		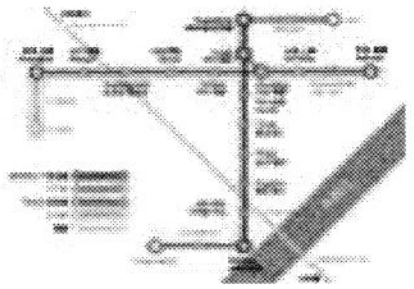	평양 지하철/平壤地下鐵道	2006	1973	2	17	34	世界最深的地铁系统，深度普遍在22～100m之间，某些山区路段更深入150m
46	新加坡	新加坡		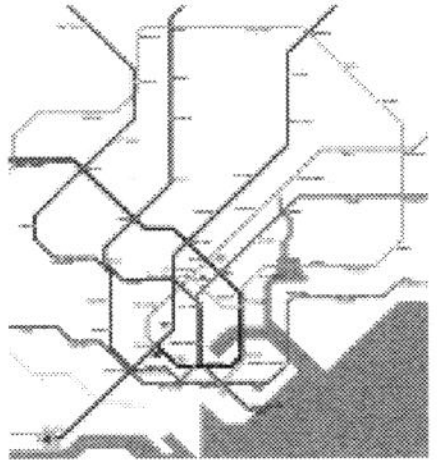	Mass Rapid Transit	新加坡地铁	1987	4	102	148.9	新加坡地铁是轨道运输标杆联盟的成员之一，是目前世界上最为发达、高效的公共交通系统之一
47	菲律宾	马尼拉		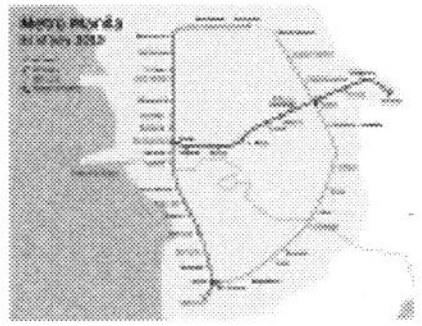	Manila Metro Rail Transit System	马尼拉地铁	1984	3	13	16.9	它的高运量、独家路轨使用权和后来使用地铁列车而让他更像一个重铁系统
48	马来西亚	吉隆坡		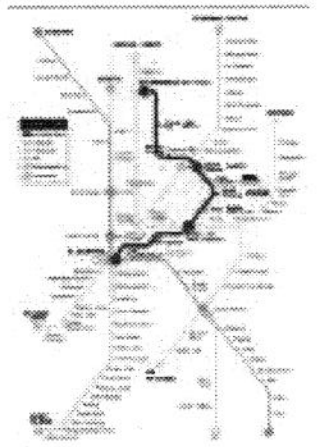	Rapid KL Transit System	吉隆坡轻快铁	2004	5	49	56	马来西亚的公共交通并不发达，单轨火车及轻快铁组成的铁路交通系统是主要的公共交通设施之一

续表

序号	国家/地区	城市	地铁标识	线路图	当地名称	中译名称	通车年份	线路数	车站数	长度（km）	特色
48	马来西亚	吉隆坡			KLIA Transit	吉隆坡机场捷运＊	1997	2	6	57	系统连接吉隆坡国际机场与吉隆坡的交通枢纽中环广场相连，车程35分钟
49	泰国	曼谷			—	曼谷地铁	2004	1	18	20	曼谷地铁是轨道运输标杆联盟的成员之一
50	印度	加尔各答			Kolkata Metro	加尔各答地铁	1984	1	23	25.55	加尔各答是印度最早拥有地铁系统的城市
51		新德里			Delhi Mass Rapid Transit System	德里地铁	2002	6	135	161	服务于印度首都区德里、古尔冈以及诺伊达的一个捷运系统

续表

序号	国家/地区	城市	地铁标识	线路图	当地名称	中译名称	通车年份	线路数	车站数	长度（km）	特色
52	印度	班加罗尔			Namma Metro	班加罗尔地铁	2011	2	31	52.3	班加罗尔政府计划以PPP模式兴建班加罗尔地铁（Namma Metro，意为“我们的地铁”），旨在降低出行成本和事故率、提高空气质量
53		钦奈			Chennai Metro	钦奈地铁	1995	1	7	10	钦奈地铁是世界上最成功的现代城市快速交通方案之一
54		斋浦尔			Jaipur Metro	斋浦尔地铁	2015	1	9	9.63	斋浦尔地铁是印度首条在双层高架路和地铁的轨道上运行的地铁
55		孟买			—	孟买地铁	2014	1	12	11.4	地铁线采用中国南车旗下的南京浦镇车辆有限公司的车辆；每日运行次数为200到250次，总承载量约为110万人次

续表

序号	国家/地区	城市	地铁标识	线路图	当地名称	中译名称	通车年份	线路数	车站数	长度（km）	特色
56	以色列	海法		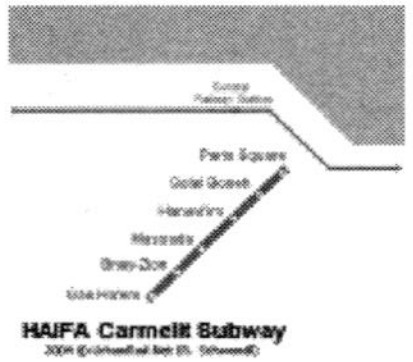	Krmlyt	海法地铁	1959	1	6	2	海法地铁是以色列唯一的地铁，也是一个地下缆车地铁
57	哈萨克斯坦	阿拉木图		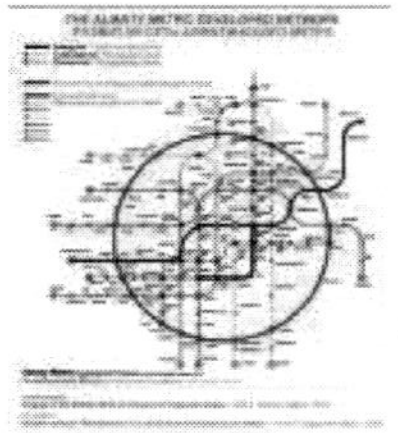	Алма-атинский метрополитен	阿拉木图地铁	2011	1	9	11.3	阿拉木图地铁是中亚地区继乌兹别克斯坦塔什干地铁后的第二个城市轨道交通系统，也是苏联地区的第十六个城市轨道交通系统
58	乌兹别克斯坦	塔什干			Toshkent metropoliteni	塔什干地铁	1977	3	29	36.2	中亚首座城市轨道交通系统
59	亚美尼亚	埃里温		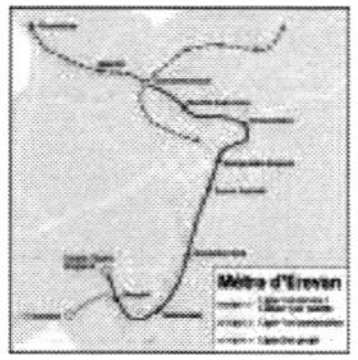	Երևանի մետրոպոլիտեն	埃里温地铁	1981	1	10	13.4	由于亚美尼亚大地震的影响，地铁建设曾一度陷入停滞。地铁规划路线与城市发展方向不符，多数人无法乘地铁去往自己的目的地

续表

序号	国家/地区	城市	地铁标识	线路图	当地名称	中译名称	通车年份	线路数	车站数	长度（km）	特色
60	阿塞拜疆	巴库			Bakl Metropolite ni	巴库地铁	1967	2	23	34.6	和其他苏联系统比较，突出特点是带有精致的装饰品和融合传统的阿塞拜疆国家与苏联意识形态的图案
61	格鲁吉亚	第比利斯			თბილისის მეტროპოლი ტენი	第比利斯地铁	1966	3	22	26.4	为苏联地区第四个地铁系统
62	伊朗	设拉子			مترو شیراز	设拉子地铁	2014	1	6	10.5	采用中国大连电牵公司配套牵引系统，车厢由中国北车大连机车车辆有限公司制造
63		德黑兰			مترو تهران	德黑兰地铁	1999	4	52	90.6	中东地区的第一个地铁系统
64		伊斯法罕			Isfahan Metro	伊斯法罕地铁	2015	1	10	11.2	伊斯法罕成为伊朗第五个开设城市轨道交通网络的城市
65	土耳其	阿达纳			Adana metrosu	阿达纳地铁	2009	1	13	13.5	阿达纳地铁可以每小时 21600 名乘客，成为一个比“完整”地铁系统更为轻便的地铁

续表

序号	国家/地区	城市	地铁标识	线路图	当地名称	中译名称	通车年份	线路数	车站数	长度（km）	特色
66	土耳其	安卡拉			Ankara metro ağl	安卡拉地铁	1996	2	23	23.4	位于土耳其首都安卡拉的轨道交通系统
67		布尔萨			Bursa metrosu	布尔萨地铁	2002	2	38	38.9	地铁系统目前包括两条线，东边的主线为两条线共有，在西部分成为两行，计划扩大，使线路长度达到50km
68		伊斯坦布尔			Istanbul metrosu	伊斯坦布尔地铁	2000	4	13	20	伊斯坦布尔地铁成为了一座跨越欧、亚两洲的地铁系统
69		伊兹密尔			Izmir metrosu	伊兹密尔地铁	2000	1	17	20.1	一个更加耗资的捷运系统，连接城市南北部及其他一些重要的金融和商业领域
70	阿联酋	迪拜			يبد ورتم	迪拜地铁	2009	4	47	75	阿拉伯半岛的第一个的地铁系统；迪拜地铁是世界上最长的无人驾驶城市快速轨道交通系统
71	阿布哈兹	新阿丰			А ф о н ҿ ы ц а ҳ а ԥ ы т ә м е т р о	新阿丰地铁	1975	1	3	1.3	新阿丰地铁为旅游地铁，该地铁为单线道和电气化的窄轨，洞口已经成为一个起点

续表

非洲											
序号	国家/地区	城市	地铁标识	线路图	当地名称	中译名称	通车年份	线路数	车站数	长度（km）	特色
72	阿尔及利亚	阿尔及尔			Métro d'Alger	阿尔及尔地铁	2011	1	10	9.2	阿尔及尔地铁是继埃及开罗之后，非洲第二个拥有地铁的城市
73	埃及	开罗		CAIRO METRO	ورت م ق فن أل ا	开罗地铁	1987	3	60	69.8	是埃及首都开罗的轨道交通系统，也是非洲唯一营运中的重型地铁系统
74	南非	约翰内斯堡/普利托里亚	GAUTRAIN		Gautrain	豪登列车	2010	1	10	80	非洲大陆目前唯一的一条“高速铁路”。在2010南非世界杯足球赛开幕前投入运营

续表

南美洲											
序号	国家/地区	城市	地铁标识	线路图	当地名称	中译名称	通车年份	线路数	车站数	长度（km）	特色
75	阿根廷	布宜诺斯艾利斯	Subte	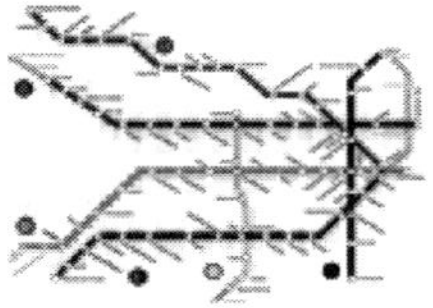	Subte de Buenos Aires	布宜诺斯艾利斯地铁	1913	6	78	60	2013年1月11日，布宜诺斯艾利斯A线地铁上运行了100年的老式木制车厢执行最后一次载客运行；12日起采用来自中国北车的新式地铁车厢
76	巴西	贝洛奥里藏特		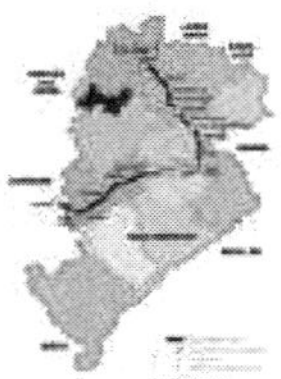	Metrô de Belo Horizonte	贝洛奥里藏特地铁	1986	1	19	28.1	由巴西CBTU/Metrobh公司运营，属于商业运营性地铁
77	巴西	巴西利亚	METRÔ DF	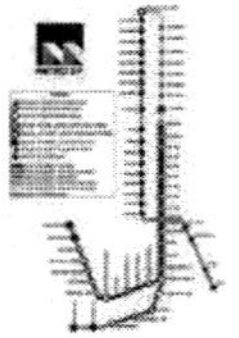	Metrô do Distrito Federal	巴西利亚地铁	2001	2	11	43	位于巴西首都巴西利亚的地铁系统
78	巴西	阿雷格里港			Metrô de Porto Alegre	阿雷格里港地铁	1985	1	22	43.4	阿雷格里港地铁（Metrô de Porto Alegre）俗称Trem，由联邦政府、南里奥格兰德州政府和阿雷格里港市政府合资的Trensurb公司运营

续表

序号	国家/地区	城市	地铁标识	线路图	当地名称	中译名称	通车年份	线路数	车站数	长度（km）	特色
79	巴西	累西腓			Metrô do Recife	累西腓地铁	1985	4	29	71	巴西伯南布哥州首府累西腓的城市轨道交通系统
80		里约热内卢			Metrô do Rio de Janeiro	里约热内卢地铁	1979	2	32	42	里约热内卢地铁是轨道运输标杆联盟（NOVA）的成员之一
81		萨尔瓦多			Metrô de Salvador	萨尔瓦多地铁	2014	1	8	12	地铁首段线路在2014年足球世界杯开幕前2天开通
82		圣保罗			Metrô de São Paulo	圣保罗市地铁	1974	5	58	65.9	圣保罗地铁是国际地铁联盟（CoMET）的成员之一

续表

序号	国家/地区	城市	地铁标识	线路图	当地名称	中译名称	通车年份	线路数	车站数	长度（km）	特色
83	智利	圣地亚哥		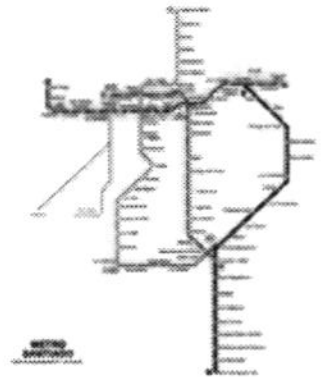	Metro de Santiago	圣地亚哥地铁	1975	5	98	84.4	圣地亚哥地铁是智利第一条城市铁路，也被认为是拉丁美洲最现代化的地铁
84		瓦尔帕莱索	METRO VALPARAÍSO		Metro Valparaíso	瓦尔帕莱索地铁	2005	1	20	43	瓦尔帕莱索地铁的运营商是智利瓦尔帕莱索地区的地铁运营公司
85	秘鲁	利马		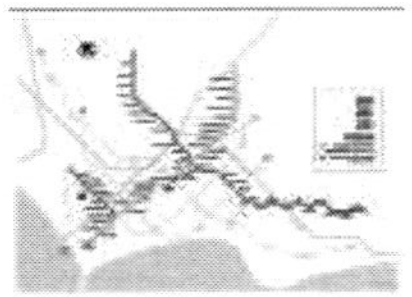	Metro de Lima Metropolitana	利马地铁	1989	1	27	34.6	秘鲁首都利马的大众交通工具
86	波多黎各	圣胡安		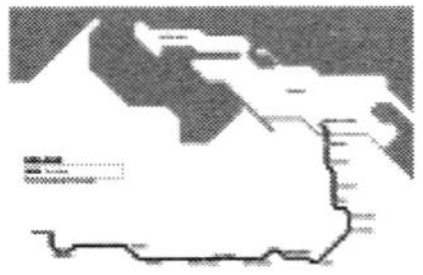	Tren Urbano	圣胡安地铁	2004	1	16	17.2	绝大部分都是高架或在地面上
87	哥伦比亚	麦德林		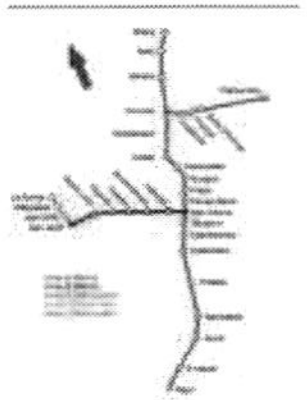	Metro de Medellín	麦德林地铁	1995	2	25	25	哥伦比亚第一条城市快速轨道交通

续表

序号	国家/地区	城市	地铁标识	线路图	当地名称	中译名称	通车年份	线路数	车站数	长度（km）	特色
88	委内瑞拉	加拉加斯		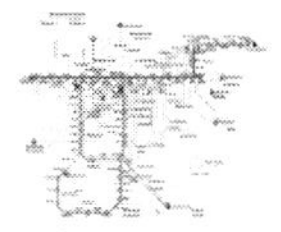	Metro de Caracas	加拉加斯地铁	1983	4	46	102.4	被誉为全球最繁忙的铁路之一
89		洛斯特克斯		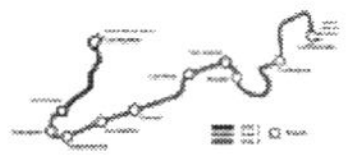	Metro de Los Teques	洛期特克斯地铁	2006	1	2	15.3	洛斯特克斯地铁是建在城市郊区的轨道交通系统
90		马拉开波		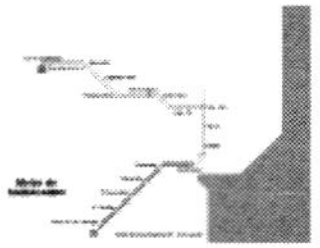	Metro de Maracaibo	马拉开波地铁	2006	1	6	10.5	马拉开波地铁是用来满足城市轨道公共交通系统设计，并服务于马拉开波城市的需要
91	西班牙	巴伦西亚		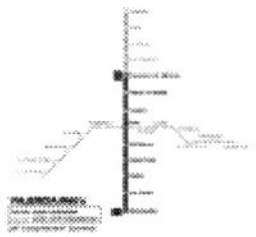	Metro Valencia/ Metro de Valencia	巴伦西亚地铁	2007	1	7	4.7	巴伦西亚地铁是委内瑞拉巴伦西亚城市的公共大众运输系统，限时提供免费服务

大洋洲

序号	国家/地区	城市	地铁标识	线路图	当地名称	中译名称	通车年份	线路数	车站数	长度（km）	特色
92	澳大利亚	悉尼		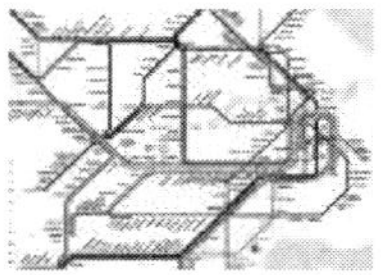	CityRail	城市铁路	1855	116（含火车）	307（含火车）	2060（含火车）	营运于悉尼、纽卡斯尔、卧龙岗以及邻近地区的铁路系统，悉尼城市铁路是轨道运输标杆联盟（NOVA）的成员之一
93		墨尔本		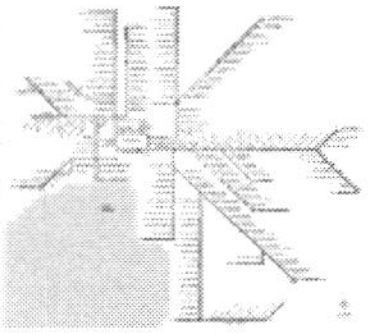	Metro Trains Melbourne	墨尔本轨道交通	1854	16	215（含火车）	372（含火车）	是世界上最为庞大的城市轨道交通系统之一

续表

北美洲

序号	国家/地区	城市	地铁标识	线路图	当地名称	中译名称	通车年份	线路数	车站数	长度（km）	特色
94	加拿大	蒙特利尔		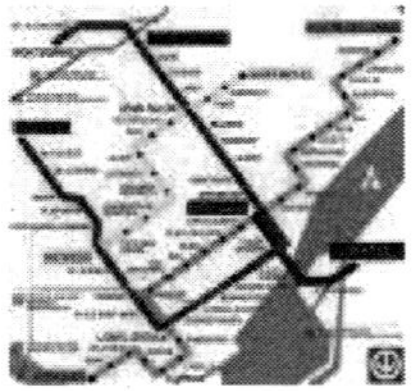	Métro de Montré al	蒙特利尔地铁	1966	4	73	66	世上最繁忙的地铁系统之一，也是加拿大最繁忙的地铁，蒙特利尔地铁是世界上少数使用胶轮路轨系统的重铁系统
95		多伦多			Toronto subway and RT	多伦多地铁	1954	4	68.3	69	加拿大的第一条地铁线，多伦多地铁是轨道运输标杆联盟（NOVA）的成员之一
96		温哥华		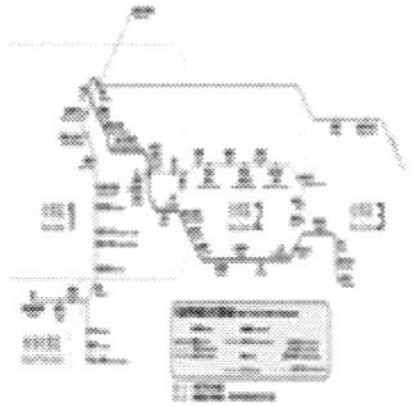	Vancouver Skytrain	加拿大不列颠哥伦比亚省大温哥华地区的捷运系统	1985	3	47	68.7	隶属大温运输联线的公共交通网络，全球最长的无人驾驶捷运系统之一
97	墨西哥	墨西哥城		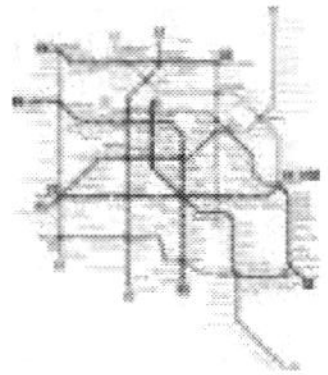	Metro de la Ciudad de México	墨西哥城地铁	1969	11	185	202	墨西哥城地铁是墨西哥的首都墨西哥城主要的公共交通系统，是世界上首个每站都有独立标识的地铁线

续表

序号	国家/地区	城市	地铁标识	线路图	当地名称	中译名称	通车年份	线路数	车站数	长度（km）	特色
98	墨西哥	蒙特雷			Metro de Monterrey	蒙特雷地铁	1991	2	31	32	蒙特雷地铁是墨西哥蒙特雷市的全分层快速运输系统，也是墨西哥最新的地铁系统，
99	墨西哥	瓜达拉哈拉			Metro de Guadalajara	瓜达拉哈拉地铁	1989	2	29	24.3	瓜达拉哈拉地铁大部分的路线采用的是与墨西哥城不同的橡胶轮胎
100	美国	亚特兰大			Metropolitan Atlanta Rapid Transit Authority	亚特兰大地铁	1979	4	38	79.2	除了处于地铁网络正中央的总换乘站 Five Points 以外，亚特兰大地铁的所有车站都有编号
101	美国	巴尔的摩			Metro Subway	巴尔的摩地铁	1983	1	14	24.8	线路有大半都不在地下，在市区以外的部分大多都是高架或地面上运行
102	美国	波士顿			Massachusetts Bay Transportation Authority	波士顿地铁	1901	4	147	116	美国历史上第一条地铁

续表

序号	国家/地区	城市	地铁标识	线路图	当地名称	中译名称	通车年份	线路数	车站数	长度（km）	特色
103		芝加哥			Chicago 'L'	芝加哥捷运	1892	8	145	165.4	芝加哥捷运的一大特点，就是以环线方式环绕市中心（Loop），而红线和蓝线则与纽约地铁一样，年中无休
104		克里夫兰			RTA Rapid Transit	区域运输署捷运	1955	3	52	31（红线）	红线除了途径克利夫兰机场和市中心 Tower City 的地下段以外，绝大多数都是在地面运行
105	美国	洛杉矶			Los Angeles County Metro Rail	洛杉矶捷运	1990	5	62	117.6	捷运系统分为：红线、蓝线、绿线、紫线、金线、博览线以及乡镇列车。快速公交系统则命名为橙线
106		迈阿密			Metrorail	迈阿密地铁	1984	1	23	39.3	迈阿密地铁因为修建时间跟巴尔的摩地铁比较接近，所以一起向制造商下的订单，以便节约开支；两个系统的车辆也是可以互换的
107		纽约市			New York City Subway	纽约地铁	1904	6	469	373	纽约地铁是世界上最著名的十大地铁之一，纽约地铁总长度居世界第三，纽约地铁是全球唯一 24 小时全年无休的大众运输系统

续表

序号	国家/地区	城市	地铁标识	线路图	当地名称	中译名称	通车年份	线路数	车站数	长度（km）	特色
108	美国	纽约/新泽西			PATH	纽新航港局过哈德逊河捷运	1908	4	13	22.2	连结曼哈顿、泽西市及霍伯肯的一个都会大众捷运系统，穿过哈德逊河下
109		费城		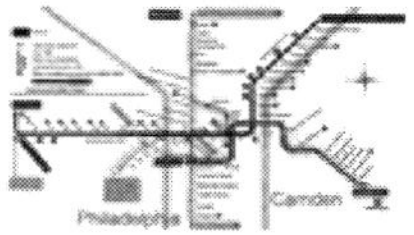	SEPTA	费城地铁	1907	4	53	100	该系统包括两条有颜色编号的地铁线路，一条紫色的轻轨，诺里斯顿高速线
110		费城/新泽西		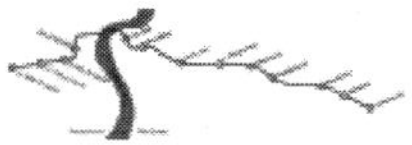	PATCO Speedline	港务局交通公司快速线	1936	1	13	23.3	该线路24小时全天运营，也是纽约地铁及芝加哥地铁以外美国唯一全天运营的系统
111		旧金山湾区		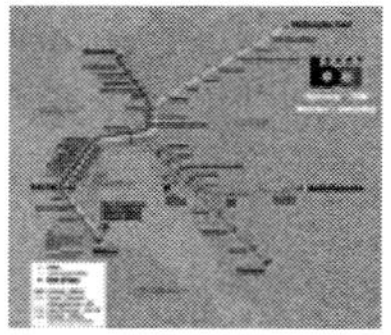	BART	旧金山湾区捷运系统	1972	5	44	167	目前湾区快速交通的路线营运范围包括阿拉梅达县、康特拉科斯塔县、旧金山县和圣马特奥县
112		华盛顿特区		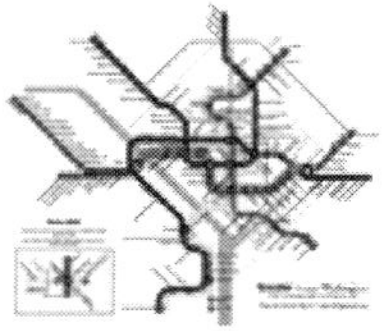	Washington Metrorail	华盛顿地铁	1976	5	86	171	为美国第二繁忙的城市轨道交通系统，仅次于纽约地铁
113					Congressional Subway	美国国会地铁	1909	3			仅限议员、议会相关人员与职员使用，是一个免费的电气化轻轨系统
114		圣胡安		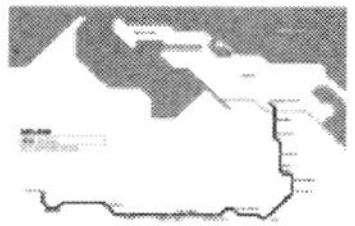	Tren Urbano	圣胡安地铁	2004	1	16	17.2	圣胡安地铁是加勒比地区的首个快速公交系统

续表

序号	国家/地区	城市	地铁标识	线路图	当地名称	中译名称	通车年份	线路数	车站数	长度（km）	特色
115	多米尼加共和国	圣多明各	METRO SANTO DOMINGO		Metro Santo Domingo	圣多明各地铁	2009	2	30	27.3	圣多明各地铁线是在加勒比各海岛上修建的第一条地铁线
116	巴拿马	巴拿马城	METRO DE PANAMA		Metro de Panamá	巴拿马地铁	2014	1	13	15.8	巴拿马地铁是巴拿马“国家总体规划”中一个重要的组成部分，其中包括两条地铁线的建设和轻轨线西侧的扩建工程

欧洲

序号	国家/地区	城市	地铁标识	线路图	当地名称	中译名称	通车年份	线路数	车站数	长度（km）	特色
117	奥地利	维也纳			U-Bahn Wien	维也纳地铁	1925	5	95	69.8	奥地利首都维也纳的地铁系统；由维也纳政府出资，维也纳路线网运营
118	比利时	布鲁塞尔			Metro Brüssel	布鲁塞尔地铁	1976	4	69	43.7	地铁是布鲁塞尔重要的交通工具，与6个铁路车站相接
119	保加利亚	索非亚			Софийско метро	索非亚地铁	1998	2	14	17.9	索非亚地铁是保加利亚目前唯一的地铁

续表

序号	国家/地区	城市	地铁标识	线路图	当地名称	中译名称	通车年份	线路数	车站数	长度（km）	特色
120	法国	里尔			Métro de Lille	里尔地铁	1983	2	60	45.2	西门子公司向瑞士的玻璃门生产商 Kaba Gilgen AG 为列车月台特别订造自动滑门，成为世界上最早安装玻璃月台幕门的铁路
121		里昂			Métro de Lyon	里昂地铁	1968	4	42	30.5	里昂地铁 80％为地下线路
122		马赛			Métro de Marseille	马赛地铁	1977	2	30	22	马赛地铁为胶轮路轨系统
123		巴黎			Métro de Paris	巴黎地铁	1900	16	368	214	巴黎地铁总长度居世界第十二位，年客流量居世界第九位
					Orlyval	奥利机场内线	1991	1	3	7.3	该线连接 RERB 线的安东尼站（Antony）和奥利机场的航站楼，为采用 VAL 自动驾驶系统的轻便轨道交通线
124		雷恩			Métro de Rennes	雷恩地铁	2002	1	15	9.4	全世界拥有地铁的最小城市

续表

序号	国家/地区	城市	地铁标识	线路图	当地名称	中译名称	通车年份	线路数	车站数	长度（km）	特色
125	法国	图卢兹			Métro de Toulouse	图卢兹地铁	1993	2	37	28.2	图卢兹是法国十大的交通枢纽之一
126	德国	柏林			U-Bahn Berlin	柏林地铁	1902	10	173	147	在柏林墙落成后，东德政府禁止东德居民搭乘地铁到西柏林，而西德居民虽可搭乘地铁到东柏林地区，但禁止下车，直到柏林墙倒下、两德统一
127		法兰克福			U-Bahn Frankfurt	法兰克福地铁	1968	9	85	58.6	59％的地铁线路为地下线
128		汉堡			U-Bahn Hamburg	汉堡地铁	1912	4	89	100.7	汉堡地铁为服务德国汉堡、诺德施泰特和阿伦斯堡等城市的地铁
129		慕尼黑			U-Bahn München	慕尼黑地铁	1971	7	98	100.8	系统隶属慕尼黑交通协会，并与慕尼黑城铁构成市内的公共交通骨干
130		纽伦堡			U-Bahn Nürnberg	纽伦堡地铁	1972	2	44	34.6	德国首个无人驾驶地铁运输系统在纽伦堡投入运营

续表

序号	国家/地区	城市	地铁标识	线路图	当地名称	中译名称	通车年份	线路数	车站数	长度（km）	特色
131	德国	斯图加特			U-Bahn Stuttgart	斯图加特地铁	1966	7	75	190	斯图加特的地铁网络系统是欧洲比较发达的共交通网络之一，不仅覆盖市区，还连接到周围的小镇和村庄
132	希腊	雅典			Μετρό Αθήνας	雅典地铁	2000	3	27	46.6	在建设过程中，许多古希腊时期雅典娜的遗址被挖掘出来，其中一部分直接在地铁站内部展出
133	瑞士	洛桑			Lausanne Metro	洛桑地铁	1991	2	28	13.7	是世界上最小的完整城市地铁系统
134	捷克	布拉格			Metro v Praze	布拉格地铁	1974	3	57	59.3	为欧洲第七繁忙的地铁系统
135	荷兰	阿姆斯特丹			Amsterdamse metro	阿姆斯特丹地铁	1977	4	58	42.5	荷兰首都阿姆斯特丹的大众捷运系统，路网由地下铁路及轻轨组成

续表

序号	国家/地区	城市	地铁标识	线路图	当地名称	中译名称	通车年份	线路数	车站数	长度（km）	特色
136	荷兰	鹿特丹			Rotterdamse metro	鹿特邓迪铁	1968	5	38	55.3	荷兰国内最早的地铁系统
137	意大利	布雷西亚			Metropolitana di Brescia	布雷西亚地铁	2013	1	17	13.7	布雷西亚地铁只有一条线，日均人流量为41000人次
138		卡塔尼亚			Metropolitana di Catania	卡塔尼亚地铁	1999	1	6	3.8	是意大利卡塔尼亚市的地铁系统
139		热那亚			Metropolitana di Genova	热那亚地铁	1990	1	8	7.1	设计师为伦佐·皮亚诺
140		米兰			Metropolitana di Milano	米兰地铁	1964	4964	103	94.5	米兰地铁二号线是欧洲最长的地铁线路；米兰地铁是意大利境内最大的地铁系统

续表

序号	国家/地区	城市	地铁标识	线路图	当地名称	中译名称	通车年份	线路数	车站数	长度（km）	特色
141	意大利	那不勒斯	M		Metropolitana di Napoli	那不勒斯地铁	1993	2	23	53	那不勒斯地铁是意大利那不勒斯市的城市轨道交通系统；该地铁是由七条线地铁和四条线的缆车共同组成
142		罗马	M		Metropolitana di Roma	罗马地铁	1955	2	67	53.1	罗马地铁的扒手“名闻遐迩”，乘客必须倍加注意财物。涂鸦（Graffiti）也是世界知名，不论是列车、月台以至车站入口也布满涂鸦
143		都灵	M		Metropolitana di Torino	都灵地铁	2006	1	20	13.2	都灵地铁是意大利首个采用基于 VAL 无人自动驾驶技术的公共交通运输系统
144	葡萄牙	里斯本			Metropolitano de Lisboa	里斯本地铁	1959	4	46	37.7	葡萄牙第一个地铁系统

续表

序号	国家/地区	城市	地铁标识	线路图	当地名称	中译名称	通车年份	线路数	车站数	长度（km）	特色
145	葡萄牙	波尔图			Metro do Porto	波尔图地铁	2002	6	81	67	波尔图目前有 81 个站运营在 67km 的双轨商业线上；大多数的地铁系统是在地面上或高架上，还有 8km 的地下网络系统。该系统是由 ViaPORTO 运行
146	西班牙	巴塞罗那			Metro de Barcelona	巴塞罗那地铁	1924	11	156	116	巴塞罗那地铁是轨道运输标杆联盟（NOVA）的成员之一
147	西班牙	毕尔巴鄂			Metro de Bilbao	毕尔巴鄂地铁	1995	2	41	43.3	毕尔巴鄂地铁乘客人数位列西班牙第三
148	西班牙	马德里			Metro de Madrid	马德里地铁	1919	16	294	284	以长度计，这是全球第八大的地铁网络，马德里地铁是国际地铁联盟（CoMET）的成员之一

续表

序号	国家/地区	城市	地铁标识	线路图	当地名称	中译名称	通车年份	线路数	车站数	长度（km）	特色
149	西班牙	帕尔马			Metro de Palma de Mallorca	帕尔马地铁	2007	2	16	15.6	帕尔马在西班牙马略卡岛的地铁中是最小的地铁，它只有15个站16km长，但是票价却是西班牙巴塞罗那地铁以外地区最贵的
150		塞维利亚			Metro de Sevilla	塞维利亚地铁	2009	1	22	18.2	是西班牙安达鲁西亚自治区首府塞维利亚的轨道交通系统
151		巴伦西亚			MetroValencia	巴伦西亚地铁	1988	5	171	175.2	巴伦西亚地铁是由原有的地区窄轨铁路网发展起来的
152	英国	格拉斯哥			Glasgow Subway	格拉斯哥地铁	1896	1	15	10.4	是全世界历史上第三条地铁系统，仅次于伦敦地铁和布达佩斯地铁
153		伦敦			London Underground	伦敦地铁	1863	12	270	408	是世界上第一条地下铁道

续表

序号	国家/地区	城市	地铁标识	线路图	当地名称	中译名称	通车年份	线路数	车站数	长度（km）	特色
154	英国	纽卡斯尔			Tyne and Wear Metro	纽卡斯尔地铁/泰因及威尔地铁	1980	2	60	74.5	地铁系统也被称为英国第一个现代轻轨系统
155		利物浦			Merseyrail	利物浦铁路	2003	3	67	120.7	在英国默西塞德郡，利物浦铁路既是一个列车运营公司（TOC），也是一个通勤铁路网
156	白俄罗斯	明斯克市			Минский метрополитен	明斯克地铁	1984	2	29	37.2	在2013年，每天的客流量约为90万人次
157	丹麦	哥本哈根			Metro (Kø benhavn)	哥本哈根地铁	2002	2	22	21	丹麦首都哥本哈根和腓特烈斯贝的城市轨道交通系统
158	瑞典	斯德哥尔摩			Stockholms tunnelbana	斯德哥尔摩地铁	1950	7	100	108	以其车站的装饰闻名，号称世界上最长的艺术长廊；在一百多个地铁站内人们都能欣赏到不同艺术家的作品

续表

序号	国家/地区	城市	地铁标识	线路图	当地名称	中译名称	通车年份	线路数	车站数	长度（km）	特色
159	芬兰	赫尔辛基		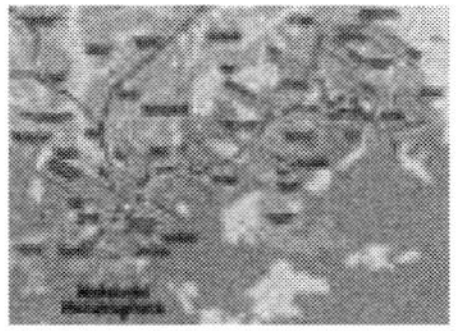	Helsingin metro	赫尔辛基地铁	1982	2	17	21.1	赫尔辛基地铁是世界上最北的地铁，也是目前芬兰唯一的地铁
160	匈牙利	布达佩斯		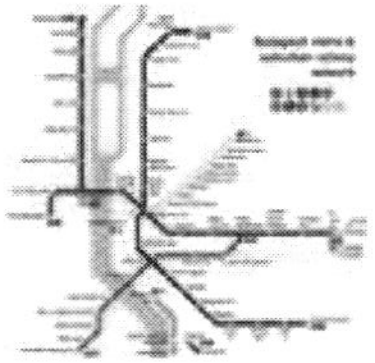	Budapesti metró	布达佩斯地铁	1896	4	52	40.6	布达佩斯地铁始建于1896年，是全世界历史仅次于伦敦地铁的地铁系统
161	挪威	奥斯陆		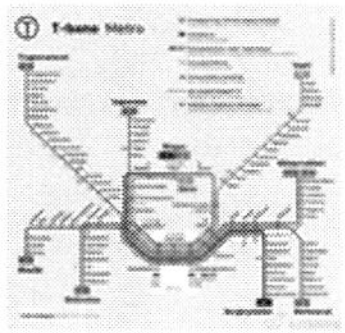	Metro van Oslo	奥斯陆地铁	1968	6	105	84.2	奥斯陆地铁除覆盖了奥斯陆全部的15个自治市外，还有两条线路连接贝鲁姆
162	波兰	华沙		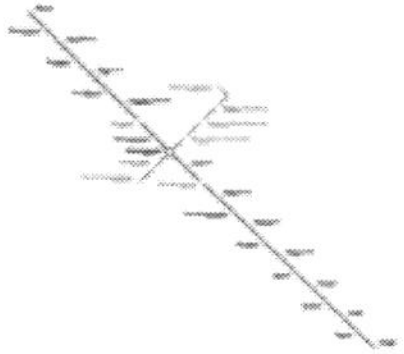	Metro warszawskie	华沙特铁	1995	1	21	21.7	华沙地铁目前有1条线路，呈南北走向
163	罗马尼亚	布加勒斯特		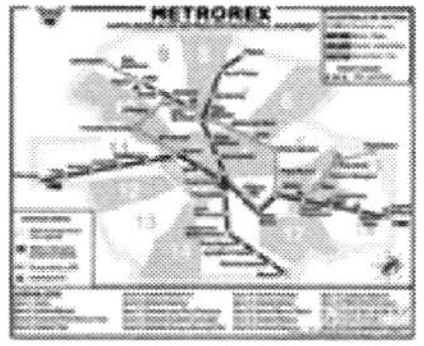	Metroul din București	布加勒斯特地铁	1979	4	51	69.25	地铁计划被誉为“共产主义时代的首个成功的大型建设项目”

续表

序号	国家/地区	城市	地铁标识	线路图	当地名称	中译名称	通车年份	线路数	车站数	长度（km）	特色
164	俄罗斯	喀山			Казанский метрополитен	喀山地铁	2005	1	10	15.8	俄罗斯鞑靼斯坦共和国喀山市的城市轨道交通系统
165		莫斯科			Московский метрополитен	莫斯科地铁	1935	12	171	277.9	世界上规模最大的地铁系统之一，还是世界上使用效率第二高的地下轨道系统
166		下诺夫哥罗德			Нижегородский метрополитен	下诺夫哥罗德地铁	1986	3	14	18.9	在苏联时代被称为高尔基（Gorkovskij）地铁
167		新西伯利亚			Новосибирский метрополитен	新西伯利亚地铁	1985	2	10	16	成为苏联第 11 个地铁和俄罗斯第 4 个地铁
168		萨马拉			Самарский метрополитен	萨马拉地铁	1987	1	10	12.7	为俄罗斯第 5 个落成的地铁，同时也是苏联史上的第 12 个地铁系统

续表

序号	国家/地区	城市	地铁标识	线路图	当地名称	中译名称	通车年份	线路数	车站数	长度（km）	特色
169	俄罗斯	圣彼得堡		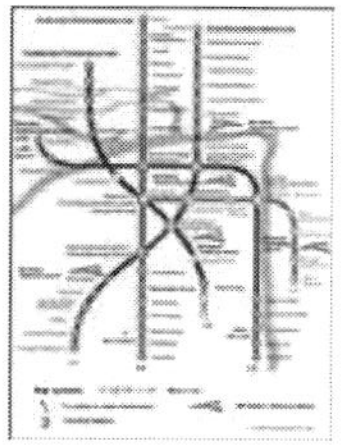	Петербургский метрополитен	圣彼得堡地铁	1955	5	65	110.2	圣彼得堡地铁是世界第十六繁忙的地铁系统，曾于20世纪60年代在其中10个车站安装一种名为Horizontal lift的设施，这是世界上最早期出现的月台幕门之一
170		叶卡捷琳堡		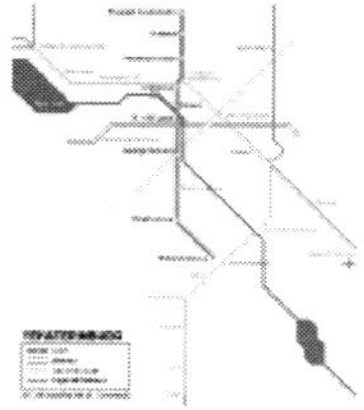	Екатеринбургский Метрополитен	叶卡捷琳堡地铁	1991	1	9	12.7	车站可分为浅站和深站两种，前者和哈尔科夫地铁相同，后者和圣彼得堡地铁类似
171	乌克兰	第聂伯罗彼得罗夫斯克			Дніпропетровський метрополітен	第聂伯罗彼得罗夫斯克地铁	1995	1	6	7.1	是乌克兰第三大地铁城市。第1条地铁（有6个车站），于1995年底建成营运
172		哈尔科夫			Харківськеметро	哈尔科夫地铁	1975	3	29	39.6	哈尔科夫的地铁系统甚至可以满足观光客的需要，多数的景点都在地铁站或其附近
173		基辅		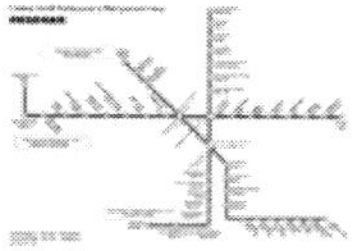	Київськеметро	基辅地铁	1960	3	51	66.1	乌克兰的第一个地铁系统，它亦是继莫斯科地铁和列宁格勒地铁后苏联所建造的第3个地下铁路系统

注：表格为作者根据网络上收集到的信息整理绘制，部分城市数据不完整。数据收集截至时间为2015年12月。

附录B 人名索引（中外文对照）

A

阿尔伯特·孟塞尔（Albert H. Munsell）
阿尔多·罗西（Aldo Rossi）
凡·艾克（AldoVan Eyck）
阿尔瓦·阿尔托（Alvar Aalto）
阿摩斯·拉普卜特（Amos Rapoport）
卡尔松（Anen Carlson）
吉登斯（Anthony Giddens）
安东尼·维纳（Anthony J. Wiener）
亚里士多德（Aristotle）
阿诺德·伯林特（Arnold Berleant）
奥古斯特·孔德（Auguste Comte）
罗丹（Auguste Rodin）

B

瓦西里·康定斯基（Василий Кандинский）
斯宾诺莎（Baruch de Spinoza）
克罗齐（Benedetto Croce）
贝塔·朗菲（Bertalanffy，Ludwig von）
帕特兰（Bertrand Russell）
布鲁诺·赛维（Bruno Zevi）

C

卡菲·凯丽（Caffyn Kelley）
波特莱尔（Charles Baudelaire）
查尔斯·扎斯特罗（Charles H. Zastrow）
查尔斯·摩尔（Charles Moore）
达尔文（Charles Robert Darwin）
克里斯蒂安·诺伯-舒兹（Christian Norberg-Schulz）
康斯坦特（Constant Nieuwenhuys）

D

大卫·哈维（David Harvey）
大卫·劳伦斯（David Lawrence）
大卫·西蒙（David Seamon）
大卫·史密斯·卡彭（David Smith Capon）
唐·帕克斯（Don Parkes）

E

瓦西留克（Ф. Е. Василюк）
胡塞尔（E. Edmund Husserl）
埃德加·莫兰（Edgar Morin）
爱德华多·蒙内（Eduardo Gutiérrez Munné）
爱德华·伯内特·泰勒（Edward Burnett Tylor）
雷尔夫（Edward Relph）
爱德华·索亚（Edward W. Soja）
欧几里德（Euclid）

F

弗朗索瓦·史奇顿（François Schuiten）

G

伽利略（Galileo Galilei）
盖瑞·摩尔（Gary T. Moore）
黎曼（Georg Friedrich Bernhard Riemann）
特拉克（Georg Trakl）
黑格尔（Georg Wilhelm Hegel）
柏克莱（George Berkeley）
吉迪恩·S·格兰尼（Gideon S. Golany）
戈特弗里德·森佩尔（Gottfried Semper）
格雷戈·林恩（Greg Lynn）
居伊·德波（Guy Debord）

H

汉诺-沃尔特·克鲁夫特（Hanno Walter Kruft）
亨利·列斐伏尔（Henri Lefevbvre）
赫尔曼·卡恩（Herman Kahn）
普柔森斯基（H. M. Proshansky）
豪厄尔斯（Howells D. J. ）

I

康德（Immanuel Kant）
牛顿（Isaac Newton）

J

帕拉斯玛（J. Pallasmaa）

简恩・盖博瑟（Jean Gebser）
让-皮埃尔・热内（Jean-Pierre Jeunet）
高斯（Johann Karl Friedrich Gauss）
开普勒（Johannes Kepler）
约翰・萨默森（John N. Summerson）
霍尔迪・费尔南德斯・里奥（Jordi Fernández Río）
儒勒・凡尔纳（Jules Gabriel Verne）

K

卡伦・柯斯特-阿什曼（Karen K. Kirst-Ashman）
卡里姆・拉希德（Karim Rashid）
马克思（Karl Heinrich Marx）
凯文・林奇（Kevin Lynch）

L

拉斯洛・莫霍利—纳吉（László Moholy-Nagy）
利亚姆・费伊（Liam Fahey）
路易斯・康（LouisI. Kahn）
吕西安・莱维-布鲁尔（Lucien Lévy-Bruhl）
路德维希・维特根斯坦（Ludwig Wittgenstein）

M

渡边诚（Makoto Sei Watanabe）
曼德尔・布罗特（Mandeilbrot）
曼纽尔・卡斯特（Manuel Castells）
伊顿（Marcia Muelder Eaton）
维特鲁威（Marcus Vitruvius Pollio）
马丁・海德格尔（Martin Heidegger）
马克・萨格夫（Mark Sagoff）
梅西（Massey）
默里斯・梅洛-庞蒂（Maurice Merleau-Ponty）
麦克尔・霍普金斯（Michael Hopkins）
米歇尔・柯南（Michel Conan）
米歇尔・德・塞托（Michel de Certeau）

N

水仙大师（Narcissus Quagliata）
尼古拉斯・雷舍尔（Nicholas Rescher）
卡罗尔（Noël Carroll）

诺曼·福斯特（Norman Foster）

O

奥斯卡·布兰卡（Óscar Tusquets Blanca）

P

保罗·查儒林（Paul D. Cherulnik）
戈比斯特（Paul H. Gobster）
保罗·马兰兹（Paul Marantz）
保罗·马蒂斯（Paul Matisse）
瓦雷里（Paul Valery）
彼德·柯林斯（Peter Collins）
胡根道（P. Hoogendoorn）
蒙德里安（Piet Cornelies Mondrian）
毕达哥拉斯（Pythagoras）

R

拉尔夫·瓦尔多·爱默生 Ralph Waldo Emerson）
鲁尔·瓦内格姆（Raoul Vaneigem）
劳赫·尤尔根（Rauch Jurgen）
笛卡尔（Rene Descartes）
雷尼·马格利特（Rene Magritte）
理查德·西托威克（Richard Cytowic）
瑞威林（Riylin）
罗伯特·厄温（Robert Irwin）
罗伯特·M·兰德尔（Robert M. Randall）
文丘里（Robert Venturi）
罗杰·克劳利（Roger Crowley）
罗杰·斯克鲁顿（Roger V. Scruton）
赫伯恩（Ronald W. Hepbum）
阿恩海姆（Rudolf Arnheim）

S

柯勒律治（Samuel Taylor Coleridge）
斯洛维克（Seott Slovie）
西格蒙德·弗洛伊德（Sigmund Freud）
西蒙·巴伦-科恩（Simon Baron-Cohen）
史蒂文·布拉萨（Steven C. Bourassa）
斯蒂文·霍尔（Steven Holl）

杉浦康平（Sugiura Yasuhira）

T

安藤忠雄（Tadao Ando）
高松伸（TakamatsuShin）
希斯艾文森（Thomas Thiis-Evensen）
托马斯·塔维拉（Tomás Taveira）
尾岛俊雄（Toshio Ojima）
伊东丰雄（Toyo Ito）

W

威尔斯·麦肯姆（Wells Maicom）
威尔·奥尔索普（Will Alsop）
威廉·科尔（William C. Kerr）
温士顿·丘吉尔（Winston Leonard Spencer Churchill）
托马斯（W. I. Tomas）
伊太莱逊（W. Ittelson）

Y

段义孚（Yi-Tu Tuan）
瑟帕玛（Yrjo Sepanmaa）

Z

扎哈·哈迪德（Zaha Hadid）
兹纳尼茨基（Znaniecki Florian Witold）

参 考 文 献

［1］ 海德格尔．海德格尔选集［M］．上海：三联书店，1996：56．
［2］ 王勇．农村生活方式城市化的理路［J］．理论观察，2014，（3）：98-99．
［3］ 周江评．城镇化：为何、怎样和谁来实现？［J］国际城市规划，2013，（3）：48．
［4］ 刘铮，周英峰．我国城市数量已达655个，城市化水平升至45％［EB/OL］．（2009-09-18）．http://news.eastday.com/c/20090918/u1a4669511.html．
［5］ 孙久文，焦张义．中国城市空间格局的演变［J］．城市问题，2012（7）：2-6．
［6］ 王崇锋，张古鹏．我国未来城市化发展水平预测研究（2010-2020）［J］．东岳论丛，2009，30（6）：131-133．
［7］ 王春元，方齐云．城市化对城乡居民收入的影响［J］．城市问题，2014，（02）：2-7．
［8］ 秦伟杰．地铁运营分析［J］．科技创新导报，2012，（19）：109．
［9］ 世行预测：2020年中国百万人口城市将突破80个［EB/OL］．（2010，10，03）．http://www.chinanews.com/gn/2010/10-03/2569011.shtml．
［10］ 李琦．我国城市交通现状及对策刍议［J］．内江师范学院学报，2005，（S1）：26-27．
［11］ 赵景伟．城市化进程中的人居环境建设［J］．山西建筑，2006，（09）：37-38．
［12］ 孙皓．促进资源型城市可持续发展的税收政策研究［D］．东北财经大学，2011．
［13］ 刘建平，曹学文．我国城市化与休闲游憩业发展的互动研究［J］．城市发展研究，2006，（05）：46-50．
［14］ 吉迪恩·S·格兰尼．城市地下空间设计［M］．北京：中国建筑工业出版社，2005．
［15］ 黄德林，袁婧．从制度层面加强我国地下空间资源管理［J］．中国国土资源经济，2013，（09）：12-15．
［16］ 述评：从“高层建筑世纪”到“地下空间世纪”［EB/OL］．（2015，07，31）．http://news.xinhuanet.com/fortune/2015-07/31/c_1116108412.htm．
［17］ 邹德慈．21世纪——城市可持续发展的目标选择［J］．中国城市经济，2000，（02）：17．
［18］ 侯红松，沈虹，周荣辉，等．浅谈地下空间资源的开发利用［J］．中国西部科技，2011，（18）：26-27．
［19］ 冯冲，刘晓静．中外地铁广告比较研究［J］．新闻传播，2013，（08）：205-206．
［20］ 地铁物业新模式登陆龙华［EB/OL］．（2013，05，24）．http://finance.china.com.cn/roll/20130524/1496989.shtml．
［21］ 美国纽约城市公共交通24小时全年无休运营［EB/OL］．（2013，12，17）．http://blog.tianya.cn/post-4221437-54529030-1.shtml．
［22］ 徐幼铭．我国地铁融资现状及建议［J］．都市快轨交通，2010，（03）：28-31．
［23］ 李攀聪．浅谈中国地铁的发展现状及未来展望［J］．科教导刊-电子版（上旬），2014，（3）：121．
［24］ 中华地铁城市里程排名，纯手动数据，希望支持．［EB/OL］．（2014，08，18）．http://tieba.baidu.com/p/3239847953．
［25］ 朱祖熹．东京地铁开通纪念［J］．地下工程与隧道，2004，（2）：F4．
［26］ 世界前五大载客量最高的铁路系统，首尔地铁【建于1974年】［EB/OL］．（2011，07，31）．http://www.xueche88.com/nbditie/articlecontent.asp? id＝469．
［27］ 看看世界上的知名商旅地［EB/OL］．（2010-07-23）．http://city.sina.com.cn/city/t/2010-07-23/

16266585. html.
[28] 世界上已有 43 个国家的 118 座城市建有地铁[EB/OL].(2015,04,28). http://dl. chinaso. com/detail/20150428/1000200032755361430222565304207396_1. html.
[29] 陈岩，唐建，胡沈健. 论欧洲城市地铁站的室内环境设计 [J]. 美苑，2011，(04)：76-78.
[30] 北京地铁发展史回顾：1969 年 1 号线建成通车[EB/OL].(2013,12,29). http://bj. bendibao. com/traffic/20131229/129299. shtm.
[31] “十二五”综合交通运输体系规划 [J]. 综合运输，2012，(07)：4-17.
[32] 曹永，朱慧. 南京地铁可持续发展的资源开发研究 [J]. 都市快轨交通，2014，(03)：31-34.
[33] 谭惠丹. 保障中国轨道交通安全、稳健、快速发展 [J]. 世界轨道交通，2012，(1)：32-37.
[34] 李雪梅. 北京城市轨道交通的产业关联理论与应用研究 [D]. 北京交通大学管理科学与工程，2007.
[35] 王荃. 地铁及城市轨道综合安防规划设计 [J]. 现代建筑电气，2012，(03)：46-51.
[36] 赵红军. 浅析我国城市轨道交通现状及发展趋势 [J]. 内江科技，2011，(08)：46-53.
[37] 庞祥武. 地方高校非师范类学生就业困境探析——以鞍山师范学院为例 [J]. 现代交际，2016，(01)：1.
[38] Trotignon P. Maurice Merleau-Ponty *à* la Sorbonne. Résumé de cours，1949-1952 [J]. Revue Philosophique De La France Et De Létranger，1989，(4)：616.
[39] 什么是现象学，现象学的创始人是素材，因其在德国古典哲学，现象学[EB/OL]. http://www. mygcen. com/xianxiangxuedechuangshirenshi. htm.
[40] 叶剑彪. 对现象学还原的理解 [J]. 枣庄学院学报，2012，(01)：135-138.
[41] 什么是现象学? [EB/OL].(2013,10,17). https://www. zhihu. com/question/21784450.
[42] 对文学的艺术作品的认识 [波兰] 罗曼·英加登. 陈燕谷译. 中国文联出版公司(1988)[EB/OL]. http://www. taodocs. com/p-30582165. html.
[43] Merleau-Ponty M，Smith C. Phenomenology of Perception [M]. Delhi：Motilal Banarsidass Publishe，1996.
[44] 杨观宇. 城市舒适性步行系统的影响要素及其应用研究 [D]. 华南理工大学，2012.
[45] 张海华. 庄子与海德格尔“诗意的居住”[J]. 文艺生活：中旬刊，2013，(8)：6.
[46] 顾朝林. 转型中的中国人文地理学 [J]. 地理学报，2009，(10)：1175-1183.
[47] 吕小辉. “生活景观”视域下的城市公共空间研究 [D]. 西安建筑科技大学，2011.
[48] 陈建军，耿敬淦，邹源. 建筑现象学与场所的塑造 [J]. 四川建材，2012，(04)：73-75.
[49] 张泽忠. 侗族居所建筑的场所精神 [J]. 河池学院学报，2013，(04)：46-56.
[50] 郝娟. 浅谈建筑学中可持续发展设计理念 [J]. 江西建材，2014，(04)：38-39.
[51] 余洋. 景观体验研究 [D]. 哈尔滨工业大学，2010.
[52] 沈克宁. 建筑现象学 [M]. 北京：中国建筑工业出版社，2008：5-40.
[53] 全峰梅. 模糊的拱门——建筑性的现代性现象学考察 [D]. 广西大学，2004.
[54] 彭怒，支文军，戴春. 现象学与建筑的对话 [M]. 上海：同济大学出版社，2009：158-245.
[55] 环境行为学的环境行为理论及其拓展[EB/OL].(2014,05,12). http://www. haihongyuan. com/jiaoyuxinlixue/1431982. html.
[56] 李斌. 环境行为学的环境行为理论及其拓展 [J]. 建筑学报，2008，(02)：30-33.
[57] Moore G T. Environment and behavior research in North America：History，developments，and unresolved issues [M]. Center for Architecture and Urban Planning Research，University of Wisconsin-Milwaukee，1987：1359-1410.
[58] Zeisel J. Inquiry by Design：Tools for Environment-Behaviour Research [M]. CUP archive，1984.

[59] Kirst-Ashman K K. Human Behavior in the Macro Social Environment：an empowerment approach to understanding communities，organizations，and groups [M]. Brooks/Cole，Cengage Learning，2011.
[60] Carter I. Human Behavior in The Social Environment：A Social Systems Approach [M]. America：AldineTransaction，2011.
[61] Moore G T. New Directions for Environment-Behavior Research in Architecture [M]. Center for Architecture and Urban Planning Research，University of Wisconsin-Milwaukee，1984：109.
[62] 姜少凯，梁进龙. 环境心理学的学科发展与研究现状 [J]. 心理技术与应用，2014，(01)：7-10.
[63] 朱敬业. 略论环境、行为与行为建筑学 [J]. 建筑学报，1985，(11)：18-21.
[64] 李道增. 环境行为学概论 [M]. 北京：清华大学出版社有限公司，1999.
[65] 武志强. 墙体在建筑空间中的作用 [J]. 山西建筑，2011，(17)：32-33.
[66] 童小明. 对空间体验的观照——展示空间中的情节设计 [J]. 北京：艺术教育，2013，07)：172-173.
[67] 陆邵明. 建筑体验：空间中的情节 [M]. 北京：中国建筑工业出版社，2007：25-30.
[68] 王一川. 审美体验论 [M]. 天津：百花文艺出版社，1992：5-20.
[69] 王一川. 意义的瞬间生成 [J]. 山东文艺出版，1988：6-10.
[70] 高配涛. 城市线性滨水公共空间设计及舒适性研究 [D]. 天津科技大学，2014.
[71] 刘为力. 景观体验的研究途径分析 [J]. 建筑与文化，2012，(04)：73-75.
[72] 张文博. 环境心理学浅谈 [J]. 文艺生活：文海艺苑，2012，(8)：264.
[73] Altman I，Christensen K. Environment and Behavior Studies：Emergence of Intellectual Traditions [M]. Springer Science&Business Media，2012.
[74] 钟毅平，谭千保，张英. 大学生环境意识与环境行为的调查研究 [J]. 心理科学，2003，26 (3)：542.
[75] 王珊珊. 人与环境之和谐的回归——环境心理学的方法论审视 [D]. 湖南师范大学，2009.
[76] 瓦西留克. 体验心理学 [M]. 北京：中国人民大学出版社，1989.
[77] Cherulnik P D. Applications of Environment-Behavior Research：Case Studies and Analysis [M]. Cambridge University Press，1993.
[78] 潘菽. 心理学简札 [M]. 北京：人民教育出版社，2009.
[79] 《心理学简札（全二册）》的笔记[EB/OL].(2012,06,15). https://book.douban.com/annotation/18988149/.
[80] 李令节. 为建立具有中国特色的心理学而奋斗的一生 [J]. 心理学动态，1997，(03)：38-45.
[81] 建筑环境心理学[EB/OL]. http://baike.so.com/doc/8427392-8747228.html.
[82] 常怀生. 建筑环境心理学 [M]. 北京：中国建筑工业出版社，1990.
[83] 刘学华. 当代环境与心理行为 [M]. 北京：气象出版社，1991.
[84] 陈秀丽，冯维. 西方心理学幸福感研究新进展 [J]. 上海教育科研，2004，(03)：20-25.
[85] 翟庆华，苏靖，叶明海，田雪莹. 国外创业研究新进展 [J]. 科研管理，2013，(09)：131-138.
[86] 刘海霞. 夏平对科学知识社会学的理论贡献 [J]. 科学技术哲学研究，2012，(05)：93-96.
[87] 社会学包括那些方面？[EB/OL].(2013,06,24). http://wenda.so.com/q/1372135075060987.
[88] 奥古斯特·孔德. 实证哲学教程 [M]. 北京：商务印书馆，1964：71..
[89] 人类学学科介绍（2）：人类学诸理论（上）[EB/OL].(2011,04,23). http://blog.sina.com.cn/s/blog_7dc93de60100szvh.html.
[90] 泰勒：第一位对文化概念进行人类学定义的学者[EB/OL].(2008,05,09). http://www.mzb.com.cn/html/report/29709-1.htm.

[91] 邝金凤. 浅谈原始服饰文化 [J]. 石家庄：大众文艺，2012，(12)：280.
[92] Tylor E B. Primitive Culture：Researches into The Development of Mythology，Philosophy，Religion，Art，and Custom [M]. Murray，1871.
[93] 邓剑虹. 文化视角下的当代中国大学校园规划研究 [D]. 华南理工大学，2009.
[94] 刘金婷，蔡强，王若菡，吴寅. 催产素与人类社会行为 [J]. 心理科学进展，2011，(10)：1480-1492.
[95] 刘华强，陈世海，黄春梅.《人类行为与社会环境》的教学改革探析 [J]. 福建教育研究：高等教育研究版，2013，(2)：45-47.
[96] 何雪松. 新城市社会学视野下的空间、资本与阶级 [J]. 理论文萃，2004，(3)：4-9.
[97] Massey D. On Space and The City [J]. City worlds，1999：151-174.
[98] 郭森. 对某建筑空调通风工程设计的分析 [J]. 建筑知识：学术刊，2013：174-175.
[99] 邓霁. 浅谈地下建筑的结构设计 [J]. 建筑知识：学术刊，2012：80.
[100] 梁方军. 地下建筑火灾中的烟气危害与火场排烟技术 [J]. 科技创新与应用，2013，07)：214.
[101] 巩明强. 城市地下空间开发影响因素研究 [D]. 天津大学，2007.
[102] 地下建筑-矿山建设-中国钢铁百科[EB/OL].(2010,03,02). http://baike. gqsoso. com/doc-view-37244.
[103] 地下空间与城市现代化发展[EB/OL]. http://book. knowsky. com/book_887895. htm.
[104] 奚东帆. 城市地下公共空间规划研究 [J]. 上海城市规划，2012，(02)：106-111.
[105] 陈望衡. 环境美学是什么？[J]. 郑州大学学报（哲学社会科学版），2014，(01)：101-103.
[106] 多学科视野中环境美学[EB/OL]. http://www. taodocs. com/p-16610986. html.
[107] Berleant A. The Aesthetics of Environment [M]. America：Temple University Press1995.
[108] 杨文臣. 当代西方环境美学研究 [D]. 山东大学，2010.
[109] 刘华初. 杜威的原初经验及其现实意义：生态学视角 [J]. 广东社会科学，2013，(04)：55-62.
[110] 翻译文言文[EB/OL].(2014,08,15). http://www. zybang. com/question/05b08b45e736139a10cc109d713bf70b. html.
[111] 曾繁仁，程相占. 生态文明时代的美学建设 [J]. 鄱阳湖学刊，2014，(03)：100-114.
[112] 【情景】情景的近义词_情景的反义词_近反义词大全[EB/OL]. http://tool. liuxue86. com/jfan_view_9bd51043ac9bd510/.
[113] 范晞文. 对床夜语 [M]. 中华书局，1983.
[114] 李渔，杜书瀛. 闲情偶寄 [M]. 武汉：崇文书局，2007.
[115] 蔡义江，曹雪芹. 红楼梦诗词曲赋评注 [M]. 北京：北京出版社，1979.
[116] 魏巍. 东方（上中下）（老版本）（精）[M]. 天津：天津人民美术出版社，2013.
[117] 夏玉珍，姜利标. 社会学中的时空概念与类型范畴——评吉登斯的时空概念与类型 [J]. 哈尔滨：黑龙江社会科学，2010，(03)：129.
[118] 安东尼·吉登斯著，赵勇文军译. 社会理论与现代社会学 [M]. 北京：社会科学文献出版社，2003：23.
[119] 张嘉瑶. 隐喻与思维中的时空概念表达 [J]. 渭南师范学院学报，2013，(08)：116-120.
[120] 埃德加·莫兰，陈一壮. 复杂思想：自觉的科学 [M]. 北京：北京大学出版社，2001.
[121] 叶丽萍，朱成科. 我国基础教育课程实施进程中的问题及其对策研究——基于复杂性科学的视角 [J]. 沈阳：辽宁教育，2013 (09)：56-58.
[122] 埃德加·莫兰. 复杂性理论与教育问题 [M]. 北京：北京大学出版社，2001：184-185.
[123] 莫里斯·梅洛-庞蒂. 知觉现象学 [M]. 姜志辉，译. 北京：商务印书馆，2001：300.
[124] Holl S. Questions of Perception：Phenomenology in Architecture [M]. A+U special issue，1994：40-

120.
[125] Pérez-Gómez A. Built upon Love：Architecture Longing after Ethics and Aesthetics [M]. Boston：MIT Press，2006：178.
[126] Irwin R. Being and Circumstance：Notes toward a Conditional Art [J]. Larkspur Landing，Calif：Lapis Press，1985.
[127] 诺伯格·舒尔茨. 存在·空间·建筑 [M]. 尹培桐，译. 北京：中国建筑工业出版社，1990：19.
[128] De Wolfe I. Townscape [J]. The Architectural Review，1949，106 (636)：354-362.
[129] Norberg-Schulz C. Genius Loci：Towards a Phenomenology of Architecture [M]. New York：Rizzoli，1980：8-170.
[130] Thiis-Evensen T. Archetypes in Architecture [M]. Oslo：Scandinavian University Press，1987：17.
[131] Parkes D，Thrift N J. Times，Spaces，and Places：A Chronographic Perspective [M]. Chichester：John Wiley & Sons，1980：23.
[132] Adeline B. Guy Debord，La Société du Spectacle [J]. Publications Oboulo. com，2008.
[133] Debord G. Commentaires sur la société du spectacle [M]. G. Lebovici，1988.
[134] 王雄英. 情境空间营造—喀什地区城市情境空间研究 [D]. 中南大学，2011：9-11.
[135] 刘文英，祁芬中，曾祥礼，等. 哲学百科小辞典 [M]. 兰州：甘肃人民出版社，1987.
[136] 样态的概念及意义 [EB/OL]. (2014，12，10). http://www. zybang. com/question/59dd14e90d5d929c6506f06db6d9692d. html.
[137] Jencks C，Baird G. Meaning in Architecture [M]. London：The Cresset Press，1969：220.
[138] Norberg-Schulz C. Intentions in Architecture [M]. Cambridge：The M. I. T. Press，1968：13-112.
[139] Norberg-Schulz C. The concept of dwelling：on the way to figurative architecture [J]. Schulz，1985：108.
[140] 鲍黎丝. 基于场所精神视角下历史街区的保护和复兴研究——以成都宽窄巷子为例 [J]. 生态经济，2014，(04)：181-184.
[141] Aravot I. Back to Phenomenological Placemaking [J]. Journal of Urban Design，2002，volume 7 (7)：201-212.
[142] Norberg-Schulz C. The phenomenon of place [J]. The Urban Design Reader，1976：125-137.
[143] 胡塞尔. 欧洲科学危机和超验现象学 [M]. 上海：上海译文出版社，1988：58.
[144] 沃尔夫冈·韦尔施. 重构美学 [M]. 上海：上海世纪出版集团，2006：81-164.
[145] 齐奥尔格·西美尔. 时尚的哲学 [M]. 北京：文化艺术出版社，2001：187.
[146] 格雷格·布雷登. 2012的秘密 [M]. 北京：世界知识出版社，2010：111-112.
[147] Morin Edgar，陈一壮. 复杂思想：自觉的科学 [M]. 北京：北京大学出版社，2001：184.
[148] 汉诺-沃尔特·克鲁夫特，王贵祥. 建筑理论史-从维特鲁威到现在 [M]. 北京：中国建筑工业出版社，2005：25.
[149] 戴维·史密斯·卡彭，王贵祥. 建筑理论. 上：维特鲁威的谬论-建筑学与哲学的范畴史 [M]. 北京：中国建筑工业出版社，2007：15.
[150] Lévy-Bruhl L. How natives think [M]. Arno Press，1979.
[151] 英皮尔索尔. 牛津简明英语词典（英语版）（新版）（精）[M]. 北京：外语教研，2004.
[152] 杨益. 浅析感知觉在篮球运动中对运动员的重要性 [J]. 当代体育科技，2013，(33)：185-187.
[153] 感受的根源—《非暴力沟通》BOOK读书团体分享之五[EB/OL].(2015,04,17). http://blog. si-

na. com. cn/s/blog_ecce44450102vi8i. html.

［154］ 戴十龄. 新闻审读中的“第一感觉”［J］. 新闻前哨，2014，(06)：30-32.

［155］ 梅丽. 元音环境和二语经验在辅音知觉中的作用［J］. 汉语学习，2013，(02)：95-103.

［156］ 韦宝伴. 城市道路的人性化空间［D］. 华南理工大学，2013：72-73.

［157］ 柏克莱. 视觉新论［M］. 上海：商务印书馆，1957.

［158］ 审美通感［EB/OL］.（2011，06，19）. http://wenku. baidu. com/link? url＝sHayJHiZtRG-InKGz-iDxv-qfzpKKBiNShjB7Gvl8S4Hnv-cyd33WIPHoo _ Z9eF3QlsTcivaOtHxrlYHopy-C4-0rxwD4V2u-qox7PDxoDrm.

［159］ Maritain J，Wall B，Adamson M R. The degrees of knowledge［M］. JSTOR，1937.

［160］ 黄武全. 巧用通感，感知色彩心理属性［J］. 美术教育研究，2013 (04)：146.

［161］ 亚里·士多德. 论灵魂［M］. 亚里士多德，1988.

［162］ “地铁禁食令”让乘坐地铁不再是“受罪”［EB/OL］.（2013，09，22）. http://news. nen. com. cn/system/2013/09/22/010839291. shtml.

［163］ 地铁禁食令［EB/OL］. http://www. baike. com/wiki/%E5%9C%B0%E9%93%81%E7%A6%81%E9%A3%9F%E4%BB%A4.

［164］ 张捷，杨洪涛，张元智，傅勇涛，姜伟超，李鹏翔. 选调生生存状态调查［J］. 瞭望，2013 (17)：16-18.

［165］ 地铁喝饮料被罚引争议注意这些地铁禁水［EB/OL］.（2015，09，28）. http://www. china. com. cn/guoqing/2015-09/28/content_36698112. htm.

［166］ 弗尔达姆. 荣格心理学导论［M］. 沈阳：辽宁人民出版社，1988.

［167］ 田松丽. 论通感在美术教学中的几点作用［J］. 中华少年：研究青少年教育，2012，(19)：173.

［168］ Levine D N，Baudelaire C. Correspondances［J］. Chicago Review，1954，8 (2)：48-49.

［169］ 白居易. 琵琶行［M］. 上海：上海古籍出版社，1978.

［170］ 朱自清，何谦. 荷塘月色［M］. 南昌：江西科学技术出版社，2010.

［171］ 鲁成文. 慰藉·救赎·解放［M］. 北京：中国人民大学出版社，2004.

［172］ Tatarkiewicz W，Harrell J J. Ancient aesthetics［M］. Continuum International Publishing Group，2005.

［173］ 蔡莹. 心理定势与高职英语学习［J］. 新校园（上旬刊），2013，(9)：62，146.

［174］ Cytowic R E，Cole J. The Man Who Tasted Shapes［J］. Man Who Tasted Shapes，1998.

［175］ Baron-Cohen S. Thumbs up for signal work.［J］. Nature，1998，(6675)：459.

［176］ 刘惊铎. 道德体验论［D］. 南京师范大学，2002.

［177］ 罗娟. 生态体验式幼儿园音乐欣赏的思考与尝试［J］. 时代教育，2013，(24)：14-15.

［178］ 方叶林，黄震方，涂玮，王坤. 战争纪念馆游客旅游动机对体验的影响研究——以南京大屠杀纪念馆为例［J］. 旅游科学，2013，(05)：64-75.

［179］ 诺曼. 情感化设计［M］. 北京：电子工业出版社，2005.

［180］ 戴世富，吴凌. 互动装置艺术在企业品牌传播中的应用［J］. 黑龙江社会科学，2014，(02)：79-82.

［181］ 李建斌. 传统民居生态经验及应用研究［D］. 天津大学，200888-90.

［182］ 张东萍. 游学［J］. 新作文：中学作文教学研究，2013，(11)：1.

［183］ 王蔚. 不同自然观下的建筑场所艺术——中西传统建筑文化比较［M］. 天津：天津大学出版社，2004：152.

［184］ 陈岩. 案例集粹［J］. 国际城市规划，2007，(04)：120-122.

［185］ 地铁现钢琴台阶［EB/OL］.（2016，01，08）. http://www. cnxljy. com/zhuanti/qdskp. html.

［186］ 路德维希·维特根斯坦著. 维特根斯坦笔记［M］. 复旦大学出版社，2008.

[187] 袁辰鸿. 室内空间形态的模块化设计研究 [D]. 湖南师范大学，2014：4-5.
[188] 肖垒. 城市形态与意象 [J]. 房地产导刊，2011，(06)：112.
[189] 陈宇莹，陈治邦. 建筑形态学 [M]. 北京：中国建筑工业出版社，2006：7.
[190] 夏征农，陈至立，辞海编辑委员会. 辞海：第六版，典藏本 [M]. 上海：上海辞书出版社，2011.
[191] 庆华. 现代汉语辞海卷二 [M]. 哈尔滨：黑龙江人民出版社，2002：608.
[192] 王璐，夏光宇. 室内空间形态设计的研究 [J]. 无线互联科技，2013，(01)：145.
[193] 美国不列颠百科全书公司. 不列颠百科全书：卷十五 [M]. 北京：中国大百科全书出版社，2002：538.
[194] 王贵祥. 东西方的建筑空间 [M]. 天津：百花文艺出版社，2006：3.
[195] 詹和平. 空间 [M]. 南京：东南大学出版社，2006：1-16.
[196] 童强. 空间哲学 [M]. 北京：北京大学出版社，2011：9.
[197] 约翰·派尔. 世界室内设计史 [M]. 刘先觉，译. 北京：中国建筑工业出版社，2003.
[198] 布鲁诺·赛维. 建筑空间论 [M]. 张似赞，译. 北京：中国建筑工业出版社，1985：16-19.
[199] 葛巧玲. 不规则室内空间探索与研究 [D]. 湖南师范大学，2011：16.
[200] 王雅珊. 中国古典园林建筑 [J]. 文艺生活旬刊，2012，(1)：64-65.
[201] 宗白华. 艺境 [M]. 北京：北京大学出版社，1987.
[202] 向红云. 优美与壮美兼具——杜甫《绝句》赏析 [J]. 教育艺术，2013，(08)：28.
[203] 布鲁诺·赛维意. 布鲁诺·赛维著. 建筑空间论——如何品评建筑 [M]. 北京：中国建筑工业出版社，2006.
[204] 刘静雯. 形式美法则在艺术设计中的应用探析 [J]. 美术教育研究，2014，(01)：110.
[205] 绽放之屋建筑 住宅 屋顶花园 住宅花园 立体花园 韩国 首尔 IROJE KHM Architects[EB/OL]. (2015,07,07). http://www. wtoutiao. com/p/L4er2t. html.
[206] 庞邦君. 浅析专题性博物馆的展示设计 [J]. 美术界，2014，(06)：104.
[207] 王媛媛. 老庄"道言"观及其对中国古代文论的影响 [J]. 安庆师范学院学报（社会科学版），2011，(06)：29-34.
[208] 王小慧. 建筑文化·艺术及其传播 [M]. 天津：百花文艺出版社，2000：182.
[209] 狄野. 展示中的光空间设计 [D]. 上海戏剧学院，2007：12-13.
[210] 欧几里得. 几何原本 [M]. 南京：译林出版社，2011.
[211] 黄居正. 建筑师 (110) [M]. 北京：中国建筑工业出版社，2004：66.
[212] 王建国，张彤. 国外著名建筑师丛书——安藤忠雄 [M]. 北京：中国建筑工业出版社，1999：307.
[213] 大师系列丛书编辑部. 伊东丰雄的作品与思想 [M]. 北京：中国电力出版社，2006：1.
[214] 张海妮. 关于自相似空间的一些讨论 [J]. 价值工程，2012，(01)：241-242.
[215] 邓薇，白旭. 浅谈仿生建筑的造型设计 [J]. 中国市场，2012，(06)：30-32.
[216] 戴志中，蒋珂，卢听. 光与建筑 [M]. 济南：山东科学技术出版社，2004：26-27.
[217] 马朝珉. 以性格心理学为依据的室内色彩设计研究 [D]. 东北林业大学，2012：2.
[218] 郑筱莹. 色彩设计基础 [M]. 黑龙江美术出版社，2006.
[219] 吉田慎悟. 环境色彩设计技法—街区色彩营造 [M]. 北京：中国建筑工业出版社，2011：1.
[220] 服装色彩与材质设计之色彩的相关概念和属性 (4-9) [EB/OL]. (2010,12,07). http://www. 12317. com/article-794. html.
[221] 张磊，沈科进. 色彩调和理论探究：2012 中国流行色协会学术年会，中国北京，2012.
[222] 吕猛. 建筑内部空间形态及其尺度研究 [J]. 商品与质量：建筑与发展，2011，(7)：18-19.

[223] 彼得·绍拉帕耶，吴晓，虞刚译．当代建筑与数字化设计 [M]．北京：中国建筑工业出版社，2007：88.
[224] 李雪峰．世界上最美的棘刺 [J]．思维与智慧，2008，(12)：11.
[225] 孙伟娜．扎哈·哈迪德的建筑表情 [J]．科技信息，2012，(23)：152-153.
[226] Hadid Z，Dochantschi M，Desmarais C. Zaha Hadid：Space for Art：Contemporary Arts Center，Cincinnati：Lois & Richard Rosenthal Center for Contemporary Art [M]．Lars Müller，2004.
[227] 李洪星．论地铁车站设计与城市发展的关系：科学时代——2014 科技创新与企业管理研讨会，中国北京，2014.
[228] 渊上正幸．世界建筑师的思想和作品 [M]．覃力，译．北京：中国建筑工业出版社，2000.
[229] 唐云江．奇妙的莫比乌斯环 [J]．科学世界，2013，(08)：86-87.
[230] 刘洪伟．试论色彩心理在视觉艺术中的应用研究 [J]．北方文学（下半月），2012，(04)：253.
[231] 中国社会科学院．外国理论家作家论形象思维 [M]．中国社会科学出版社，1979.
[232] 靳远琼．温馨环境来自和谐色彩——幼儿园教室环境创设的色彩应用 [J]．课堂内外·教师版，2014，(2)：9-10.
[233] 韩仁瑞，范君君．基于关键词分析的我国色彩调和理论研究综述——基于中国期刊网文献的统计分析 [J]．美与时代（上旬刊），2013，(6)：37-39.
[234] 雷桥．产品包装的色彩情感设计 [J]．美术界，2011，(09)：101.
[235] 王岩．地铁车站建筑设计存在不足及创新探讨 [J]．城市建设理论研究（电子版），2012，(2).
[236] 宋丽斌．博物馆设计中主题性的表达 [J]．美术观察，2013，(04)：116.
[237] 陈东浩，李晓慧．地下空间中人的心理与生理特征及诱导设计 [J]．民防苑，2006，(S1)：131-134.
[238] 宫承波，范松楠．试论网络文化建设中网民公共意识的提升 [J]．当代传播，2012，(06)：45-48.
[239] 王静．认同理论观照下的民族认同理论梳理 [J]．课程教育研究，2013，(07)：19.
[240] 杨涛．试论审美构成与室内空间设计 [D]．河北师范大学，2010.
[241] 彭一刚．建筑空间组合论 [M]．北京：中国建筑工业出版社，1998：10.
[242] 李小娟，杨艳红，周颖，陆伟伟．我国地铁车站主题文化装饰构建研究 [J]．城市轨道交通研究，2014，(09)：9-13.
[243] 阿摩斯·拉普卜特著．文化特性与建筑设计 [M]．常青，张昕，张鹏，译．北京：中国建筑工业出版社，2004：22.
[244] 杨春艳．追寻共同体：人类学视域下的认同研究 [J]．北方民族大学学报（哲学社会科学版），2013，(03)：111-115.
[245] 贾英健．全球化与民族国家 [M]．长沙：湖南人民出版社，2003：282.
[246] 王亚鹏．少数民族认同研究的现状 [J]．心理科学进展，2002，(01)：102.
[247] 弗洛伊德 S.，Freud，车文博．弗洛伊德主义原著选辑：上卷 [M]．沈阳：辽宁人民出版社，1988：375.
[248] 梁丽萍．中国人的宗教心理 [M]．北京：社会科学文献出版社，2004：12.
[249] 李前锦．从众行为的研究述评 [J]．中国教育技术装备，2011，(15)：74.
[250] 沈贻伟，俞春放，高华，刘连开，向宇．影视剧创作 [M]．杭州：浙江大学出版社，2012：162.
[251] 王伯伟．校园环境的形态与感染力——知识经济时代大学校园规划 [J]．时代建筑，2002，(02)：14-17.
[252] 刘勰．文心雕龙·时序 [J]．上海古籍出版社，1986.

[253] 孙俊桥，孙超．工业建筑遗产保护与城市文脉传承［J］．重庆大学学报（社会科学版），2013，(03)：160-164．
[254] 秦杨．人文地理视角下视觉艺术的文化构建［J］．学术界，2014，(05)：148-154．
[255] 李峻．2013年联合国教科文组织亚太地区文化遗产保护获奖案例研究［J］．创意与设计，2013，(05)：44-50．
[256] 张松．城市文化遗产保护国际宪章与国内法规选编［M］．上海：同济大学出版社，2007：92．
[257] 周宪．文化表征与文化研究［M］．北京：北京大学出版社，2007：3．
[258] 曲冰，梅洪元．建筑与文脉的系统整合［J］．低温建筑技术，2004，(1)：97．
[259] 孙俊桥．走向新文脉主义［D］．重庆大学，2010：61-65．
[260] 李金和．表象与内涵——城市特色与城市特质之辩［J］．价值工程，2014，(03)：312-314．
[261] 董晓日．郑州地铁交通中公共艺术的引入方向［J］．郑州航空工业管理学院学报（社会科学版），2013，(03)：154-157．
[262] 王华鑫．多模态视角下西安地铁车站标识中地域文化研究［D］．陕西师范大学，2015．
[263] 冯骥才．城市为什么需要记忆［J］．人民日报，2006，(10)：11．
[264] 冯明兵．城市下的文化景观：论地铁中的视觉文化［J］．美与时代城市版，2012，(9)：38-39．
[265] 冯骥才．思想者独行［M］．花山文艺出版社，2005：22．
[266] 周媛．如何做好城市文化遗存的报道——以“大连老建筑”系列报道为例［J］．新闻与写作，2013，(10)：32-34．
[267] 黄朝霞，隋丽．生态审美的差异性与同一性的文化思考［J］．求索，2011，(08)：75-76．
[268] 刘易斯·芒福德．城市发展史——起源、演变和前景［M］．宋俊岭，倪文秀，译．北京：中国建筑工业出版社，2005：573．
[269] 李格非．文化是民族凝聚力和创造力的重要源泉［J］．学习月刊，2011，(24)：69-70．
[270] 陈颖，孟雪梅．基于“城市记忆”的地方文献信息资源整合研究——以福州为例［J］．福州：福建省社会主义学院学报，2014，(03)：86-90．
[271] 董研．场所原则与建筑空间的生成和更新［D］．合肥：合肥工业大学，2004．
[272] C·亚历山人著．建筑的永恒之道［M］．赵冰，译．北京：知识产权出版社，2002．
[273] 吴良镛．面向二十一世纪的建筑学［J］．第二十届国际建协UIA北京大会科学委员会编委会．北京：UIA，1999：5．
[274] 沙莲香．社会心理学（第二版）［M］．北京：中国人民大学出版社，2006：123．
[275] 徐从淮．行为空间论［D］．天津大学，2005．
[276] 凯文·林奇．城市意象［M］．方益萍，何晓军，译．北京：华夏出版社，2001．
[277] 赵长城，顾凡．环境心理学［M］．兰州：甘肃人民出版社，1990：132．
[278] 望月衛，大山正．環境心理学［M］．日本：朝倉書店，1979：103．
[279] 李伟．城市休闲景观空间的研究［J］．商情，2012，(35)：214．
[280] 金惠贞．风水文献小考［J］．赣南师范学院学报，2013，(01)：69-76．
[281] 周履靖．黄帝宅经［M］．北京：中华书局，1991．
[282] 郑晓君．借助地铁优势，构建个性时尚立体生活空间［J］．房地产导刊：中，2014，(5)：407．
[283] 孟昭兰．人类情绪［M］．上海：上海人民出版社，1989：31-36．
[284] 胡正凡，林玉莲．环境心理学（第2版）［M］．北京：中国建筑工业出版社，2006．
[285] 杰拉尔德·迪克斯，韩宝山．城市设计中的空间、秩序和建筑［J］．建筑学报，1990，(3)：5．
[286] 王安龙．漫游西安城墙寻觅千年历史［J］．前进论坛，2013，(11)：60-61．
[287] 肖岳宏．中国传统文化与现代艺术设计［J］．广东教育：职教版，2013，(3)：105-106．
[288] 牛海荣，郭一娜，李芮．国外的地铁文明［J］．四川党的建设（城市版），2012，(04)：58-59．

[289] 曹妍. “坑爹”的莫斯科地铁 [J]. 芳草（经典阅读），2011，(12)：92.
[290] 郇强. 中国传统装饰元素在现代室内设计中的运用研究 [D]. 湖南大学，2010.
[291] 项德娟. 中国传统文化在平面广告设计中的应用研究 [J]. 艺术研究，2013，(04)：136-137.
[292] 赵永涛. 关于传统文化融入现代艺术设计教育的思考 [J]. 湖北科技学院学报，2013，(11)：127-128.
[293] 王晓琳. 试论建筑设计与艺术文化的相互关系 [J]. 科学与财富，2013，(1)：213.
[294] 徐森迩. 在糖果车站探寻地铁的奥秘 [J]. 少年文艺·少年号角旬刊，2013，(3)：17.
[295] 矫克华，李梅. 城市景观设计与手绘表现艺术的教学研究，2013.
[296] 尼古拉斯·雷舍尔. 复杂性：一种哲学概观 [M]. 吴彤，译. 上海：上海世纪出版集团，2007：228.
[297] 刘劲杨. 哲学视野中的复杂性 [M]. 长沙：湖南科学技术出版社，2008：170.
[298] Kneale W. Scientific Revolution forever? [J]. British Journal for the Philosophy of Science，1967，19 (1)：27-42.
[299] Leach N. China [M]. Hong Kong：Map Books，2004.
[300] 陈戍国. 周易·系辞下 [M]. 北京：中华书局，1980.

致　谢

随着社会的发展和科学技术的进步，地铁站所包含的内容和需要解决的问题越来越复杂，涉及的相关学科越来越多，材料和技术上的变化也越来越迅速。从 19 世纪伦敦的第一条地铁产生开始，人类就一直致力于对舒适地铁环境的不懈追求。在当今社会，地铁已经不仅仅是地下的轨道交通系统，它还承载着人类的文明和社会形态，人们也越来越重视对地铁站“情景空间”的塑造。

本书以“系统性、科学性、艺术性、实用性相结合”为目标，在参考国内外同类著作的基础上，力求做到图文并茂、内容翔实，以方便读者更好地了解和掌握地铁站室内设计领域的历史演变规律。在本书的编写过程中多次修改，几经校稿，力求能做到理论与实践相结合，突出实践应用性。书中有个别图片是从相关网站中下载的，若有使用不当的情况在此向原作者表示歉意。

本书在编写过程中，得到了中国建筑工业出版社领导和编辑的大力支持；本书在资料整理、编写、统稿过程中，大连理工大学建筑与艺术学院的硕士研究生许维超、王瑜、段文科、岳美含、晏伟、张萌等参与了部分工作，在此致以衷心的感谢！

本书由大连市人民政府资助出版。

最后，希望这本书能给更多的设计师和地铁爱好者带来方便，也更加期待从事建筑与环境设计的前辈、专家以及同行提出宝贵意见。

2018 年 8 月 28 日